"十四五"普通高等教育环境设计专业规划教材

# 环境照明设计

胡大勇　龚芸　程虎 ——— 编著

Environmental Lighting Design

西南大学出版社
国家一级出版社　全国百佳图书出版单位

图书在版编目（CIP）数据

环境照明设计 / 胡大勇，龚芸，程虎编著. — 重庆：
西南大学出版社，2021.10（2024.11重印）
"十四五"普通高等教育环境设计专业规划教材
ISBN 978-7-5697-0093-0

Ⅰ. ①环… Ⅱ. ①胡… ②龚… ③程… Ⅲ. ①建筑—
照明设计—高等学校—教材 Ⅳ. ① TU113.6

中国版本图书馆 CIP 数据核字（2021）第 041656 号

"十四五"普通高等教育环境设计专业规划教材

丛书主编：郝大鹏　　丛书执行主编：韦爽真

环境照明设计
HUANJING ZHAOMING SHEJI

编　　著：胡大勇　龚芸　程虎

责任编辑：鲁妍妍
责任校对：徐庆兰
书籍设计：UFO_ 鲁明静　汤妮
排　　版：黄金红
出版发行：西南大学出版社（原西南师范大学出版社）
地　　址：重庆市北碚区天生路 2 号
印　　刷：重庆恒昌印务有限公司

成品尺寸：210 mm×285 mm　　　　印　张：13　　　　字　数：400 千字
版　次：2021 年 10 月 第 1 版　　　印　次：2024 年 11 月 第 2 次印刷
书　号：ISBN 978-7-5697-0093-0
定　价：78.00 元

本书如有印装质量问题，请与我社市场营销部联系更换。
市场营销部电话：（023）68868624　68253705

西南大学出版社美术分社欢迎赐稿。
美术分社电话：（023）68254657

# 序

环境设计市场和教育在中国已经喧嚣热闹了多年，时代要求我们教育工作者本着认真负责的态度，沉淀出理性的专业梳理。面对一届届跨入这个行业的学生，给出较为全面系统的答案，本系列教材就是针对环境设计专业的学生而编著的。

编著这套与课程相对应的系列教材是时代的要求，是发展的机遇，也是对本学科走向更为全面、系统的发展的支持。

它是时代的要求。随着经济建设全面快速地发展，环境设计在市场实践中一直是设计领域的活跃分子，创造着新的经济增长点，提供着众多的就业机会，广大从业人员、自学者、学生亟待一套理论分析与实践操作相统一的、可读性强、针对性强的教材。

它是发展的机遇。大学教育走向全面的开放，从精英教育向平民教育的转变使得更为广阔的生源进到大学，学生更渴求有一套适合自身发展、深入浅出并且与本专业的课程能一一对应的教材。

它也是对学科发展的支持。环境设计的教学与建筑、规划等不同的是它更具备整体性、时代性和交叉性，需要不断地总结与探索。经过二十多年的积累，学科发展要求走向更为系统、稳定的阶段，这套教材的出版，对这一要求无疑是有积极的推动作用的。

因此，本系列教材根据教学的实际需要，同时针对教材市场的各种需求，具备以下的共性特点：

1. 注重体现教学的方法和理念，对学生实际操作能力的培养有明确的指导意义，并且体现一定的教学程序，使之能作为教学备课和评估的重要依据。从培养学生能力的角度分为理论类、方法类、技能类三个部分，细致地讲解环境设计学科各个层面的教学内容。

2. 紧扣环境设计专业的教学内容，充分发挥作者在此领域的专长与学识。在写作体例上，一方面清楚细致地讲解每一个知识点、运用范围及传承与衔接；另一方面又展示教学的内容、学生的领受进度，形成严谨、缜密而又深入浅出、生动的文本资料，成为在教材图书市场上与学科发展紧密结合、与教学进度紧密结合的范例，成为覆盖面广、参考价值高的第一手专业工具书与参考书。

3. 每一本书都与设置的课程相对应，专业性强，体现了编著者较高的学识与修养。插图精美、说明图例丰富、信息量大。

最后，我们期待着这套凝结着众多专业教师和专业人士丰富教学经验与专业操守的教材能带给读者专业上的帮助。也感谢西南师范大学出版社的编辑为本套图书的顺利出版所付出的辛勤劳动，祝本套教材取得成功！

# 前言

　　光环境对人的生理感官和心理体验一直都有着深远的影响，它直接影响着人类的行为模式。当下国人在经历物质资源的井喷式增长后，对于生活品质有着更高的追求和要求，而光环境质量的好坏已经进入了大众的关注中心。

　　艺术设计本身是领先于时代的交叉性实践类专业，与时下生活密切相关；而我们所处的当下，被史无前例的信息化快速推动着并不断发展，这就要求从业人员保持自身敏锐的洞察力及对当下社会的高度敏感；作为设计专业教员的我们更是不能有丝毫懈怠，应始终关注并思考着专业动态、专业新事物的出现及教学大纲的实时更新。不可否认，环境照明设计作为一门专业的设计学科，目前存在着很大的伸缩空间：一方面，作为新兴专业，许多研究实践工作有待专业人员的跟进补充；另一方面，时代需求已将环境照明设计推向了设计必需环节，影响力日趋重要。本书立足于以上两点，力图为环境照明设计专业的伸缩空间填补一段空白，从实践教学和专业基础出发，由浅入深、循序渐进地将照明设计基础知识与实际案例计算分析等相关内容相结合，出发点在于学生的学习与理解，同时也考虑到基础知识的普及，有助于学生对环境照明设计研究产生兴趣，为今后的专业学习奠定基础。

　　具体到本书框架，尝试在三个方面对受众有所帮助：

　　1. 基础的适当宽度

　　从光的原点出发，通过科学有序的逻辑推理，一步步将环境照明设计这个概念导出。让受众在阅读中建立本专业的时间纵轴，沿着纵轴再结合受众的可接受范围作了适当的宽度延伸。

　　2. 专业的深度可能

　　通过用平实言语和代表性公式对环境照明进行深入浅出的小空间范例的表达，体现出本专业的深度可能。从环境照明设计的执行标准出发，建构照明设计意识与规范。

　　3. 实例的广度覆盖

　　列举出当下具有代表性的各功能空间，根据功能空间性格说明环境照明设计的总体要求、灯具取向以及具体设计方法。

　　愿本书对读者学习环境照明的设计有所帮助，同时欢迎读者对本书批评指正。

# 目录

# 1

## 概论

# 1 概论

## 第一节 什么是光

### 一、光的物理学属性

光是一种人类眼睛可以看见（接受）的电磁波（可见光谱）。光源之所以发出光,是因为光源中原子、分子的运动——热运动和跃迁辐射（受激辐射）,前者为生活中最常见的,后者多表现为激光。光是地球生命的来源之一,如图1-1-1。光是人类生活的基础。光是人类认识外部世界的工具。光是信息的理想载体或传播媒质。据统计,人类感官收到外部世界的总信息中,至少90%以上来自眼睛。光在均匀同种介质中沿直线传播。当一束光投射到物体上时,会发生反射、折射等现象。

科学上的定义,光是指所有的电磁波谱。光由一种称为光子的基本粒子组成,具有粒子性与波动性,或称为波粒二象性。在物理学中用$c$表示光在真空中的速度。人类肉眼所能看到的可见光只是整个电磁波谱的一部分。电磁波谱之可见光谱范围大约为390~760 nm（1 nm=0.000000001 m）,人眼对各种波长的可见光具有不同的敏感性。实验证明,正常人眼对于波长为550 nm的黄绿色光最敏感,也就是这种波长的辐射能引起人眼最大的视觉,而越偏离555 nm的辐射,可见度越小。

有实验证明光就是电磁辐射,这部分电磁波的波长范围约在红色光的0.76 μm到紫色光的0.39 μm之间。波长在0.76 μm到1000 μm的电磁波称为"红外光",在0.39 μm到0.04 μm的电磁波称为"紫外光"。红外光和紫外光不能引起视觉,但可以用光学仪器或摄影方法去记录和探测这种发光物体的存在。所以在光学中光的概念也可以延伸到红外光和紫外光领域,甚至X射线均被认为是光,而可见光的光谱只是电磁波谱中的一部分。

光到底是什么? 这是一个值得研究和必须研究的问题。比较合理的观点是光既是一种粒子,同时又是一种波,具有波粒二象性。简而言之,光是直线运行的,也不需要任何介质,但相对论认为,在其他物体的引力场的影响下,光的传播路径会发生偏折。

### 二、光的哲学

费里尼（图1-1-2）说:"光就是一切:主旨、梦想、情感、风格、色彩、格调、深度、氛围、叙事、意识形态。光就是生命。"他经常强调:"纯粹的情感、兴奋和惊喜就是我在一个空敞的摄影棚中所感受到的:一个用光创造出来的世界。"在集中于故事本身或演员的才情之前,费里尼通过光的无穷妙趣彻底改变了他眼中的世界。

图1-1-1

图1-1-2 费里尼

在我们的认知习惯中，光与实体是两回事，光只是实体的一种物理"现象"，这是现象学所批判的二元论的古典哲学观念，即"现象"是实体的表现或显现，而"事物本身"则隐藏在现象背后或深处。现象学认为，现象就是事物本身。"光"是我们眼睛能"看到"的唯一现象（没有光我们什么也看不到），我们不要去联想或去推测"实体"如何，我们只需要关注"光"，因为按照现象学观点，我们所看到的现象就是事物的本身，或者对于视觉而言，光就是事物本身。

光就是如此，它决定了我们看待世界的特有方式。

## 三、亮度的形成

光的实质是原子核外电子得到能量，跃迁到更高的轨道上，这个轨道不稳定，电子还要跃迁回来并释放出一个光子，就是以光的形式向外发出能量，形成光亮，但跃迁的能级不同，释放出来的能量不同，光子的波长就不同，形成的光的亮度颜色也不一样。

人的肉眼只能对可见光做出反应，如果物体不能发出可见光，人眼就不能感受到它的存在，也就没有视觉意义。而物体一旦发出可见光就具有了亮度，因此，物体发出可见光是使其具有亮度的必要条件。物体发光具有两种情况：一种是物体自发光，如太阳、灯泡等；二是物体通过反射或透射发出的光线，比如被阳光或灯光照亮的墙面或桌面，从后面透出柔和光线的半透明窗帘或玻璃。前者的亮度往往极高，容易引起视觉损害或不舒适，成为眩光，需要加以防护。应该说明的是，这里提到的"亮度空间"概念中的亮度就是指后者，或者说亮度空间就是由材料反射或透射所形成的亮度构成的。

光在传播过程中遇到物体时，会发生反射、透射和吸收现象。一部分光能被物体表面反射（$\Phi_p$），一部分透过物体（$\Phi_r$），余下的一部分被物体吸收（$\Phi_a$），如图1-1-3。根据能量守恒定律，入射的光能量（$\Phi_i$）应等于上述三部分光能量之和：

$$\Phi_i=\Phi_p+\Phi_r+\Phi_a$$

其中，反射的光能量与入射的光能量之比称为反射系数，以 $p$ 表示：$p=\Phi_p/\Phi_i$。透射的光能量与入射的光能量之比，称为透射系数，以 $r$ 表示：$r=\Phi_r/\Phi_i$。被吸收的光能量与入射的光能量之比，称为吸收系数，以 $a$ 表示：$a=\Phi_a/\Phi_i$。显然：$p+r+a=1$。

反射分为规则反射和扩散反射两大类。扩散反射又可分为定向扩散反射、混合反射和均匀漫反射。反射光的分布类型，如图 1-1-4。

透射也可分为规则透射、定向扩散透射、漫透射和混合反射。透射光线的分布类型，如图 1-1-5。

目前应用于建筑空间的材料大部分为无光泽饰面材料，如粉刷涂料、陶板面砖，都可以将其看作均匀漫反射材料。均匀漫反射材料的亮度计算公式为：$L=\dfrac{Ep}{\pi}$，相应的，均匀漫透射材料的亮度计算公式为：$L=\dfrac{Er}{\pi}$，其中 $L$ 为物体的亮度，$E$ 为物体的照度，$p$ 为物体的反射系数，$r$ 为物体的透射系数。$E$ 代表光照，$p$ 和 $r$ 代表物体的光学属性。

$$I_\theta=I_\theta \cdot \cos\theta,$$

此公式概括了一个极为重要的亮度原理。首先，"亮度"是光与物体相互作用的综合指标，是二者互动关系的显示，光或物体的哪一项发生变化都会产生不同的亮度系列。其次，光与物体应具有对应性，物体与光照无论哪一项缺少都不会形成亮度。为了形成适宜的亮度，就必须使一束光照射到某个物体表面上，无论是从前面透射还是从后面透射。世界的万千景象在光与物体的遭遇中展现了无穷的魅力。（图1-1-6、图1-1-7）

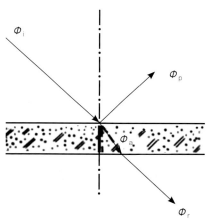

图1-1-3 光通量的反射、透射和吸收

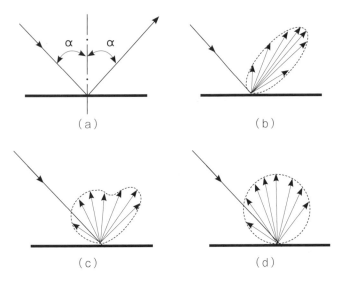
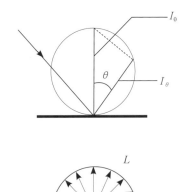

均匀漫反射材料的光强
分布与亮度分布

（a）规则反射；（b）定向扩散反射；（c）混合反射；（d）均匀漫反射

图1-1-4 反射光的分布类型

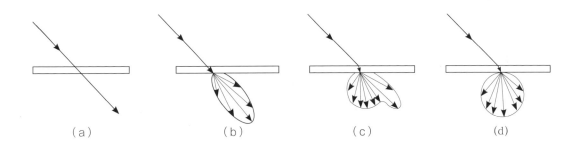

（a）规则透射；（b）定向扩散透射；（c）漫透射；（d）均匀漫透射

图1-1-5 透射光的分布类型

图1-1-6

图1-1-7

# 第二节 自然采光与人工照明

## 一、自然采光

自然采光即天然采光，也可称为昼光。昼光的特性是其总处于不断的变化之中。如果我们对它设置参数进行研究，就能了解到它在一个限定的规律中变化。而昼光以外其他类型的光源特性一直在发展着，相应的灯具情况也是如此。

人类进化过程中，绝大多数时间是在天然光环境下生活的，这使人类对天然光具有与生俱来的适应性和亲切感。受到能源危机考验后，人们发现天然光才是取之不尽、用之不竭的清洁能源，它在很多方面都是人工光源所无法替代的。天然采光的环保价值开始受到人们的重视。对于照明设计师来说，在做建筑及环境设计图时，不评价自然采光以及它与建筑内部、造型和颜色的关系是不可能的。要这样做，就需要了解建筑及环境的方位、外部遮挡、气候、眩光的不利影响以及消除的方法。

自然采光的发展概况：以居住建筑为例，在人工照明还不像今天一样完备时，我们对于天然采光的需求是怎样的？与此同时，天然采光又是如何影响建筑外观的？现在的中庭，在必须提供遮挡以达到隔热目的的同时，还要允许光线进入里面，因此四周被建筑围合，屋面向内部有圆形柱列的院子或环绕院子的走廊倾斜。房间一般通过朝向院子的房门、朝向外面街道或院子的小窗户采光。

### 1.以欧洲建筑为参照

（1）古罗马时期连续厚重结构的采光。

古罗马万神庙的主要采光方式是单一顶光，这是由它的结构方式决定的。由于它厚重的混凝土结构，只有在最顶部，墙体才能摆脱承重的使命得以开敞，光线便从这个地方照射进来。这种唯一的光线来源强调了结构的对称、集中、稳固。单一光源从顶部漫下，由亮到暗，将穹顶饱满的弧形渲染得极富立体效果，同时，顶光赋予穹顶底面的壁龛以浓重的阴影，进一步突出了结构的层次和厚重。（图 1-2-1）

（2）中世纪帆拱结构的采光。

到了中世纪，欧洲帆拱的发明使底部的连续墙体从承重的使命中解放出来，建筑结构型制逐渐轻盈起来，采光的形式也发生了相应的变化。从索菲亚大教堂就可以看出这一点：外墙上星星点点的高侧窗就是墙体解放的结果。穹顶底部 40 个小拱窗形成一个银色的光环，托起了巨大的穹隆，这虽然不是结构改革的结果，却加强了结构走向开敞的感觉，并将帆拱和中央大穹隆这两个结构部件更清晰地表现出来，由下往上的漫射光使穹隆底部虚化，产生了一种轻盈的视觉效果。（图 1-2-2）

图1-2-1 古罗马万神庙内景

（3）哥特式教堂飞扶壁结构的采光。

12 世纪下半叶，哥特式教堂在结构上取得了辉煌的成就。飞扶壁的使用使侧廊的拱顶不再负担中厅拱顶的侧推力，从而可以降低高度，扩大中厅的侧高窗。拱顶采用骨架券，使其厚度大大减小，结构更加轻盈、开敞。在哥特式教堂中，结构的轻盈给采光带来了极大的自由，四层高的外墙上可以开很大的高侧窗。哥特式教堂从初期发展至成熟，每一次结构的改进都引入了更多的光线，并通过光线更好地表现建筑结构。（图 1-2-3）

（4）近现代结构的采光。

随着框架结构、钢与玻璃的使用，采光口逐渐从结构限制中彻底解放出来，它可以在任何尺度、任何部位自由构造。现代建筑中常用的玻璃幕墙就使采光口扩大到几乎整个立面，光填补了结构以外的一切空

图1-2-2 中世纪帆拱结构的采光

图1-2-3 哥特式教堂飞扶壁结构的采光

隙、室内被照得晶莹透亮。近年来，由于玻璃技术的发展，过去需要为玻璃固定而使用的金属框也被厚玻璃替代，增加了光线的射入量。光线不再需要配合结构的表现，只有在一些优秀的建筑作品中，光对结构的表现力才会被再次发掘，取得精妙的效果。

### 2.建筑中的自然采光实例

分析各种建筑空间的采光设计方案，几乎所有的建筑空间都是由以下五种采光形态结合而成的：线型，坡型，U型，柱型，L型。这五种采光通过不同的组合用于不同功能的建筑。

（1）线型：法国奥赛美术馆。

法国奥赛美术馆设计运用线型采光形式，将旧火车站改造成美术馆。美术馆对自然采光的要求较高，将原有的封闭屋顶改造成全玻璃顶棚，既满足展览需求，又节约能源。奥赛美术馆的中庭是其最为出彩的地方。利用中庭空间，满足建筑物新的功能需要，使老建筑获得必要的内部公共空间，活跃内部气氛，解决交通、采光、通风等问题。（图1-2-4）

（2）坡型、U型：德国国会大厦。

作为诺曼·福斯特代表作之一的德国国会大厦主要依靠自然采光，而且具有顶光，通过透明的穹顶和倒锥体的反射将水平光反射到下面的议会大厅，议会大厅两侧的内天井也可以补充自然光线，基本上可以保证议会大厅内的照明，从而减少了平时的人工照明。（图1-2-5）

（3）坡型、U型、柱型：中国2010年上海世界博览会英国馆。

中国2010年上海世界博览会英国馆是本次世界博览会上代表英国的展馆，其最大的亮点是一个六层楼高、立方体的"种子殿堂"。"种子殿堂"外部有六万余根向各个方向伸展的亚克力杆。白天，亚克力杆会像光纤那样传导光线来提供内部照明，营造出现代感和震撼力兼具的空间。（图1-2-6）

## 二、人工照明

人工照明，即人工光源，是指自然采光以外的光源。

正如自然采光是评价设计的关键，人工光源也是如此。建筑师及环境设计师首先必须决定是采用哪种类型的光源，需要多少照度值。设计师做出的任何决

图1-2-4 法国奥赛美术馆

图1-2-5 德国国会大厦

图1-2-6 中国2010年上海世界博览会英国馆"种子殿堂"

定都将影响到采光和通风，都将会对结构、安装、制作、监理等方面产生影响，并且这些决定与自然采光及建筑物内部人工光源的安排密切相关。

优先考虑自然采光是合适的选择。对现在使用的光源以及它们的特点进行鉴别，使设计师做出合理的设计是最重要的。新的光源在不断被开发，最新出版的信息会很快被更新，全面了解现在的光源将是一种徒劳，只需给予设计师评价新开发光源的标准就可以了。选择灯具的决定性因素是灯具的尺寸、寿命、效率或能耗，还有颜色、灯具的控制方法，以及另一个重要的因素——灯具价格。

人工照明的发展概况：直到 19 世纪末期，人工光源，或者叫昼光以外的光源，一直与发热密不可分。1810 年汉佛莱·戴维博士演示了"电弧灯"以后，还不能将它用作放射大量光线（例如灯塔）的实际光源。19 世纪末爱迪生发明了碳丝灯，或者大家所说的灯泡（使用钨丝），用电产生的光才能够被实际使用。（图 1-2-7）

最初人类使用从火产生的热量而发光。大约一万五千年前，有了用中间有槽的石头或有灯芯的黏土罐加上鱼油或其他油做的原始油灯。这些盘子灯，与经过十几个世纪漫长的发展历程，同样是用油但提供更光亮、更易控制光线的精密复杂的灯大不相同。另一种早期的灯是灯芯草灯，将灯芯草插入熔化的油脂中点燃而发光，是蜡烛的雏形。

教堂是蜡烛的主要用户。蜡烛能提供稳定的火焰，但是油脂蜡烛比较劣质，它们容易流淌且有怪味。在早期使用的所有人工光源中，蜡烛是唯一的现在仍在使用的光源，因为它特别有生气而且色彩质量好。（图 1-2-8）

人工光源发展史上最伟大的创新之一是 19 世纪早期引入城镇中的煤气灯。它逐渐取代了其他光源照亮建筑物，虽然它依然是火焰光源，但比以前的光源更安全可靠。直至 20 世纪初电光源得到了开发并且体现出了极大的优势，煤气灯才被废弃停用。（图 1-2-9）

我们现在不谈光源本身的安全性和灵活性，可粗略地证明原始火焰式光源和现在人们所使用的电光源的主要区别可能在于其所用材料的质量和吊灯本身的形式。人工照明处在不断发展的过程之中。毫无疑问，适合现在的照明不适合于 2050 年，同样，1950 年的照明不适合我们现在的需求。因此，我们对人工照明概念（例如合适的光源、照明方法和控制方法）主要是从原理上进行讨论的，而不是从细节上。理论上的观点并非是一成不变的。

图1-2-7 钨丝灯

图1-2-8 蜡烛

图1-2-9 煤气灯

图1-2-10

## 三、自然采光与人工照明的关系

20世纪60年代以来，电光源的发展使人工照明在白天和黑夜都扮演着重要的角色。在需要足够光线的建筑工程中，人工照明成为主要光源。现在，由于世界能源危机，天然光变得非常重要，重视自然光源已成为照明设计的出发点。

在1996年英国皇家建筑师学会举行的会议上有人指出：在建筑物外立面上使用大约40%的玻璃是节约能源的重要手段。这些能源的节约是通过人工照明、房间的大小以及室内环境的改善等途径来实现的。

在建筑中，与日光有关的人工照明已经有很长的历史了。昼光照明的建筑都有很高的层高和大大的窗户，这样光线就能照到进深大的地方。在这些地方人工照明只有在天黑了之后才启用。由于经济因素建筑的层高必须降低时，那些进深大的地方就得不到充足的天然光照明，因此"永久补充人工照明（SPALI）"这一概念就逐渐建立并得以发展。在这一概念中，天然光只是作为人工照明的补充。（图1-2-10）

"SPALI"这一概念在20世纪60年代的确立和发展与人们对办公空间的较高的照明要求、大进深的建筑平面密不可分。在大进深建筑的中心位置，昼光极难到达，因此人工光源必不可少。在白天，靠近窗户的地方也应达到近似的照明标准，但单靠昼光依然很难达到这一标准。这一概念存在的目的或理由，与其说与电能的节约密不可分，还不如说与光环境质量的关系更大一些。

进入建筑中的昼光的多少与立面上开窗面积的大小有关。由于20世纪60年代的环境设计标准，这一数字通常被限制在20%以内，这就使得建筑在白天除了使用天然光照明以外，还要辅以人工光源，因此，在节能方面收效甚微。当今，在节能方面最显著的进步是：我们不但提高了室内采光的质量标准，而且尽量减少了建筑在白天对人工光源的依赖，节约了可观的能源。对于立面上的光电池板的充分利用可以为建筑中日光照明不足的地方提供足够的能源，同时使白天的建筑内部可获取足够的光线，节约了建筑中周边区域的人工照明所需的电能。

近年来，太阳能的利用技术得到了极大发展。一些发达国家的设计师已经设计出新型的住宅区，通过房屋设计来合理利用太阳能，比如结合屋顶、墙壁、窗户等部位进行科学设计。这种新的实验已取得实效，不但房屋用电完全自给，余下的电能还能得到国家的收购。建筑采光的新技术、新手段不断涌现，如导光管、光导纤维、棱镜玻璃、反射镜、光敏和热敏材料等，又如有些建筑利用各种集光装置进行采光，它们不但能为室内提供舒适的天然光，同时还能有效地控制天然光所带来的热量，减少室内空调的负荷。（图1-2-11）

图1-2-11

# 2

## 电光源与灯具

# 2　电光源与灯具

## 第一节　电光源

### 一、概述

凡能将其他形式的能量转换成光能，从而提供光通量的设备、器具统称为光源；而其中可以将电能转换成光能，从而提供光通量的设备、器具则称为照明电光源。整个室内照明设计业都是围绕着光源展开的，光源业的发展和竞争为设计师们提供了大量不同种类的光源以供选择。光源种类的迅速发展带来了复杂的后果，使很多现有的照明设备在达到寿命之前就因为外观或是光效问题而显得过时。然而，我们不能因此就忽视对光源灯具做超前性的考虑。这就意味着照明设计师们不仅要对现有的光源类型有充分的了解，同时还要紧跟行业的最新发展动态。

按发光物质分类，电光源可分为固体发光光源和气体放电发光光源两大类，详细分类见表2-1-1。

表2-1-1　电光源的发光物质分类

| | | | |
|---|---|---|---|
| 电光源 | 固体发光光源 | 热辐射光源 | 白炽灯 |
| | | | 卤钨灯 |
| | | 电致发光光源 | 场致发光灯（EL） |
| | | | 半导体发光二极管（LED） |
| | 气体放电发光光源 | 辉光放电灯 | 氖灯 |
| | | | 霓虹灯 |
| | | 弧光放电灯 | 低气压灯 荧光灯 |
| | | | 低压钠灯 |
| | | | 高气压灯 高压汞灯 |
| | | | 高压钠灯 |
| | | | 金属卤化物灯 |
| | | | 氙灯 |

有关光源的标准规定了光源的技术性能要求、试验方法、能效标准等。表2-1-2列出有关光源的部分国家或行业标准，以便读者查阅。

### 二、常用电光源分类

#### 1.热辐射光源

它是指当电流通过安装在填充了气体的灯泡内的灯丝发热而发出的光。其发光光谱类似于黑体辐射的一类光源，白炽灯、卤钨灯都属于热辐射光源。

（1）白炽灯。

普通的白炽灯是最早出现的电光源，属于第一代光源，已有一百多年历史。为提高灯丝温度、防止钨丝氧化燃烧，提高发光效率，增加灯的使用寿命（白炽灯寿命在1000 h左右），一般将灯泡内抽成真空或充以氩气等惰性气体。灯泡可以是透明的，也可以是磨砂的，还可以是反射涂层的。

结构：主要是由玻壳、灯丝、灯头和内充气体组成，如图2-1-1所示。

优点：有高度集光性，便于控光、频繁开关，维护、更换、安装工作简单容易，价格低廉（其目前仍是应用范围最广泛的一种光源）。

缺点：光效差，平均使用寿命短，遇高大空间时，不易提高被照物体的亮度，发光同时会产生大量红外辐射。

适用：小空间和重点物体照明。

分类：白炽灯又根据结构的不同，可分为普通照明用白炽灯、装饰灯、反射型灯和局部照明灯四类。

①普通照明用白炽灯。

普通照明用白炽灯是住宅、宾馆、饭店等功能空间照明的主要光源，一般采用梨形、蘑菇形玻壳。玻壳主要是透明的，也有磨砂的及涂乳白色的。

普通照明用白炽灯的光、电参数如表2-1-3所示。

②装饰灯。

装饰灯主要特点是玻壳外形形式多样，色彩多变，与装饰灯具和室内空间的界面、造型、陈设等相结合，能为界定室内设计的艺术风格、营造室内的整体氛围起到画龙点睛的作用。

表2-1-2 电光源标准和能效标准

| 序号 | 标准名称 | 标准编号 |
|---|---|---|
| 1 | 电光源产品的分类和型号命名方法 | QB/T 2274-2013 |
| 2 | 灯头、灯座的型号命名方法 | QB 2218-1996 |
| 3 | 镇流器型号命名方法 | QB 2275-2008 |
| 4 | 卤钨灯（非机动车辆用）性能要求 | GB/T 14094-2016 |
| 5 | 家庭和类似场合普通照明用钨丝灯性能要求 | GB/T 10681-2009 |
| 6 | 双端荧光灯性能要求 | GB/T 10682-2010 |
| 7 | 普通照明用双端荧光灯能效限定值及能效等级 | GB 19043-2013 |
| 8 | 单端荧光灯性能要求 | GB/T 17262-2011 |
| 9 | 单端荧光灯能效限定值及节能评价值 | GB 19415-2013 |
| 10 | 普通照明用自镇流荧光灯性能要求 | GB/T 17263-2013 |
| 11 | 普通照明用自镇流荧光灯能效限定值及能效等级 | GB 19044-2013 |
| 12 | 单端金属卤化物灯（175W~1500W钪钠系列） | GB 18661-2002 |
| 13 | 金属卤化物灯能效限定值及能效等级 | GB 20054-2015 |
| 14 | 高压钠灯 | GB/T 13259-2005 |
| 15 | 高压钠灯能效限定值及能效等级 | GB 19573-2004 |

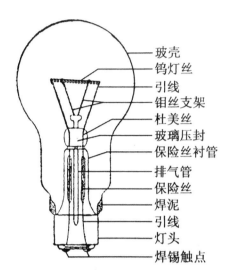

图2-1-1 普通白炽灯结构图

③反射型灯。

反射型灯采用内壁镀有反射层真空蒸镀铝的玻壳制成，能使光束定向发射，适用于灯光广告、橱窗、体育场馆、展览馆及舞台回光灯等需要光线集中的场合。

④局部照明灯。

结构外形与普通照明用白炽灯相似，所设计的额定电压较低，通常有 36 V 和 12 V 两种。这类灯主要用于必须采用安全电压（36 V 或 12 V）的场合的照明，如便携式手提灯、台灯等。

（2）卤钨灯。

卤钨灯是在白炽灯基础上改进而得，利用卤钨循环原理，以卤素作媒介，将由灯丝蒸发的、附着在玻壳内壁的钨迁回灯丝。

优点：相较于白炽灯，其体积大为缩小，光效、使用寿命大为提高，光色好，光输出稳定。

缺点：价格较高，耐震性较差，不适合在易燃易爆及灰尘较多的场合使用，使用过程中应注意灯管与水平面的倾角不大于 4°。

适用：商业橱柜、舞厅、宾馆、展览厅、博物馆等，是最佳装饰照明光源。

分类：卤钨灯按其外形可分为管型卤钨灯、单端卤钨灯、聚光卤钨灯和封闭卤钨灯等多种。常见卤钨灯及结构如图 2-1-2 所示。

常用主要品种卤钨灯的光、电参数如表 2-1-4 所示。

**2.电致发光光源**

电致发光光源是指由于某种适当固体与电场相互作用而发光的现象。目前在照明应用上的有两种：一种是场致发光屏（膜）（EL），一种是发光二极管（LED）。本节主要介绍 LED。

发光二极管（LED）是指在半导体 P-N 或类似的结构中通以正向电流，以高效率发出可见光或红外辐射的设备。目前大功率 LED 发光效率可达 30 lm/W，辐射颜色为多元化色彩，寿命达数万小时。LED 发光的颜色由组成半导体的材料决定。磷化铝、磷化镓、磷化铟的合金可以做成红、橙、黄色；氮化镓和氮化铟的合金可以做成绿色、蓝色和白色。（图 2-1-3）

表2-1-3 普通照明用白炽灯的光、电参数

| 型号 | 电压（V） | 功率（W） | 光通量（lm） | 寿命（h） | 灯头型号 | 玻壳形状 |
|---|---|---|---|---|---|---|
| PZ110-15 | 110 | 15 | 125 | 1000 | E27/27 | 梨形 |
| PZ110-40 | | 40 | 445 | | | |
| PZ110-60 | | 60 | 770 | | | |
| PZ220-15 | 220 | 15 | 110 | | | |
| PZ220-25 | | 25 | 220 | | | |
| PZ220-40 | | 40 | 350 | | | |
| PZ220-60 | | 60 | 630 | | | |
| PZ220-100 | | 100 | 1250 | | | |
| PZ220-500 | | 500 | 8300 | | | |
| PZ220-1000 | | 1000 | 18600 | | E240/45 | |
| PZ220-60 | | 40 | 345 | | | |
| PZ220-60 | | 60 | 600 | | E27/27 | 蘑菇形 |
| PZ220-100 | | 100 | 1200 | | | |

与目前常用的光源相比，LED的光输出相对较低，因此需要采用阵列或其他结构来组成照明灯。

优点：寿命长（可以长达100000 h），响应时间短（为纳秒级），功效低，适用性强（防潮、防震），色彩纯正丰富，高亮点，节能环保，无红外线和紫外线辐射，结构牢固。

缺点：价格相对较高。

LED在照明领域的应用：信号指示灯、显示应用（指示牌，广告牌，大屏幕显示）、便携灯具、投影光源、汽车光源、太阳能路灯、庭院灯等。

目前市场上常见的LED光源有：LED灯泡、LED聚光灯、LED射灯、LED投光灯、LED埋地灯、LED舞台地板（发光地砖）等。

综上所述，LED所具备的多项优点，尤其是在省电和长寿方面，使LED被认为是继白炽灯、荧光灯和高压放电灯之后的第四代光源。于照明设计而言，其基于高亮度的研发和应用，给照明设计带来了无限的创造力。目前，LED在显示技术领域、标志灯和带色彩的装饰照明占据举足轻重的地位，在未来的照明设备中也将发挥重要作用。

### 3.气体放电发光光源

气体放电发光光源的产生原理类似于我们熟悉的一种自然现象——闪电，电流通过封闭在管内的气体或金属蒸气等离子时而发光。根据填充材料的压力不同，可分为低压气体放电灯和高压气体放电灯。

（1）荧光灯。

荧光灯属于低压汞蒸气放电灯，在玻璃管内壁涂有荧光材料，将放电过程中的外线辐射转化成可见光。灯的两端各有两个电极，通电后加热灯丝，达到一定温度就会发射电子，电子在电场作用下逐渐达到高速，轰击汞原子，使其电离从而产生紫外线。紫外线射到管壁上的荧光物质，激发出可见光。根据荧光物质的不同配比，发出的光谱成分也不同。常见荧光灯及结构如图2-1-4所示。

荧光灯是在发光原理和外形上都有别于白炽灯的气体放电光源，是在室内照明中应用得最广泛的光源。

优点：结构简单、光效高、发光柔和、寿命长、使用方便。

缺点：点燃迟、造价高、体积大、工作时需使用镇流器、功率因素低、受环境温度影响大。

适用:家庭、宾馆、医院、宿舍、餐厅、候车亭、办公室、会议室、阅览室、展览展示空间等。

可将荧光灯按阴极工作形式分为热阴极和冷阴极两类。绝大多数普通照明荧光灯是热阴极型。冷阴极型荧光灯多为装饰照明用，如霓虹灯、液晶背光显示灯。按其外形又可分为双端荧光灯和单端荧光灯。双端荧光灯绝大多数是直管型，两端各有一个灯头。单端荧光灯外形众多，如H形、U形、双U形、环形、球形、螺旋形等，灯头均在一端。荧光灯基本参数如表2-1-5所示。

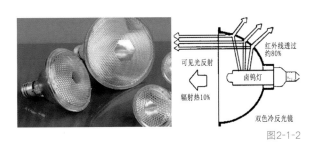

图2-1-2

（2）金属卤化物灯。

金属卤化物灯是在放电管内添加金属卤化物，使金属原子或分子参与放电而发出可见光。调节金属卤化物的成分和配比，可以得到全光谱（白光）的光源。其灯泡由一个透明的玻壳和一根耐高温的石英玻璃放电内管组成，壳管之间充氢气或惰性气体。放电管内除汞外，还含有一种或多种金属卤化物（碘化钠、碘化铟、碘化铊等）。卤化物在灯泡的正常工作状态下，被电子激发，发出与天然光谱相近的可见光。常见的金属卤化物灯及结构如图2-1-5（b）所示。

优点:尺寸小、功率大、发光效率高、光色好（接近自然光），可根据不同需要设计制造出所需的光色。

缺点:需较长时间启动、寿命较短。

适用:摄影棚、画室、体育场、高大厂房、较繁华街道、购物广场、美术馆、展览馆、饭店等要求照度显色性好的室内空间。

表2-1-4 常用主要品种卤钨灯的光、电参数

| 类型 | 型号 | 电压（V） | 功率（W） | 光通量（lm） | 色温（K） | 寿命（h） |
|---|---|---|---|---|---|---|
| 硬质玻璃卤钨灯 | LJY220-500 | 220 | 500 | 9800 | 300 | 100 |
| | LJY220-1000 | | 1000 | 22500 | | |
| | LJY220-3000 | | 3000 | 70500 | | |
| | LJY220-5000 | | 5000 | 122500 | | |
| | LJY110-1000 | 110 | 1000 | 23000 | | |
| | LJY110-5000 | | 5000 | 125000 | | |
| 石英玻璃卤钨灯 | LPD6-50 | 6 | 50 | 1000 | | 500 |
| | LYQ12-50 | 12 | | 1500 | | 50 |
| | LYQ12-100 | 12 | 100 | 3000 | | 50 |
| | LPD24-200 | 24 | 200 | 4800 | | 500 |
| | LSY15-350 | 15 | 350 | 9800 | | 4 |
| 管型卤钨灯 | LZC220-500 | 220 | 500 | 8500 | | 1000 |
| | LZC220-1000 | | 1000 | 20000 | | 1500 |
| | LZC220-2000 | | 2000 | 40000 | | 1000 |

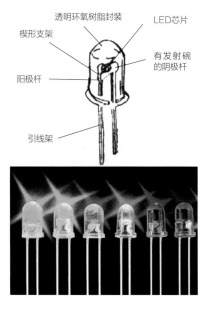

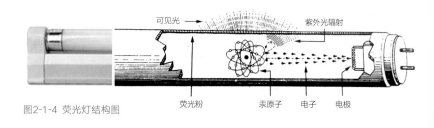

图2-1-4 荧光灯结构图

图2-1-3 LED构造图

分类：可分为带玻壳的金属卤化物灯、不带玻壳的管型金属卤化物灯、陶瓷电弧管金属卤化物灯、球形中短弧金属卤化物灯。

（3）钠灯。

钠灯是利用钠蒸气放电的气体放电灯的总称。该光源不刺眼、光线柔和、发光效率高。主要有低压钠灯、高压钠灯两大类。

①低压钠灯。

低压钠灯是光源中光效最高的品种，光色呈橙黄色，一般光视效能可达 75 lm/W，先进水平可达 100~150 lm/W。一个 90 W 的钠灯光通量为 12500 lm，相当于 4 个 40 W 的日光灯，或一个 750 W 的白炽灯，或一个 250 W 的高压汞灯的效果。常见低压钠灯及结构如图 2-1-6 所示。

优点：光色柔和、眩光小、光视效能高、透雾能力强、耗电少。

缺点：辐射近乎单色黄光、分辨颜色能力差。

适用：公路、隧道、港口、货场、矿区、特技摄影和光学仪器的光源等（不适合用于繁华的市区街道和室内照明）。常用低压钠灯技术参数如表 2-1-6 所示。

②高压钠灯。

低压钠灯在低的蒸气压力之下，出现单一的黄光。为进一步增加灯的谱线宽度、改善灯的光色，必须提高钠的蒸气压力，这样就发展成为高压钠灯。高压钠灯是一种高压钠蒸气放电灯泡，其放电管采用抗钠腐蚀的半透明多晶氧化铝陶瓷制成，工作时发出金白色光。常见的高压钠灯结构如图 2-1-5（c）所示。

优点：发光效率高、寿命长、透雾性能好、耗能少。

缺点：启动时间长（高压钠灯的启动要借助触发器。当灯接入电源后，电流经双金属片和加热线圈，双金属片受热后由闭合转为断开，在镇流器两端产生脉冲高压，使灯点燃。灯点亮后，放电所产生的热量使双金属片保持断开状态。高压钠灯由点亮到稳定工作需 4~8 min，它的镇流器也可用相同规格的荧光高压汞灯的镇流器来代替。当电源切断、灯熄灭后，无法立即点燃，需经过 10~20 min，待双金属片冷却并回到闭合状态时，才能再启动）。

适用：道路、机场、码头、车站、广场、工矿企业照明。常用高压钠灯技术参数如表 2-1-7 所示。

（4）高压汞灯。

高压汞灯是一种利用汞放电时产生的高气压来获得高发光效率的光源，它的光谱能量分布和发光效率主要由汞蒸气来决定。汞蒸气压力低时，放射短波，紫外线强，可见光较弱，当气压增高时，可见光变强，光效率也随之提高。常见的荧光高压汞灯结构如图 2-1-5（a）所示。

优点：价格低、寿命长、耐震性好。

缺点：显色性差、能源消耗高、启动耗时（启动次数越多，灯的寿命就越短）。

适用：仓库、街道、广场照明（汞灯打碎后碎屑中有汞渣，处理不当会污染土壤、水体、果蔬等，从而危害人、动物，一般不建议使用，常用白炽灯代替）。

分类：高压汞灯分为透明外壳高压汞灯、荧光高

表2-1-5 荧光灯基本参数

| 型号 | 功率（W） | 标称管径（mm） | 管长（mm） | 光通量（lm） | 寿命（h） |
|---|---|---|---|---|---|
| YZ6RR（日光灯） | 6 | 15 | 226.3 | 190 | 1500 |
| YZ6RL（冷白色） | | | | 240 | |
| YZ6RN（暖白色） | | | | 240 | |
| YZ8RR | 8 | 15 | 302.6 | 280 | 1500 |
| YZ8RL | | | | 350 | |
| YZ8RN | | | | 350 | |
| YZ15RR | 15 | 32 | 451.6 | 510 | 3000 |
| YZ15RL | | | | 560 | |
| YZ15RN | | | | 580 | |
| YZ20RR | 20 | 32 | 604.0 | 880 | 3000 |
| YZ20RL | | | | 1020 | |
| YZ20RN | | | | 1060 | |
| YZ30RR | 30 | 32 | 908.8 | 1580 | 5000 |
| YZ30RL | | | | 1860 | |
| YZ30RN | | | | 1930 | |
| YZ40RR | 40 | 32 | 1213.6 | 2300 | 5000 |
| YZ40RL | | | | 2440 | |
| YZ40RN | | | | 2540 | |

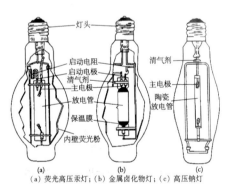

图2-1-5 金属卤化物灯结构图、常见金属卤化物灯

压汞灯、反射型高压汞灯、自镇流荧光高压汞灯。

高压汞灯是高强气体放电灯中结构简单、寿命较长的产品，品种规格齐全。（表2-1-8）

（5）氙灯。

氙灯是利用高压氙气产生放电现象支撑的高效率电光源，是目前世界上功率最大的光源，如图2-1-7所示。

优点：功率大、体积小、光效高、启动时间短（瞬间即可点燃）、寿命长、无须镇流器、显色性好。

缺点：紫外光线辐射大（眼睛不可直视），氙灯的点燃位置垂直或水平均可，水平点燃时倾角不超过40°，垂直点燃时阳极在上，阴极在下。水平点燃时应在灯泡水平方向有吸弧磁场稳定电弧位置，以防电弧在上飘动。因灯内充有高压气体，故在装卸运输时，尤其是在装机时应避免碰撞，工作时应置于散热良好的灯罩内，以防灯泡爆炸及其发出的强光、强紫外线灼伤皮肤和眼睛。氙灯必须与专用的直流电源及触发器配套使用，直流电源的波纹系数不得大于7%。点燃时工作电流应在规定

 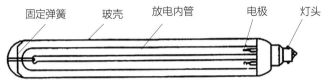

固定弹簧　玻壳　放电内管　电极　灯头

图2-1-6 低压钠灯结构图

### 表2-1-6 常用低压钠灯技术参数

| 功率（W） | 启动电压（V） | 灯电压（V） | 灯电流（A） | 光通量（lm） | 外形尺寸（最大直径x最大全长，mm） | 灯头型号 |
|---|---|---|---|---|---|---|
| 35 | 390 | 70 | 0.6 | 4800 | 54×311 | |
| 55 | 410 | 109 | 0.59 | 8000 | 68×528 | |
| 90 | 420 | 112 | 0.94 | 12500 | 68×528 | BY 22d |
| 135 | 540 | 164 | 0.95 | 21500 | 68×775 | |
| 180 | 575 | 240 | 0.91 | 31500 | 68×1120 | |

### 表2-1-7 常用高压钠灯技术参数

| 名称 | 型号 | 功率（W） | 光通量（lm） | 电压（V） | 显色指数（Ra） | 寿命（h） |
|---|---|---|---|---|---|---|
| 显色普通直管型 | NG35 | 35 | 2250 | 220 | 23 | 5000 |
| | NG50 | 50 | 4000 | | | |
| | NG70 | 70 | 6000 | | | |
| | NG100 | 100 | 9000 | | 25 | |
| | NG150 | 150 | 16000 | | | |
| | NG250 | 250 | 28000 | | | |
| | NG400 | 400 | 48000 | | | |
| | NG1000 | 1000 | 130000 | | | |
| 指数改进型 | NGX100 | 100 | 7200 | | 60 | |
| | NGX150 | 150 | 13000 | | | |
| | NGX250 | 250 | 22500 | | | |
| | NGX400 | 400 | 38000 | | | |

图2-1-7 常见氙灯及其应用

表2-1-8 荧光高压汞灯技术参数

| 型号 | 额定电压（V） | 功率（W） | 光通量（lm） | 色温（K） | 平均寿命（h） | 外形尺寸（最大直径×最大长度，mm） | 灯头型号 |
|------|------|------|------|------|------|------|------|
| HPL-N50WE27 | | 50 | 1770 | | | 56×129 | |
| HPL-N80WE27 | | 80 | 3600 | | 20000 | 71×155 | |
| HPL-N125WE27 | 220 | 125 | 6200 | 4100 | | 76×177 | E27 |
| HPL-N250WE27 | | 250 | 12700 | | 15000 | 91×228 | |
| HPL-N400WE27 | | 400 | 22000 | | | 122×287 | |

注：以上数据由飞利浦公司提供。

范围内，否则会影响灯的寿命，甚至毁坏。

适用：电影放映、太阳模拟器、电弧成像炉、D65 模拟光源聚光器、印刷制版、复印机、光学仪器、人工气候模拟，以及广场、公园、体育场、大型建筑工地、露天煤矿、机场等地方的大面积照明，还可以用作电影摄影、彩色照相制版、复印等方面的光源。因为它的发光接近日光，所以可用于布匹织物的颜色检验，药物、塑料的老化试验，植物栽培，光化学等方面充当人工老化的光源和模拟日光。

分类：氙灯按性能可分为直管型氙灯、水冷式氙灯、管型汞氙灯、管型氙灯四种。按工作气压可分为脉冲氙灯（工作气压低于 100 kPa）、长弧氙灯（工作气压低于 100 kPa）和短弧氙灯（工作气压为 500 kPa~3000 kPa）三类。为便于设计选用，表2-1-9 列出几种常用光源及其应用场所。

## 第二节　灯具

## 一、灯具概述

根据国际照明委员会（CIE）的定义，灯具是透光、分配和改变光源、光分布的器具，包括除光源外所有用于固定和保护光源所需的零部件及与电源连接所必需的线路附件。

照明灯具主要有以下作用：

（1）固定光源，让电流安全地流过光源。对于气体放电灯，灯具通常提供安装镇流器、功率因数补偿电容和电子触发器的地方。

（2）为光源和光源的控制装置提供机械保护。支撑全部装置配件，并和建筑结构件连接起来。

（3）控制光源发出光线的扩散程度，实现需要的配光，防止直接眩光。

（4）保证特殊场所的照明安全，如防爆、防水、防尘等。

（5）装饰和美化室内外环境。特别是在民用建筑中，可以起到装饰效果。

## 二、灯具的光学特性

### 1.光强分布

任何灯具在空间各个方向上的发光强度都是不一样的，我们可以用数字和图形把灯具在空间的分布情况记录下来。这些图形和数字能帮助我们了解灯具光强分布的概貌，并用以进行照度、亮度与距离、高度比等各项照明计算。

对于室内照明灯具，常以极坐标表示灯具的光强分布，以极坐标原点为中心，把灯具在各个方向的发光强度用矢量表示出来，连接矢量的端点，即形成光强分布曲线（也叫配光曲线）。灯具的配光曲线如图2-2-1 所示。

因为绝大多数灯具的形状都是轴对称的旋转体。所以其光强分布也是轴对称的：这类灯具的光强分布曲线是以通过灯具轴线一个平面上的光强分布曲线，来表示灯具在整个空间的光强分布的，如图 2-2-1（a）所示。对于非轴对称旋转体的灯具，如荧光灯灯具，

表 2-1-9 几种常用光源及其应用场所

| 光源 | 种类 | 亮度 | 控制配光 | 寿命（h） | 显色性 | 特征 | 适用场所 |
|---|---|---|---|---|---|---|---|
| 白炽灯 | 普通型 | 高 | 容易 | 1000（短） | 好 | 一般用途，使用方便，适合于表现光泽与阴影 | 住宅、商店 |
| | 反射型 | 高 | 容易 | 1000（短） | 好 | 控制配光非常容易。光泽、阴影和材质感表现力强 | 商店、气氛照明 |
| 卤钨灯 | 普通型（指管） | 非常高 | 非常容易 | 2000（稍长） | 好 | 体积小，大功率易于配光 | 体育馆、广告的投光照明 |
| | 微型 | 非常高 | 非常容易 | 1500~2000（稍长） | 好 | 体积小，易于控制配光 | 下射灯和投光灯 |
| 荧光灯 | | 稍低 | 困难 | 10000（长） | 从一般到高显色 | 露出的亮度低，眩光小；扩散光，不易产生阴影；体积较大 | 一般房间、办公室、商店 |
| 高压汞灯 | | 高 | 容易 | 12000（非常长） | 稍差 | 效率高，成本低 | 道路、体育馆、工厂、室外 |
| 金属卤化物灯 | | 非常高 | 容易 | 6000~9000（长） | 好 | 控制配光容易，显色性好 | 广场、体育馆、工厂、商店 |
| 高压钠灯 | | 高 | 稍易 | 12000（非常长） | 差 | 光效高，省电，显色性差 | 道路、体育馆、工厂 |

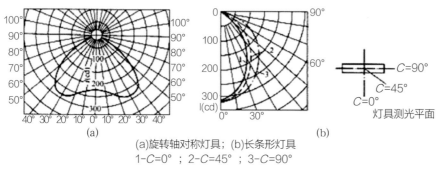

(a)旋转轴对称灯具；(b)长条形灯具
1-C=0°；2-C=45°；3-C=90°

图2-2-1 灯具的配光曲线

其发光强度的空间分布是不对称的，这时则需要若干个测光平面的光强分布曲线来表示灯具的光强分布。通常取三个平面，即纵向、横向和45°，如图2-2-1（b）所示。

为了便于对各种灯具的光强分布特性进行比较。曲线的光强值都是按光通量为 1000 lm 给出的，因此，实际光强位应当是光强的测定值乘灯具中光源实际光通量与 1000 之比值。

## 2.灯具效率

在规定条件下，灯具发出的总光通量占灯具内光源发出的总光通量的百分比，称为灯具效率。灯具的效率说明了灯具对光源光通量的利用程度。灯具的效率总是小于 1。在满足使用要求的前提下，灯具的效率越高越好。如果灯具的效率小于 50%，说明光源发出的光通量有一半被灯具吸收，效率就太低。为了既满足功能要求，又尽可能节约能源，《建筑照明设计标准》（GB50034-2013）规定照明灯具的灯具效率要满足表 2-2-1 所列灯具效率。

### 3.灯具亮度分布和遮光角

灯具的亮度分布和遮光角是评价视觉舒适度所必需的参数。

灯具的测光数据中一般都有灯具在不同方向上的平均亮度值。特别是眩光角 $y$ 在 45°~85° 范围内的亮度值以及灯具遮光角（保护角）的数据。

（1）灯具遮光角 $a$ 是光源发光体最边缘的一点与灯具出光口的连线同水平线之间的夹角。

（2）灯具的平均亮度可由公式 $L_\theta=I_\theta/A_p$ 计算。

公式中 $I_\theta$——灯具在 $\theta$ 口方向的发光强度，单位为 cd；

$A_p$——灯具发光面在 $\theta$ 方向的投影面积，单位为 $m^2$。

例如，对于图 2-2-2 所示的有发光侧面的荧光灯灯具，其发光部分在 $\theta$ 方向投影面积 $A_p$，计算如下 $A_p=A_h\cos\theta+A_v\sin\theta$，

式中 $A_h$——灯具发光面在水平方向上的投影面积，单位为 $m^2$；$A_v$——灯具发光面在垂直方向上的投影面积，单位为 $m^2$。

### 4. 利用系数

灯具的利用系数是指投射到参考平面上的光通量与照明装置中的光源的额定光通量之比。一般情况下，灯具固有利用系数（达到工作面或规定的参考平面上的光通量与灯具发出的光通量之比）与灯具效率的乘积，称为灯具的利用系数。与灯具效率相比，灯具的利用系数反映的是光源光通量最终在工作面上的利用程度。

### 5. 最大允许距高比

灯具的连高比是指灯具布置的间距与灯具悬挂高度（指灯具与工作面之间的垂直距离）之比，该比值越小，则照度均匀度越好，缺点是会导致灯具数量、耗电量和投资增加。该比值越大，照度均匀度越有可能得不到保证。在均匀布置灯具的条件下，在保证室内工作面上有一定均匀度的照度时，允许灯具间的最大安装距离与灯具安装高度之比，称为最大允许距高比。一般在灯具的主要参数中会给出该数值。

## 三、灯具的组成

（1）光源，如各种灯泡和灯管。

（2）控制光线分布的光学元件，如各种反射器、透镜、遮光器和滤镜等。（图 2-2-3）

（3）固定灯泡并提供电器连接的电器部件，如灯座、镇流器等。

（4）用于支撑和安装灯具的机械部件等。

灯具对光线的控制，通常有四种不同的方式：

（1）通过灯具上的反射器。光源发出的光经反射器反射后投射到目标方向，反射器是利用反射原理重新分配光通量的配件，早期使用玻璃作为反射材料，为提高发光效能，采用镀铝或镀铬的塑料。反射器的形式多种多样，可分为球面反射器、抛物面反射器，等等。（图 2-2-4）

表2-2-1 照明灯具的灯具效率

| 灯具出光口形式 | 直管形荧光灯 | | | | 紧凑型荧光灯 | | | 小功率金属卤化物灯 | | | 高强度气体放电灯 | |
| --- | --- | --- | --- | --- | --- | --- | --- | --- | --- | --- | --- | --- |
| | 开敞式 | 保护罩（玻璃或塑料） | | 格栅 | 开敞式 | 保护罩 | 格栅 | 开敞式 | 保护罩 | 格栅 | 开敞式 | 格栅或透光罩 |
| | | 透明 | 棱镜 | | | | | | | | | |
| 灯具效率（%） | 75 | 70 | 55 | 75 | 55 | 50 | 45 | 60 | 55 | 50 | 75 | 60 |

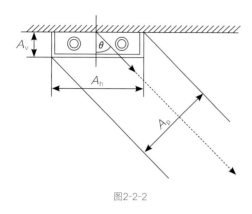

图2-2-2

同的角度介绍灯具的类型。

## 1.根据不同功能的空间进行分类

在一些具有不同功能的空间中，使用的灯具类型不尽相同。室内环境中用于住宅空间、办公空间、商店空间、观演空间、竞技空间等空间的照明灯具，室外环境中用于建筑外立面、广场、道路、景观、公共设施等空间的照明灯具。

## 2.根据灯具发出的光线在空间中的分布情况进行分类

（1）泛光灯：灯具中的光源发出的光通量向着各个方向发散，照亮整个环境的灯被称为泛光灯。（图2-2-7、图2-2-8）

（2）聚光灯：灯具中的光源发出的光通量汇集为一束，有明确光束角的灯被称为聚光灯。（图2-2-9、图2-2-10）

（3）洗墙灯：可以被看作一种光束角特别宽的聚光灯，此种灯发出的光通量在整个光束角内的分布非常均匀，照明效果如从水平方向漫过一个平面一样，主要用来均匀地照亮某个空间界面。（图2-2-11、图2-2-12）

## 3.其他灯具分类方式

根据灯具的形态以及结构可分为以下几类：下垂吊灯、枝形吊灯、嵌入式灯具、托架式灯具、台灯、射灯、落地灯、嵌入式地灯、柱式灯、艺术造型灯等；根据光源可分为白炽灯具、荧光灯具、HID 灯具；根据样式和光照氛围可分为古典的、浪漫的、时尚的、自然的、日式的；根据灯具材料分可为金属、玻璃、塑料、天然材料；根据使用空间可分为住宅用、商业用、办公室用等；根据特定项目可分为生产国别、灯

（2）通过遮光器。遮光器有嵌入式与外接式两种，嵌入式遮光器与灯具为一体，基本构造类似于栅栏格，格子越密，保护角越大，有效光线的损失也越大。（图 2-2-5）

（3）使用滤镜。滤镜可分为变色滤镜、保护滤镜和投影滤镜三种。变色滤镜可以控制光的颜色，使用镀膜彩色玻璃或耐高温塑料制成（图2-2-6）。保护滤镜则可以减少光线中的红外光与紫外光辐射带来的伤害。投影滤镜安装雕刻镂空图案的金属薄片对光线进行遮挡，从而可以投射出各种图案。在同一个灯具上，可根据照明效果的需要安装不同功能的滤镜，以达到预期设计的光效。

（4）通过透镜来控制光线，利用光的折射原理重新分配光源。

## 四、灯具的分类

灯具的种类繁多，可依据不同的使用空间分类，也可根据灯具发出的光线在空间中的分布进行分类。还可根据灯具的不同结构与造型进行分类，以下从不

图2-2-3 装上各种滤镜后的聚光灯

图2-2-4 反射器

图2-2-5 遮光器

图2-2-6 变色滤镜

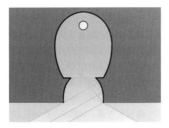

图2-2-7 泛光灯照明灯具反射器的内壁形态

图2-2-8 泛光灯照明效果

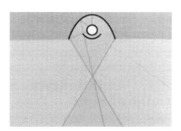

图2-2-9 聚光灯照明灯具反射器的内壁形态

图2-2-10 聚光灯照明效果

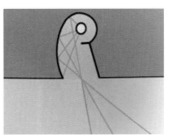

图2-2-11 洗墙灯照明灯具反射器的内壁形态

图2-2-12 洗墙灯照明效果

数、耐热性等；根据安装方式可分为嵌入式、直接安装式、悬吊式、柱顶安装式、壁装式、夹钳安装式等。

## 五、灯具的选择

在整个照明设计系统中，灯具作为传播光的载体，如何选择适合于空间的灯具尤为重要，合适的灯具会有效改善空间的亮度，并形成更为艺术化的风格，甚至影响使用者的情绪。对灯具的选择可以参考以下几步：

第一步：确定光线分布的特点，运用合理的光线照射合理的空间。如果需要集中照亮某个物体，则选择聚光灯，如图 2-2-13。在需要均匀分布光线的空间中，我们最好选择泛光灯，如图 2-2-14、图 2-2-15。

第二步：确定灯具的造型。灯具不仅要满足照亮空间的功能，而且要满足人们的精神需求。要根据环境的特点选择风格统一的灯具。如图 2-2-16、图 2-2-17，选择造型简洁的灯具，与室内家具和艺术品风格一致。

第三步：确定灯具的安装方式以及位置。如果灯具要固定在某个地方时，要考虑电线的长度、固定的牢固度、电源开关的位置以及维护的方便程度等。

第四步：确定灯具的价格。市场上，不同功能、不同造型的灯具价格不同，需要结合实际工程的预算，平衡照明效果、价格、造型等因素之间的关系。

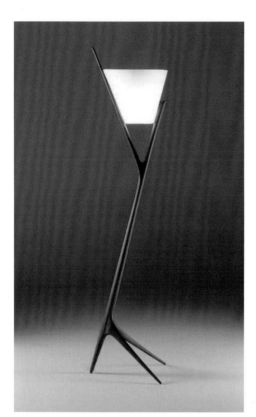

图2-2-13 聚光灯

图2-2-15 泛光灯

图2-2-14 泛光灯

图2-2-16

图2-2-17

# 3

## 空间照度

# 3　空间照度

一个好的设计应该是用经济且合适的方式得出最佳的设计效果。本章将介绍如何在工作面上获得一个令人满意的照度的设计过程，同时还要控制眩光。所有的室内照明设计都以《CIBSE 1994 室内照明规范》为参考。

## 第一节　空间环境照度布局

《CIBSE 1994 室内照明规范》对所有的普通环境及其空间的持久照度值（勒克斯，lx）做了详细的描述。这些数值足以为我们提供：满意的工作面照度和令人愉快的室内空间外观。

它们被称为"持久照度"，通常在一个水平工作面上。"标准持久照度"则是对假想的标准环境的推荐值。这些条件包括了照明的均匀度、光源老化引起的光衰减，以及照明设备的污染。表 3-1-1 列出了一些不同视觉任务中所需的照度。

该表在 CIBSE 文件中得到了扩展，涵盖了 300 多种室内环境或活动的持久照度推荐值。

照度值对优秀的照明实践起到了指导性的作用，它们不是强制性的，尽管有些权威机构会对照度值做出某些规定。同时我们还要知道，在某些特定条件下，需要对数值进行一定的修正，以获得设计要求的结果，也就是说，要根据具体情况具体分析。

"持久"这个术语意味着，设备在指定时间内是清洁的、灯具在指定使用时间后会被更换，那么对于设计的照度平均水平才会是持久的。综上所述：

标准持久照度（SMI）——特定视觉环境中的标准值范围。

推荐持久照度（RMI）——表 3-1-1 在特定环境中的应用，例如，在 CIBSE 普通照明表中，图书馆的 RMI 数值为 300 lx。

设计持久照度（DMI）——表 3-1-2 在 RMI 中的

应用，例如，如果图书馆主要用于研究，那么将 RMI 从 300 lx 提高到 500 lx 是合理的。

## 一、普通布局设计

第一步是要决定采用哪一类的灯具。除非使用电脑程序，否则在没有获取具体光度学数据之前是很难得到任何结论的。如果其他设计要求都已经确定，那么可以根据这些要求来挑选灯具。

接下来，计算总的光源光通量得到推荐照度，最后设计布局。

光通量需求的确定，一个普通接受的方法要用到"流明公式"，即：

$$初始所需光通量 = \frac{E \times A}{UF \times MF} \qquad (3.1)$$

式中 $E$ 为设计持久照度，单位为 lx，$A$ 为工作面面积，单位为 $m^2$，UF 和 MF 分别为利用系数和维护系数。

### 1.利用系数

这是照明方案功效的一个衡量，表示的是到达工作面光通量的比例。有些来自直接照明，有些来自室内其他表面的反射。表 3-1-3 给出了一套典型的数据，要确定精确数值则要具体考虑房间空间尺寸以及表面反射率。

空间尺寸用以计算室形指数：

$$室形指数 = \frac{长 \times 宽}{（长+宽）\times 工作面上方光源高度} \qquad (3.2)$$

### 2.维护系数

当设计系统安装后，从第一天开始照度就会下降。下面的公式中有四个可测量因素：

$$MF = LLMF \times LSF \times LMF \times RSMF \qquad (3.3)$$

LLMF 是光源的光通维护系数，LSF 为光源寿命系数（仅用于集中替换系统），LMF 为灯具维护系数，而 RSMF 为房间表面维护系数。LLMF 与 LSF 随着使用光源的类型而变化，LMF 和 RSMF 随着灯具、位置及清洁频率而变化。

过去，照明的设计是针对平均条件的，这样就可能导致最后结果出现较大误差，因此，目前的目标就是对以下情况有一个更精确的预估：

表3-1-1 标准持续照度的活动场所/室内

| 标准持续照度（lx） | 活动场所/室内的特征 | 代表性活动场所/室内 |
|---|---|---|
| 50 | 很少有视觉作业的室内环境（限制移动以及不要求细节的观看） | 缆道、室内储藏柜、人行横道 |
| 100 | 偶然有视觉任务的室内（限制移动以及只要求有限细节感知的一瞥） | 走廊、更衣室、散装储藏室、观众席 |
| 150 | 偶然有视觉任务的室内（要求一定的细节感知或者涉及对人员、车间或产品造成一定危害的） | 装卸港湾、药店、开关室、车间 |
| 200 | 持续占用的室内，不需要细节感知的视觉任务 | 休息室、自动探测程序、铸造混凝土、涡轮室、饭厅 |
| 300 | 持续占用室内，视觉任务适当简单，即大的细节（>10弧分）或高对比度 | 图书馆、运动场及集合大厅、教育场所、演讲会场、包装车间 |
| 500 | 视觉任务适当困难，即要观察的细节中等大小（5~10弧分）且可能低对比度。还需要能够做颜色判断 | 普通办公室、机车装配、喷涂与喷雾、厨房、实验室、零售商店 |
| 750 | 视觉任务困难，即要观察的细节小（3~5弧分）且低对比度。还要求好的颜色判断 | 绘图办公室、陶瓷装饰、肉类检验、连锁商店 |
| 1000 | 视觉任务非常困难，即要观察的细节非常小（2~3弧分）且可能对比度非常低。还要求精确的颜色判断 | 普通检验、电子装配、测量及工具室、润饰油漆工作、橱柜组装、超级市场 |
| 1500 | 视觉任务特别困难，即要观察的细节特别小（1~2弧分）且低对比度。视觉辅助和局部照明可能比较有用 | 精细工作和检验、手工缝纫、精密装配 |
| 2000 | 视觉任务异常困难，即要观察的细节异常小（<1弧分）且对比度非常低。视觉辅助和局部照明会比较有用 | 微小机械装置装配、纺织成品检验 |

资料来源：建筑服务工程师特许机构室内照明规范。

表3-1-2 流程图

注意：中间值（250，400，600及900 lx）是不可能完成步骤时的折中方案。
资料来源：建筑服务工程师特许机构，《CIBSE 1994室内照明规范》。

（1）当光源为新，灯具与室内表面清洁时的初始照度。

（2）不低于实际照度的维持照度。该值必须基于更替与清洁的程序。

为了鼓励设计者与制造商使用这种方法，CIBSE归纳了一些数据得到了LLMF和LSF（表3-1-4）。

这仅是一个中间步骤，期望是制造商能够制出自己的表格。表3-1-4至表3-1-6为《CIBSE 1994室内照明规范》提供的数据简表，该表已有足够数据确定MF，但是全部的数据则需要从规范中获取。

表3-1-3  与荧光灯一起使用的Thorn二棱镜封闭型灯具的光度数据

| 描述 | 单棱镜控光器1800 mm |
| --- | --- |
| 报告号 | 200/IL/5295/I |
| 光输出率 | 上0.26；下0.53；总共0.79 |
| 最大间距/高度比（SHR） | 1.92 |

| 发光强度（cd/1000 lm） | | | 外形因子 | | |
| --- | --- | --- | --- | --- | --- |
| 角度（°） | 横断面（T） | 轴平面（A） | 角度（°） | 平行面 | 垂直面 |
| 0 | 132 | 132 | 0 | 0.000 | 0.000 |
| 5 | 132 | 131 | 5 | 0.087 | 0.004 |
| 10 | 139 | 130 | 10 | 0.172 | 0.015 |
| 15 | 147 | 126 | 15 | 0.256 | 0.033 |
| 20 | 155 | 122 | 20 | 0.334 | 0.058 |
| 25 | 160 | 116 | 25 | 0.407 | 0.088 |
| 30 | 160 | 109 | 30 | 0.473 | 0.123 |
| 35 | 155 | 102 | 35 | 0.532 | 0.160 |
| 40 | 145 | 93 | 40 | 0.584 | 0.200 |
| 45 | 132 | 83 | 45 | 0.627 | 0.239 |
| 50 | 118 | 71 | 50 | 0.661 | 0.277 |
| 55 | 105 | 57 | 55 | 0.687 | 0.311 |
| 60 | 96 | 39 | 60 | 0.704 | 0.338 |
| 65 | 89 | 23 | 65 | | |
| 70 | 90 | 12 | 70 | | |
| 75 | 94 | 6 | 75 | | |
| 80 | 99 | 1 | 80 | | |
| 85 | 101 | 0 | 85 | | |
| 90 | 102 | 0 | 90 | | |
| 95 | 101 | 0 | | | |
| 100 | 96 | 0 | | | |
| 105 | 93 | 0 | | | |
| 110 | 94 | 0 | | | |
| 115 | 96 | 0 | | | |
| 120 | 95 | 0 | | | |
| 125 | 89 | 0 | | | |
| 130 | 82 | 0 | 亮度分布 | | |
| 135 | 73 | 0 | 角度（°） | 横断面（T） | 轴平面（A） |
| 140 | 63 | 0 | 45 | 553.3 | 606.9 |
| 145 | 54 | 0 | 50 | 502.9 | 571.1 |
| 150 | 44 | 0 | 55 | 458.7 | 513.8 |
| 155 | 34 | 0 | 60 | 433.6 | 403.3 |
| 160 | 22 | 0 | 65 | 419.3 | 281.4 |
| 165 | 10 | 0 | 70 | 446.7 | 181.4 |
| 170 | 5 | 0 | 75 | 497.0 | 119.9 |
| 175 | 0 | 0 | 80 | 564.4 | 29.8 |
| 180 | 0 | 0 | 85 | 630.0 | 0.0 |

| 利用系数UF SHR NOM=1.50 | | | | | | | | | | | |
| --- | --- | --- | --- | --- | --- | --- | --- | --- | --- | --- | --- |
| 房间反射系数 | | | 室形指数 | | | | | | | | |
| C | W | F | 0.75 | 1.00 | 1.25 | 1.50 | 2.00 | 2.50 | 3.00 | 4.00 | 5.00 |
| 0.70 | 0.50 | 0.20 | 0.41 | 0.47 | 0.52 | 0.55 | 0.60 | 0.63 | 0.66 | 0.69 | 0.71 |
| | 0.30 | | 0.36 | 0.42 | 0.47 | 0.50 | 0.56 | 0.59 | 0.62 | 0.66 | 0.68 |
| | 0.10 | | 0.32 | 0.38 | 0.43 | 0.47 | 0.52 | 0.56 | 0.59 | 0.63 | 0.66 |
| 0.50 | 0.50 | 0.20 | 0.37 | 0.42 | 0.38 | 0.43 | 0.53 | 0.55 | 0.57 | 0.60 | 0.61 |
| | 0.30 | | 0.33 | 0.38 | 0.42 | 0.46 | 0.49 | 0.52 | 0.55 | 0.57 | 0.59 |
| | 0.10 | | 0.29 | 0.34 | 0.39 | 0.42 | 0.47 | 0.50 | 0.52 | 0.56 | 0.58 |
| 0.30 | 0.50 | 0.20 | 0.33 | 0.37 | 0.40 | 0.43 | 0.56 | 0.48 | 0.49 | 0.51 | 0.53 |
| | 0.30 | | 0.29 | 0.34 | 0.37 | 0.40 | 0.43 | 0.46 | 0.48 | 0.50 | 0.51 |
| | 0.10 | | 0.27 | 0.31 | 0.35 | 0.38 | 0.41 | 0.44 | 0.46 | 0.48 | 0.50 |
| 0.00 | 0.00 | 0.00 | 0.23 | 0.26 | 0.28 | 0.30 | 0.33 | 0.35 | 0.36 | 0.38 | 0.39 |

资料来源：Thorn照明有限公司。

### 3.计算MF的实例

一个办公室照明方案采用了 150 W 高压钠灯（SON）上投光。光源在 10000 h 使用后会被集中更换，投光灯具每半年清洁一次，室内表面每年清洁一次。办公室为大型开发式设计。根据表 3-1-4，LLMF 为 0.88，$LSF$ 为 0.92（非及时更换）。根据表 3-1-5，$LMF$ 为 0.92（清洁环境）。根据表 3-1-6，$RSMF$ 为 0.88。因此 $MF = 0.88 \times 0.92 \times 0.92 \times 0.88 \approx 0.66$。

### 4.计划布局

灯具间的间距应该使无遮挡工作区域的照度最小值与平均值之比不低于 0.8。

下面还有工作面、墙面和顶棚的照度的推荐比例，将在本章的后面部分进行探讨。

如果设计布局符合制造商提出的最大间距与安装高度比（$s/h_m$），那就可以获得要求的均匀度。$s$ 与 $h_m$ 的数值列于图 3-1-1。

如果线性光源在空间上连续使用，那么制造商会提出一个最大横向间距与安装高度比。这个最大间距指的是平行灯具之间的距离。

【例 1】设计一个小的绘图工作室的照明方案，工作室面积 6 m²，顶棚高 3 m。使用灯具的光学数据列于表 3-1-3。工作室整洁且室内的反射系数分别为顶棚 0.7、墙 0.3、地面 0.2。

【解】步骤 1：选择安装高度。在本例中，由于顶棚比较低，所以灯具直接安装在顶棚上。

安装高度 $h_m$ = 顶棚高度 - 桌面高度 = 3.0 - 0.8 = 2.2（m）

#### 表3-1-4 选定光源的光通维持系数（LLMF）与光源寿命系数（LFS）

| 光源类型 | | 使用时间（h） | | |
| --- | --- | --- | --- | --- |
| | | 6 000 | 10 000 | 12 000 |
| 荧光灯 | LLMF | 0.87 | 0.85 | 0.84 |
| 三色灯a | LSF | 0.99 | 0.96 | 0.95 |
| 金属卤化物灯 | LLMF | 0.72 | 0.66 | 0.63 |
| | LSF | 0.91 | 0.83 | 0.77 |
| 钠灯 | LLMF | 0.91 | 0.88 | 0.87 |
| 高压灯 | LSF | 0.96 | 0.92 | 0.89 |

注意：LLMF是初始光源光通的比例。a：使用电力控制。LSF是灯寿命的比例。如果一旦光源失效就被更换，则LSF始终为1。

#### 表3-1-5 选定灯具类型及环境下的灯具维护系数（LMF）

| 灯具类型 | 清洁周期（年） | | | | | | | | |
| --- | --- | --- | --- | --- | --- | --- | --- | --- | --- |
| | 环境 | | | 环境 | | | 环境 | | |
| | C | N | D | C | N | D | C | N | D |
| 平板 | 0.95 | 0.92 | 0.88 | 0.93 | 0.98 | 0.83 | 0.91 | 0.87 | 0.80 |
| IP2X封闭 | 0.92 | 0.87 | 0.83 | 0.88 | 0.82 | 0.77 | 0.85 | 0.79 | N/rª |
| 上投光照明 | 0.92 | 0.89 | 0.85 | 0.86 | 0.81 | N/rª | 0.81 | N/rª | N/rª |

N/rª：不推荐；C：清洁；N：普通；D：脏。

#### 表3-1-6 房间表面维护系数（RSMF）

| 室形指数 | 灯具光通分布 | 清洁周期（年） | | | | | |
| --- | --- | --- | --- | --- | --- | --- | --- |
| | | 环境 | | | 环境 | | |
| | | C | N | D | C | N | D |
| 2.5~5.0 | 直接 | 0.98 | 0.96 | 0.95 | 0.96 | 0.95 | 0.94 |
| | 一般 | 0.92 | 0.88 | 0.85 | 0.89 | 0.85 | 0.81 |
| | 间接 | 0.88 | 0.82 | 0.77 | 0.84 | 0.77 | 0.70 |

如果MF低于0.65，则意味着清洗间距太长或者光源使用时间过长，又或者是灯具类型错误。

步骤 2：确定照度和所需光通量。照度一般从 CIBSE 规范中选取。不过，表 3-1-1 已经给出了绘图工作室的值为 750 lx。利用公式 3.1，UF 和 LLF 的值必须确定。室形指数（公式 3.2）为：

$$室形指数（RI）= \frac{6 \times 6}{12 \times 2.2} = 1.4$$

根据表 3-1-3，UF=0.49。

要计算 MF，需要确定以下因素：

（1）使用三基色荧光灯。

（2）在使用 12000 h 后应大批量更换光源，并对损坏的进行单独更换。

（3）灯具必须有一个一般的漫射分布。

（4）室内表面及灯具每年做一次清理。

因此，MF=0.84 × 1.0 × 0.95 × 0.92 ≈ 0.73。

$$光源光通 = \frac{750 \times 6 \times 6}{0.49 \times 0.73} \approx 75482 \text{ lm}$$

步骤 3：确定照明点的最小数目。也许结果未必令人满意，但是照明设计的黄金定律使这个数目只能加不能减。灯具给出的最大 $s/h_m$ 比为 1.92。如果 $h_m$ 为 2.2 m，那么 s=2.2 × 1.92 ≈ 4.2 m。因此，最小数目点为 2×2，即 4。

步骤 4：用这个数字能够获得 750 lx 的照度吗？可选的光源尺寸在表 3-1-3 中列出，从 18 W 至 100 W 的荧光灯。对于一个 4 点的布局：

$$每点光通量 = \frac{75482 \text{ lm}}{4} = 18870.5 \text{ lm}$$

没有哪个光源的初始光通量能达到这个值。最接近的为 100 W 的三基色荧光灯管，其初始光通量为 9400 lm。一种可能的解决方案为使用双灯灯具，但是这需要一套新的计算方法。由于是绘图工作室，所以增加照明点数减少阴影会更有益处。我们在图 3-1-2 中建议了一个新的设计。

这个替代方案能够提供 500 lx 的一般照明，另外，在绘图板上采用局部照明可增加 250 lx 的照度。

## 二、布局类型

### 1.一般照明

一般照明是最简单同时也是经常使用、最实用的布局，已经做过描述。用规则的灯具排列来获得一个总体的照度水平，这可以让房间的任意地方都有足够

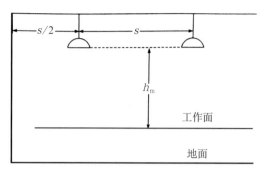
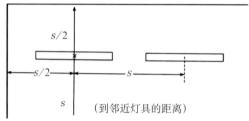

图3-1-1 间距与安装高度比值

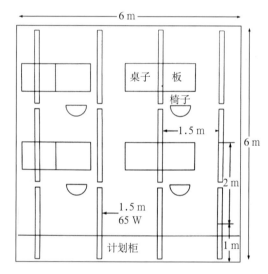

图3-1-2 绘图工作室的照明布局

的光亮，以便于进行一定的视觉任务。灯的布局可以各异，但是一般最好是使灯具排成的线平行于房间的主轴，对角线形或者人字形都可能引起不好的视觉效果。

这种布局类型有许多的缺点，其中的三点为：

（1）照明单调且平淡。这一般牵涉到立体感或者阴影的程度，也会关系到照度的垂直 / 水平比。阴影的数值，在某种程度上来说，是光分布的函数，下投光比例越大的灯具产生的阴影就越深。一个普通的漫射灯具会造成很平面的照明效果。

（2）照明没有流动感。白天，窗户旁会有光从窗户进入的感觉，而在夜晚则没有。但是可以通过有

角度的灯具来实现。建议如下：

①在内部的任何角落，光在某个方向的流动应该比其他任何方向都要显著。

②只要可能，应该使主要的流动方向与数值方向呈30°夹角，或者更高，而流动方向可能在空间的不同位置会有所不同。

将日光与电灯光组合使用，完成上述目标并不困难。但如果只使用电灯光，要完成目标则需要一个复杂的照明设计。

（3）设计浪费。在房间的某些位置光亮超过所需。对于普通的工作区的最小设计水平为200 lx，如果工作面需要750 lx，但是只需要在某些位置实现。合理的设计是一般照明200 lx，局部增强到750 lx。最好的实现方式是灵活的安装，例如，将电源安装到一个电气导轨系统中，以便当工作区域改变时可以随之移动灯具。

## 2.局部照明

某些视觉任务使用一般照明根本无法实现。机器的阻碍会使照明变得模糊，或者使可见度取决于暗处引起的纹理，需要使用可调整的小型光源，又或者是在某一小区域需要更高的照度。如果采用局部照明，那要注意对光源进行遮挡，既要防止操作者直接看见光源，也要保护邻近工作区的人。

## 3.区域性照明

在设备与工作区比较固定的地方，可以使用这种照明方式。举个图书馆的例子，在书架中使用区域性照明，而在阅读桌处使用局部照明，主要走动区域则使用一般照明。

## 4.梯度照度

推荐照明水平通常根据水平照度来制定。可以论证，水平平面的限制是不切实际的，因为人的视野包括所有的平面和来自侧面的照明，例如窗户，可能在水平平面上照度相当低，但在竖直平面上却相当高。梯度照度指的是落到空间某点单位表面积的圆球表面的光通量。最简单的情况，如果光竖直向下流动，设一点上每单位水平表面的光通量变化为$E_h$。如果这个区域为半径$r$ m的圆盘，那么

$$E_h = \frac{光通量}{\pi \times r^2}\ \text{lx},$$

该点梯度（球形）照度为：

$$E_s = \frac{光通量}{半径为r的球面面积} = \frac{光通量}{4\pi \times r^2},$$

或者说，

$$E_h = 4E_s \qquad (3.4)$$

如图3-1-3对这两个量做了图解。

（1）室内梯度照度的计算。

梯度值主要针对走廊这样的区域。这个计算是水平照度（$E_h$）计算的简单扩展。数值为：

$$E_s = E_h(K+0.5p)\ \text{lx} \qquad (3.5)$$

$K$值取决于光强分布和室内反射，$p$为地面的平均反射率。图3-1-4给出了中等室内反射系数以及某些典型灯具下的$K$值。

【例2】房间的平均水平照度为500 lx，墙面反射系数为0.3，地面反射系数为0.2。灯具为嵌入式漫射板，室形指数为2.0。求梯度照度是多少？

【解】根据图3-1-4，$K$值为0.36。因此，$E=500[0.36+(0.5\times0.2)]$lx= 230 lx。

（2）室内圆柱体的照度计算。

圆柱体照度能够对垂直表面的照明有更好的指导作用。例如储藏架、图书馆书架以及超市等。同梯度照明一样，可以得到大多数目标下足够精确的普适公式：

$$E_c = 1.5E_s - 0.25E_h(1+R_{Ef}) \qquad (3.6)$$

$K$值来自图3-1-4，$R_{Ef}$为地面的反射系数。

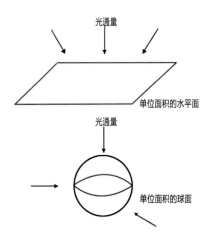

图3-1-3 水平平面照度（$E_h$）及梯度照度（$E_s$）

## 第二节　室内表面的相对亮度

　　对工作面照度的计算保证了工作面上有足够的光照，这并不表示室内的整体亮度情况。要做到这一点，必须计算工作区、墙壁以及顶棚的相对亮度。结合表面反射系数的知识能够对亮度的可接受范围做一定的指导。（图3-2-1）

　　图3-2-1给出了一个很宽的范围，虽然有可能将相对照度计算到一个比较精确的程度，然而我们使用更多的是更简单、更粗略的计算方法。

　　表3-2-1取自《CIBSE 1994室内照明规范》，可以帮助我们选择照明系统。它包括了室内明亮度的推荐式样，解释在表3-2-2、表3-2-3中给出。这里给出了某种特殊灯具下，有着平均表面反射系数的墙壁与顶棚的预期相对明亮度。

　　粗略计算室内照度比的方法需要如下的数据：

　　（1）室内表面的大小以及反射率。

　　（2）ULOR比（上投光输出比）。

　　（3）UF0，0，0系数，即零室内反射率时候的利用系数。

　　（4）工作面平均水平照度（$E_h$）。

　　（5）总的光源初始光通量（$F$）。

　　室内表面亮度包括：

　　[直接照度（来自灯具）+反射照度（来自其他表面]×表面反射系数。

　　（1）工作区直接照度（$E_{dw}p$）由公式给出：

$$E_{dw}p = \frac{F \times UF \times MF}{\text{工作面面积}} \qquad (3.7)$$

　　（2）墙的直接照度（$E_{dw}$）为未到达工作区的向下的光通量的函数：

$$E_{dw} = \frac{F \times (UF-UF0,0,0) \times MF}{\text{四面墙面积}} \qquad (3.8)$$

　　（3）对于顶棚的直接照度（$E_{dc}$），上投光光通量会全部落到顶棚上：

$$E_{dc} = \frac{F \times ULOR \times MF}{\text{顶棚面积}} \qquad (3.9)$$

　　现在，每个室内表面都作为灯具，提供了非直接或反射的照度。每个表面的照度总和为直接项与反射项的和。

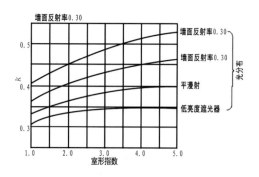

图3-1-4　多种典型灯具的K值

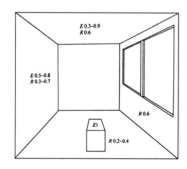

图3-2-1　工作室的室内表面的反射系数和照度的CIBSE推荐范围

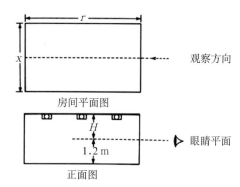

图3-2-2　房间坐标（CIBSE）眩光计算

　　$E_h$=为照明方案初始计算的水平照度。

　　下一步是计算墙壁和顶棚的照度的反射项。在做精确的计算之前，我们先看看推荐。由于亮度同照度和反射系数的乘积成正比，因此通常根据反射系数和照度的范围进行估计。

　　当可接受的照度范围很宽时，要得到精确的值是不现实的。考虑到这点，可以通过假设所有表面的反射项相同得到一个墙壁和顶棚的照度的合理近似值。

　　对于工作面：$E_{wp}=E_{dw}p+E_{反射}$，$E_{反射}=E_{wp}-E_{dw}p$

　　对于墙面：$E_w = E_{dw}+E_{反射}$

　　对于顶棚：$E_c = E_{dw}+E_{反射}$

表3-2-1 典型灯具特征（引用）

| 灯具 | 安装 | 极坐标曲线 | SHR NOM | 利用系数 | 眩光指数 | 表面亮度 |
|---|---|---|---|---|---|---|
| 带乳白色漫射器的双灯管灯具 | SP | | 1.75 | | | |
| 白色沟槽式反射器 | SP | | 1.75 | | | |
| 白色沟槽式反射器 | SP | | 1.5 | | | |

资料来源：建筑服务工程师特许机构，《CIBSE 1994室内照明规范》。

表3-2-2 房间表面明亮度的关键

| 顶棚高度增加 ↑ | 明亮的顶棚<br>粗糙墙壁 | 明亮的顶棚<br>中等墙壁 | 明亮的顶棚<br>明亮的墙壁 |
|---|---|---|---|
| | 中等顶棚<br>粗糙墙壁 | 中等顶棚<br>中等墙壁 | 中等顶棚<br>明亮的墙壁 |
| | 粗糙顶棚<br>粗糙墙壁 | 粗糙顶棚<br>中等墙壁 | 粗糙顶棚<br>明亮的墙壁 |
| | 墙壁亮度增加 → | | |

资料来源：建筑服务工程师特许机构，《CIBSE 1994室内照明规范》。

表3-2-3 不同视觉任务等级的CIBSE推荐限制眩光指标

| 视觉任务等级 | 举例 | 限制眩光指标 |
|---|---|---|
| 重要的，经常有固定的观察方向 | 绘图办公室、非常精细的检验 | 16 |
| 重要的，但观察方向普通 | 办公室、图书馆、计算机建筑 | 19 |
| 普通任务，观察方向普通 | 厨房、接待区、精细装配工作 | 22 |
| 大型任务或观察时间有限 | 贮料间、中等装配工作 | 25 |
| 没有特定的视觉任务或观察方向 | 粗糙工业工作、室内停车区 | 28 |

【例3】某办公室平均照度为 500 lx。房间尺寸为 $L=8\,m$，$W=6\,m$，$H=2.65\,m$。桌子高度为 0.75 m，$h_m$ 为 2.65 − 0.75，即 1.9 m。室内表面平均反射率 $p_c=0.7$，$p_f=0.2$，$p_w=0.5$。

光度测量数据来自表 3-1-3。首先，要得到一个持续的 500 lx 的照度，使用上一实例中的维护进度表，流明量为：

$$F=\frac{500\times(8\times6)}{UF\times MF}\ lm$$

室形指数为：

$$RI=\frac{8\times6}{(8+6)\times1.9}=1.8\,UF=0.58$$

由于【例1】中 MF=0.73，因此，

$$F=\frac{500\times48}{0.58\times0.73}=56684\ lm（初始）$$

$$E_{dw}p=\frac{56684\times UF0,0,0\times MF}{8\times6}$$

UF0, 0, 0=0.32

$$E_{dw}p = \frac{56684 \times 0.32 \times 0.73}{1.9 \times 2 \times (8+6)} = 249 \text{ lx}$$

$$E_r = 500 - 249 = 251 \text{ lx}$$

有趣的是，接近一半的平均水平照度是来自室内表面的反射。

根据公式（3.8）

$$E_{dw} = \frac{56684 \times (0.53-0.32) \times 0.73}{1.9 \times 2 \times (8+6)}$$

因此，假设灯具直接装配在顶棚上，

$E_{dw} = 163$ lx，

根据公式（3.9）有

$$E_{dc} = \frac{56684 \times 0.26 \times 0.73}{8 \times 6} = 224 \text{ lx}$$

加上反射照度：

$E_w = 163$ lx $+ 224$ lx $= 387$ lx

$E_w = 224$ lx $+ 224$ lx $== 448$ lx

图 3-2-1 给出了建议照度比。墙壁的范围为 0.5~0.8。实例中的比例为 387 ：500，即 0.77。

顶棚的范围为 0.3~0.9。实例中为 448 ：500，即 0.89。两个比值都在可接受范围内。

亮度值由下式给出：

$$\text{亮度} = \frac{\text{亮度} \times \text{反射系数}}{\pi} \text{ cd/m}^2 \quad (3.10)$$

因此，工作区：$\text{亮度} = \dfrac{500 \times 0.2}{\pi} = 32 \text{ cd/m}^2$

墙壁：$\text{亮度} = \dfrac{387 \times 0.5}{\pi} = 62 \text{ cd/m}^2$

顶棚：$\text{亮度} = \dfrac{448 \times 0.7}{\pi} = 100 \text{ cd/m}^2$

这里必须强调的是，这是英国研究员 D·C. 普理查德设计的近似方法。在 CIBSE 技术备忘录第 5 条以及技术报告第 20 条中可以找到使用转移函数的精确计算方法。

# 第三节 眩光

## 一、失能眩光

不管是日光还是电灯，我们总是需要把亮度限制在一个普通水平，否则会出现不能接受的眩光。

失能眩光是降低视觉功效和可见度的眩光，往往伴有不舒适感。由于它确实降低了视觉能力，因此可以通过视觉表现来进行测试，它的影响可以表示为眼睛适应水平的变化。如果适应水平被某个光源提高了，比如无遮蔽的灯或者窗，那么眼睛对亮度上小的差别就会变得不敏感。

用一个公式来描述适应水平的改变：

$$\text{修正亮度} = Lo + \frac{KE}{\theta^2} \quad (3.11)$$

这里 $Lo$ 是视野内的原始平均亮度，$E$ 是眼睛看到的来自眩光源的照度，$\theta$ 是视线与眩光源方向的夹角，$K$ 是一个与观察者年龄相关的常数。

目前的任务中对于这种失能眩光的鉴定以及设计的企图都基于对比度显示因子。然而，对比度、灵敏度的下降已经被用来测量公路信号灯照明的眩光了。照度的限制同样被应用于医院和办公室。

## 二、不适眩光

这可以定义为：引起视觉不适但未足以损害视觉的眩光。不舒适的程度取决于观察的角度与位置。例如，相比教室而言，人们在超市中能够忍受更明亮的装置，因为他们总是持续地移动并向各个方向观看；而在教室中，由于观看方向是固定的，视觉任务要求更苛刻，观察者感受照明的时间更长。这仅仅是一种主观评估，无法进行定量的测量，只能说是与不舒适的程度有关。建筑研究院的工作为 CIBSE 眩光分级的系统提供了原始数据，即眩光等级系统。来自某灯具的眩光可以表示为：

$$\text{不适眩光}(g) = \frac{L_s^{1.6} \times W^{0.8}}{L_B \times P^{1.6}} \times 0.45 \quad (3.12)$$

其中 $L_s$ 为光源亮度，$L_B$ 为背景平均亮度，$W$ 为光源角大小，$P$ 是位置指数，表示眩光源位置的影响。

要计算一个空间范围内的每个光源点引起的眩光无疑太浪费，我们可以通过考虑一些标准情况并做必要的调整来简化这个方法。标准条件的假设如下：

（1）眩光是可叠加的。因此，对于一个已安装的设备，来自所有灯具的眩光与有着同样照度 $L_s$ 的单一灯具的眩光相同，但是它的角大小 $W$ 为所有灯具的角大小的总和。

（2）观察的方向为水平方向，横穿整个房间且距地面1.2 m。

（3）房间为矩形且灯具呈规则排列。

计算以及修正依赖于使用的表列数据。主要的步骤是：

（1）为标准状况下特定房间、特定灯具找到初始眩光指数。指数为10g（勉强感到有眩光），其中g为不适眩光值，见式（3.12）。

（2）对于正在使用的系统按要求使用各种修正，这将得出最终的眩光指数。对于特殊类型的地点，这个值将不会超过推荐的限制眩光指标。表3-2-3给出了一个典型的限制眩光指标的列表。

表3-3-1给出了一个典型的眩光数据表单，在本任务中，它与表3-1-3的灯具数据相关。这个眩光数据表单基于以下假设：

根据房间空间尺寸和反射系数可以得到初始眩光指数的列表。图3-2-2给出了如何确定空间尺寸的方法。Y方向平行于视线，而X方向则与视线相交。两者都为眼睛水平面以上的安装高度的倍数。房间的一种视图可以展示出灯具的末端（从后至前的视图），另一视图给出了房间的边缘（交叉视图）。

当得出初始眩光指标时，必须因以下原因做修正：

（1）高度低于3 m时，安装高度更改为眼睛水平面上1.2 m。

（2）初始光通量低于1000 lm时，修正总的向下光通量。

（3）初始眩光指数列表中包含多种灯具尺寸和灯具类型时会有额外的修正项。

初始眩光指数加上（或减去）这些修正值即得到最后的眩光指数。

【例4】根据本章前面设计的方案，见图3-2-2。计算出眩光指数。

【解】房间为正方形，因此X=Y=6 m。顶棚高度为3 m，对于一个坐着的人来说，眼睛所在处的水平面与地板的高度为1.2 m。

$$H=3-1.2=1.8 \text{ m}$$

$$X=6\text{m}=\frac{6H}{1.8}=3.3H=Y$$

顶棚的反射系数为0.7，墙壁为0.3，地板为0.2。在本例中最差的眩光状况为灯具处于交叉视角下。根据表3-3-1，初始眩光指数为：

| X | Y | | Y=3.3H X=3.3H |
|---|---|---|---|
| 2H | 3H | 10.5 | |
| | 4H | 11.4 | 10.8 |
| 4H | 3H | 11.4 | 11.4 |
| | 4H | 12.5 | 11.8 |

根据表3-3-2做修正，初始灯光通量=5100 lm，修正因子=+4.2，眼睛水平面高度为1.8。因此，修正因子=-0.2，同时根据1.5 m的灯具还有另一眩光指数修正为+0.63（参见表3-1-3）。因此，最终眩光指数=11.4+4.2-0.2+0.63=16.03

由于绘图工作室的限制眩光为16，安装设计刚刚达到了眩光限制的要求。这意味着眩光可能成为一个问题，应该选择另一种类型的灯具。

## 三、标准眩光等级

### 1.CIE标准眩光等级（UGR）

国际上已通行一套新的系统（UGR），它与本书所列表3-3-3在公式上有些许不同。

### 2.CIE亮度曲线系统

光程度是由在轴向面与横断面上，45°~85°范围内的亮度进行评估的。表3-3-3和表3-3-4用来检查选择的灯具是否是特殊大小、特殊内部类型的房间可接受的。表3-3-4列出了5种类型。

（1）此套系统中描述的灯具有如下特性。

①明亮的边缘：明亮边缘的板高高于30 mm。

②拉长的边缘：平面明亮区域的长宽比不少于2：1。

（2）计算步骤。

①确定选择安装的灯具45°~85°的平均照度。

②确定新的安装条件下的照明质量、等级、照度水平。

③选择相关图表的正确曲线（级别和水平）。（图3-3-1）

④考虑眼睛水平方向与灯具平面之间的房间长度、高度，确定两者间的最大角度。做这步，要找到

表3-3-1 Thorn棱镜控光型灯具的眩光数据（普通光度数据见表3-1-3）

| 眩光指标 | | | | | | | | | | |
|---|---|---|---|---|---|---|---|---|---|---|
| 顶棚反射系数 | | 0.70 | 0.70 | 0.50 | 0.50 | 0.30 | 0.70 | 0.70 | 0.50 | 0.50 | 0.30 |
| 墙面反射系数 | | 0.50 | 0.30 | 0.50 | 0.30 | 0.30 | 0.50 | 0.30 | 0.50 | 0.30 | 0.30 |
| 地面反射系数 | | 0.14 | 0.14 | 0.14 | 0.14 | 0.14 | 0.14 | 0.14 | 0.14 | 0.14 | 0.14 |
| 房间坐标 X | Y | 侧向观察 | | | | | 纵向观察 | | | | |
| 2H | 2H | 7.3 | 8.5 | 8.4 | 9.7 | 11.1 | 6.7 | 8.0 | 7.8 | 9.1 | 10.6 |
| | 3H | 9.4 | 10.5 | 10.5 | 11.6 | 13.1 | 8.4 | 9.5 | 9.5 | 10.7 | 12.2 |
| | 4H | 10.4 | 11.4 | 11.5 | 12.6 | 14.1 | 9.1 | 10.2 | 10.3 | 11.3 | 12.9 |
| | 6H | 11.5 | 12.5 | 12.6 | 13.6 | 15.2 | 9.8 | 10.7 | 10.9 | 11.9 | 13.5 |
| | 8H | 12.1 | 13.0 | 13.3 | 14.2 | 15.8 | 10.0 | 10.9 | 11.1 | 12.1 | 13.7 |
| | 12H | 12.8 | 13.7 | 13.9 | 14.9 | 16.4 | 10.1 | 11.0 | 11.2 | 12.2 | 13.7 |
| 4H | 2H | 8.1 | 9.1 | 9.2 | 10.3 | 11.8 | 7.6 | 8.7 | 8.8 | 9.8 | 11.4 |
| | 3H | 10.5 | 11.4 | 11.6 | 12.6 | 14.1 | 9.6 | 10.5 | 10.8 | 11.7 | 13.2 |
| | 4H | 11.7 | 12.5 | 12.8 | 13.7 | 15.3 | 10.5 | 11.3 | 11.7 | 12.5 | 14.1 |
| | 6H | 13.0 | 13.8 | 14.2 | 15.0 | 165.6 | 11.4 | 12.1 | 12.6 | 13.3 | 14.9 |
| | 8H | 13.8 | 14.5 | 15.0 | 15.7 | 17.3 | 11.7 | 12.4 | 12.9 | 13.6 | 15.2 |
| | 12H | 14.6 | 15.2 | 15.8 | 16.4 | 18.1 | 11.9 | 12.5 | 13.1 | 13.8 | 15.4 |
| 8H | 4H | 12.3 | 13.0 | 13.5 | 14.2 | 15.8 | 11.3 | 12.0 | 12.5 | 13.2 | 14.8 |
| | 6H | 13.9 | 14.5 | 15.2 | 15.7 | 17.4 | 12.5 | 13.1 | 13.7 | 14.3 | 15.9 |
| | 8H | 14.9 | 15.4 | 16.1 | 16.6 | 18.2 | 13.0 | 13.5 | 14.2 | 14.7 | 16.4 |
| | 12H | 15.9 | 16.4 | 17.2 | 17.6 | 19.3 | 13.4 | 13.8 | 14.6 | 15.1 | 16.7 |
| 12H | 4H | 12.4 | 13.0 | 13.6 | 14.2 | 15.8 | 11.6 | 12.2 | 12.8 | 13.4 | 15.0 |
| | 6H | 14.1 | 14.7 | 15.4 | 15.9 | 17.5 | 12.9 | 13.4 | 14.1 | 14.6 | 16.2 |
| | 8H | 15.2 | 15.7 | 16.5 | 16.9 | 18.6 | 13.5 | 14.0 | 14.7 | 15.2 | 16.9 |
| | 12H | 16.1 | 16.5 | 17.4 | 17.8 | 19.4 | 13.7 | 14.1 | 15.0 | 15.4 | 17.0 |

眩光指标换算：

| 灯具长度（mm） | 600 | 1200 | 1500 | 1800 | 2400 |
|---|---|---|---|---|---|
| 换算 | +3.82 | +1.41 | +0.63 | 0 | -1.0 |

资料来源；Thorn照明有限公司。（假设照明条件：1.灯具位于眼睛水平面上2m处； 2.灯具放出1000lm的光； 3.间距与高度的比为1:1。）
表3-3-2给出了对于1和2的修正，而3没有提供修正。

表3-3-2 与表3-3-1一起使用的修正数据

| 初始 | 换算项 | 1.2m 眼睛平面以上高度H（m） | 换算项 |
|---|---|---|---|
| 100 | -6.0 | 1 | -1.2 |
| 150 | -4.9 | 1.5 | -0.5 |
| 200 | -4.2 | | |
| 300 | -3.1 | 2 | 0.0 |
| 500 | -1.8 | | |
| 700 | -0.9 | 2.5 | +0.4 |
| 1000 | 0.0 | 3 | +0.7 |
| 1500 | +1.1 | 3.5 | +1.0 |
| 2000 | +1.8 | | |
| 3000 | +2.9 | 4 | +1.2 |
| 5000 | +4.2 | 5 | +1.6 |
| 7000 | +5.1 | 6 | +1.9 |
| 10000 | +6.0 | | |
| 15000 | +7.1 | 8 | +2.4 |
| 20000 | +7.8 | 10 | +2.8 |
| 30000 | +8.9 | 12 | +3.1 |
| 50000 | +10.2 | | |

眩光限制图表中的水平线 $a/h_s$。这条线以上的曲线部分可以忽略掉。$a/h_s$ 值可以从图 3-3-2 中找到。

⑤将单个灯具的亮度与限制曲线中选择出的部分进行比较。

如果限制曲线给出的亮度值在整个发射角上都超过了实际灯具照度，说明没有不适眩光。如果结论是有不适眩光，设计就必须做出改变。例如，换用其他灯具类型。

【例 5】使用前面所举【例 4】,从横向来观察灯具，此设计是否符合要求？

【解】亮度数据包含在表 3-1-3 中。数据都是基于 1000 lm，需要换算到 5100 lm。由于这是一个绘图工作室，眩光必须达到 A 等级。照度水平已经设计为 750 lx；灯具应该为拉长的有明亮边缘的。根据表 3-3-1，应选择图 3-3-1 中曲线 b 或 c。照度值的相关角度范围在 45 °以上。上限（r）取决于房间的形状，这在图 3-3-2 中有描述。

本例中 $h_s$ 为 1.8m，$a$ 为 6m，因此，

$$\tan \gamma = \frac{a}{h_s} = \frac{6}{1.8} = 3.33，\gamma \approx 73°$$

（注：tan72°=3.07,tan73°=3.27,tan74°=3.49,这里取近似值 73°）

表3-3-3 CIE眩光系统：对曲线字母（a~h）相关质量分级（A~E）

| | 质量等级 | | | 服务照度的有效值（lx） | | | |
|---|---|---|---|---|---|---|---|
| A | 2000 | 1000 | 500 | ≤300 | | | |
| B | | 2000 | 1000 | 500 | ≤300 | | |
| C | | | 2000 | 1000 | 500 | ≤300 | |
| D | | | | 2000 | 1000 | 500 | ≤300 |
| E | | | | | 2000 | 1000 | 500 | ≤300 |
| 曲线字母 | a | b | c | d | e | f | g | h |

表3-3-4 CIE眩光系统的室内质量等级

| 级别 | 质量 | 举例 |
|---|---|---|
| A | 非常高 | 绘图办公室 |
| B | 高 | 普通办公室 |
| C | 中 | 超市 |
| D | 低 | 厕所 |
| E | 非常低 | 铸铁厂 |

所以只有 45°和 73°需要考虑。根据表 3-1-3，对于横断面：

$$45°的亮度 = 553 \times \frac{5100}{1000}\,cd/m^2 = 2820\,cd/m^2$$

$$55°的亮度 = 459 \times \frac{5100}{1000} = 2341\,cd/m^2$$

$$65°的亮度 = 419 \times \frac{5100}{1000} = 2137\,cd/m^2$$

$$75°的亮度 = 94 \times \frac{5100}{1000} = 479\,cd/m^2$$

查看图 3-3-1，45°值位于 b 线上，55°值在 b 线和 c 线之间，65°值在 c 线和 d 线之间。结合 CIBSE 方法，这意味着这种条件下灯具眩光超标。其他国家使用不同的方法，比如在美国（视觉舒适级别）和澳大利亚（照度限制系统），在它们各自的照明规范中都可以找到具体细节。

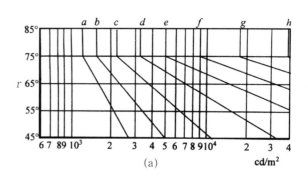

有效条件：
所有灯具没有发光边缘；
所有细长的灯具以长度方向进行观察。

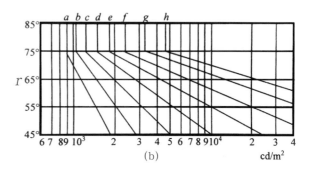

有效条件：
所有没有发光边缘的非细长灯具；
有发光边缘的细长灯具，从侧向观察。

图3-3-1　眩光级别的分级刻度（0=没有眩光，6=无法忍受的眩光），表示质量等级A到E，以及以各标准服务照度E的照度限制曲线（Philips照明有限公司授权）

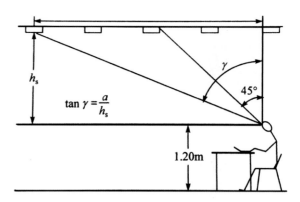

图3-3-2　眩光计算中的临界角计算（Philips照明有限公司授权）

# 4

## 照明设计的基本要求

# 4 照明设计的基本要求

## 第一节 照度的分布

"光环境"的设计是以表现亮度明暗为目的，自觉地调整亮度明暗的因素来构筑空间画面。一个环境中照明效率和效果的评价，不再仅仅局限于照度值的提高，而是在充分考虑节能等综合因素的前提下，合理地分布照度。对于照度的要求主要集中在两点：一是中国照明协会对不同场所使用的照度值的标准要求；二是在同一空间中各个不同区域照度的关系及分布。

那么，人大概能够感觉到多大程度的明暗差别呢？一般来说，当明暗照度对比达到 3：1 时，人们的眼睛才会感觉到差别。但是，由于空间中还会涉及颜色和材质等因素，要让人明显地感觉到亮度的变化，还需要有更大的明暗对比。在商业展示空间中，为了使商品更加引人注目，需要在局部吸引人们的目光。（图 4-1-1）

在某些位置上，光线明暗的差异具有向导的作用。人的眼睛好像照相机一样，有天然的由暗处朝向亮处的本能，这就形成了某些人愿意逗留的场所。在一个空间序列中，可以通过明暗交替营造出戏剧性的明暗关系变化，从而创造出提高人们通往目的地的期待感的效果。而通过光线设计的明暗图案和人们的活动路线相配合，就能实现跟随光的引导自然而然地走向目标。（图 4-1-2）

### 一、照明的均匀性

室内平均照度为 1000 lx 时，顶棚和墙的舒适亮度值分别约为 200 cd/m² 和 100 cd/m²。

在室内照度范围的下端（500 lx），顶棚的最佳亮度大约是墙面最佳亮度的 4 倍。在室内照度范围的上端（2000 lx），顶棚和墙面的最佳亮度水平几乎相等。但在照明设计中，如果使顶棚亮度和墙面亮度相等，视觉效果就会感到单调，除非所用的颜色不同。

办公室、阅览室等空间一般照明照度的均匀度，

图4-1-1

图4-1-2

由最低照度与平均照度之比确定，其数值不宜小于 0.7。

分区采用一般照明时，房间内的通道和其他非工作区域一般照明的照度值不宜低于工作面照度值的 1/5。局部照明与一般照明共用时，工作面上一般照明的照度值宜为总照度值的 1/3~1/5，且不宜低于 50 lx，如图 4-1-3。随着城市空间形态的日益丰富，不仅要求照明灯具具有较好的抗击性，照度分布也应更加合理，使整个空间没有黑暗的"死角"。（图 4-1-4）

在黑暗的背景下，很弱的光也会显得很亮。但是，一旦周围环境变亮，这个弱光就会被完全忽略掉。某个场所变亮，其周围环境就会显得黑暗。于是，全国的城市都在变得越来越亮。这当然与环保和节能的理念相违背。因此，重要的是不同区域内照度的分布和明暗关系问题，而不是单纯的照度是否达标的问题。（图4-1-5）

而且，如果某个场所亮度过高，造成与周围环境明暗对比的加强，使与这一场所相邻的空间显得更加黑暗，就有可能引发犯罪行为和交通事故。这不是亮度的问题，而是因为明暗对比过于强烈而给犯罪者提供了隐藏的空间。从明亮的场所进入黑暗的空间时，也容易发生交通事故。因此，如果把照明的安全性单纯地理解为"明亮的地方不容易产生犯罪"，就是很危险的了。纽约政府为了加强社会治安、减少犯罪，在城市公共照明方面投入了巨大的人力和财力，试图通过加强和完善纽约照明系统的建设来预防犯罪。首先不要抬高整体的基本照度，而是应在满足基本照度的前提下，有节奏、分层次地对照度进行分布。（图4-1-6）

因此，除了高杆照明和某些投光照明场合使用窄配光或中配光灯具以外，大多数公共空间照明应选用宽配光的灯具，以获得均匀的照度，避免不同区域亮度对比过于强烈。此外，也可以通过调节灯具的安装高度和间距来控制照度的均匀度。

图4-1-4

图4-1-3

图4-1-5

## 二、日光和人工光源的亮度平衡

对于进行视觉作业来说，进深较大的有窗房间，其临窗区域接收到的日光是足够的，但内部区域必须增设人工照明，以补充视觉作业所需的照明要求。人工照明必须实现双重功能，它必须提供合适的照度水平，同时又必须与日光取得令人满意的亮度平衡。

研究结果表明，要取得可以令人接受的亮度平衡，应使常设人工照明水平与室内的自然光照明水平成正比。而取得完全令人满意的亮度平衡，所必需的人工照明水平可能很高。（图 4-1-7）

测量得出的结果显示，天空的平均亮度大约为 5000 cd/m²，这一个数字可以作为室内自然采光和人工照明的亮度平衡的设计依据。天空平均亮度在一年的大多数时间内，并在整个工作日内出现次数最多，对于这种水平，人工照明水平应该在 200~500 lx 范围内。

想要比较舒适地观看背窗而立的人的脸部特征，脸部的亮度应不小于背景或天空亮度的 1/20，大多数观察者认为，大于这个比例或背景、窗的亮度大于 2000 cd/m² 时，就会使观察者产生眩光。因此，天空亮度超过这个数值时可选用窗帘、百叶窗或其他遮挡装置来减弱窗的亮度。如果窗表面亮度取 2000 cd/m² 这个值，脸部亮度就至少需要 100 cd/m²，这就要求在窗户区域有 2000 lx 的平均照度水平。

平衡室内亮度及光的分布有两种方法：

人工光源可以和自然采光同方向指向房间内部（非对称分布），或者和自然采光同方向和反方向指向房间内部（对称分布）。第一种方法的优点是观察者顺应自然采光方向观察房间时将会看到布光均匀的明亮区域，但是观察者如果往窗户的方向看，就会产生前面提到过的剪影现象。

第二种方法有两个方面的好处：一是，它为所有的观看方向提供较好的观看条件；二是，所有的灯具可以和夜间照明用的灯具有同样对称的光分布效果。（图 4-1-8）

人工照明还有一个附加的功能，就是在阴天时使整个建筑外观富有生气。

## 第二节 光源的位置与舒适感

光源在空间中的位置，不仅会决定光的方向，影响被照者（或物体）的形象，还会对人们在这个空间

图4-1-6                              图4-1-7

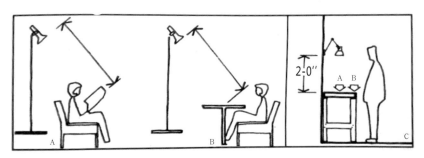

图4-1-8 A.光亮在阅读物上，B.光亮在桌面上，C.最适合的装灯高度

中的心理带来很大影响。在长期的进化过程中，人类已经适应了太阳光的照射，无论是光照的方向，还是光谱组成，莫不如此。光源的高度与人们心情的关系，可以从太阳光的效果找出规律：太阳高度最高的正午时分，色温最高，强烈的阳光自上而下照射，人们在这时的心理活动最为活跃，是伴有紧张感的时间段。随着时间的推移，太阳光线变弱，色温逐渐降低，太阳的位置也在降低。到了傍晚时分，夕阳西下的时候，一天就要结束了，人们的心情也逐渐放松。这是因为太阳的位置与人们24 h的生物钟有着内在的联系。（图 4-2-1）

因此，传统的照明方式是以模仿太阳光的照明为主，人们总是把照明器设置在室内的几何中心，并且是位于最高点。但随着人们对照明要求的不断提高，这种方式并不能完全解决实际的问题和满足各种功能要求，甚至可能有损视力。因此，正确而有效的照明位置应该是依据人们活动的实际位置来确定，协调局部与整体之间的关系，加强空间意境和情调，表达出空间的层次、深度以及个性等。

关系到舒适度的另一个与光源的位置及角度有关的因素是光源和眼睛的距离，也就是光源的位置

如何配合人们观察事物的角度与距离的问题。图4-2-2（左）反射角在 45°以内不会产生眩光现象。图 4-2-2（中）A 反射光造成眩光；B 提高光源位置，避免反射眩光。图 4-2-2（右）位置 A 适合阅读。

有研究表明，无论是在室内还是室外，眼睛的视点离自己的基准面越高，人的心理就越紧张。也就是说坐着比站着轻松、躺着比坐着轻松。同样的规律也适用于光源的高度。在公共活动的场所，光源的位置应高一些；当空间的私密性增强，需要塑造舒适的情绪时，要适当降低光源的位置。因此，台灯或地灯总是适合于创造温馨宁静的气氛。从视点、光源高度、心情平静感三者之间的关系来看，人的心情将会随着站位、坐位、卧位和视点的降低而逐渐感到放松。同样，随着照明灯具、光源的位置逐渐下降，人们的心情也会逐渐放松。（图 4-2-3）

室外照明也有同样的规律：从埋地灯到数十米高的高杆灯，都要根据使用场所和气氛的要求选用。为了提高均匀度和进行有效的照明，要提高光源的位置；在低位置上的照明主要是提高审美情趣；在多用途的空间中，主要应顾及室外照明的广博度及适用范围。（图 4-2-4）

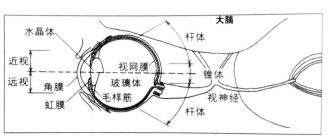

图4-2-1

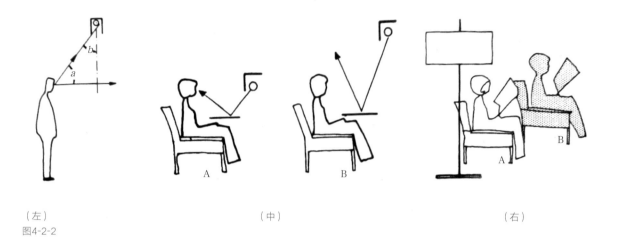

（左）
图4-2-2

（中）

（右）

图4-2-3

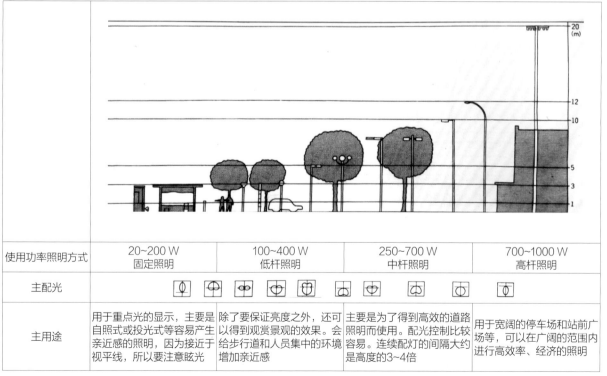

| 使用功率照明方式 | 20~200 W 固定照明 | 100~400 W 低杆照明 | 250~700 W 中杆照明 | 700~1000 W 高杆照明 |
|---|---|---|---|---|
| 主配光 | | | | |
| 主用途 | 用于重点光的显示，主要是自照式或投光式等容易产生亲近感的照明，因为接近于视平线，所以要注意眩光 | 除了要保证亮度之外，还可以得到观赏景观的效果。会给步行道和人员集中的环境增加亲近感 | 主要是为了得到高效的道路照明而使用。配光控制比较容易。连续配灯的间隔大约是高度的3~4倍 | 用于宽阔的停车场和站前广场等，可以在广阔的范围内进行高效率、经济的照明 |

图4-2-4

光源的位置越低，就越能表现空间的情调，主要是应用在庭院、步行道路等人们停留时间较长、优雅娴静的地方。当光源的高度低于人的眼睛时，一定注意不要让光线直接进入人眼，否则容易造成眩光现象，或是由于不同于人们的日常体验，而造成心理上的不安全感。而光源的位置越高，越能有效地照亮大面积的空间。

# 第三节 光源的要求——绿色照明

## 一、绿色照明的理念

绿色照明起源于 20 世纪 90 年代初，旨在发展和推广高效照明产品，节约用电，保护环境（图4-3-1）。与一般的照明灯具相比，绿色照明具有高效、节能、环保等优点，采用高效照明产品替代传统的低效照明产品可节电 60%~80%，节电潜力巨大。通过普及绿色照明，可减少温室气体排放，取得经济和环保的双赢。绿色照明是指通过科学的照明设计，采用效率高、寿命长、安全和性能稳定的照明电器产品（电光源、灯用电器附件、灯具品味、配线器材及调光控制器和控光器件），改善提高人们工作、学习、生活的条件和质量，从而创造一个高效、舒适、安全、经济、有益的环境，并充分体现现代文明的照明。

1991 年 1 月美国环保局（EPA）首先提出实施"绿色照明（Green Lights）"和推进"绿色照明工程（Green Lights Program）"的概念，很快得到联合国的支持和引起许多发达国家与发展中国家的重视，它们开始积极采取相应的政策和技术措施，推进绿色照明工程的实施和发展。1993 年 11 月，中国国家经贸委开始启动中国绿色照明工程，并于 1996 年正式列入国家计划。"中国绿色照明工程"主要包括：制定我国"绿色照明"法规；采用光效高、光色好、寿命长、安全和性能稳定的电光源；采用自身功耗小、噪声低、对环境无污染、对人体健康无危害的灯具电器附件；采用光能利用率高、耐久性好、安全美观的照明灯具；采用传输率高、使用寿命长、电损能耗低、安全可靠

的配电器材和节能的调光控制设备等。（图 4-3-2）

以上的理念说明照明工程必须实施可持续发展战略，把节约放在首位，提高资源利用率。因为绿色照明能节约电能，而节约电能对保护环境具有重要意义。

## 二、绿色照明的要求

绿色照明旨在改善和提高人们工作、学习、生活的条件和质量，因此设计人员必须很好地领会绿色照明的要求，掌握国家有关照明设计的规范，使设计满足要求。

照明设计是一门艺术，在建筑和设计项目中，从高科技建筑到乡土建筑，无论是娱乐室还是豪华大宴会厅，照明艺术都可将人们带入温馨的梦境。绿色照明的应用将使建筑环境变得让人更加称心如意。照明设计师的工作是进一步地丰富建筑的内涵，而非简单地完成一项工程，尽管建筑设计、照明设计是由建筑师、照明设计师分别在不同时间段内完成的。

建筑照明节能潜力主要包括电光源潜力、灯具潜力以及设计、运行管理等方面的潜力。从理论上讲，照明用电量（$L$）可用下式表示：$L=WT \times (EA/FK) - EAT/Kn$。其中 $W$ 指每一台灯具消耗的电功率，单位是 kW；$T$ 指开灯时间，单位是 h；$E$ 指平均设计照度，单位是 lx；$A$ 指地板面积，单位是 $m^2$；$F$ 指每台灯具的灯泡光通量，单位是 lm；$K$ 指维护系数；$n$ 指灯泡的综合效率（$F/W$）。因此，欲降低照明电耗，必须设法使用高效灯泡，降低灯具维修率或者减少开灯时间，保持适当的照度，尽量采用局部照明等。但是，照明节能的原则是在保证足够的照明亮度和质量的前提下节约能源。所以，选择合理照度（$E$）、高效光通量（$F$）灯泡和提高综合效率（$n$）、加强运行管理等，对于建筑照明节能具有非常重要的意义。（图4-3-3）

高效照明节电产品主要有：T8 荧光灯、T5 荧光灯、紧凑型荧光灯（CFL）、高压钠灯、金属卤化物灯、电子镇流器半导体发光二极管（LED）等。

绿色照明不仅仅是传统的节能，也不仅仅是为了提高经济效益，更重要的是要着眼于资源利用和环境保护，满足照明质量和视觉环境条件下的更高要求。

因此，我们不能靠降低照明标准来实现，而是要充分运用现代科技手段和照明设计方法，根据不同环境精心选择最恰当的光源、灯具和照明方法。而且，新世纪对绿色照明有着更广泛的要求，人们已不仅仅满足于以一些物理量为标准进行设计和照明效果的评价，而是更加重视光环境的艺术和文化质量。

## 第四节　阴影的美学效果

光与影是一个事物的两个方面，总是成对出现，有光必有影。阴影能够表现出物体或空间的立体感、进深感以及时间的概念，有时甚至成为有效的装饰手段。图 4-4-1 是同样尺寸的空间在不同光影效果下的不同空间感觉：B 和 C 的通道看上去比 A 要长，而 A 的正面看上去宽一些，D 和 B 墙面高度以上有阴影，因而顶棚显得比较低。

阴影的效果同样也影响到家具的表现，图 4-4-2 是一个沙发在不同的光影中呈现出的不同状态。

长久以来，人类已经习惯了光（日光）从斜上方照射到头上以及由此而产生的影子。因此，当人造光源的位置低于人的头部时，所产生的阴影会让人感到很不适应，产生害怕的情绪。但这种非常规的照明方式有时可以创造出奇特的效果。如图 4-4-3 是直射光从下向上照射，阴影的位置与日常所见的完全不同，表现出恐怖、愤怒、诡异的视觉效果。

图4-3-1

图4-3-2

图4-3-3

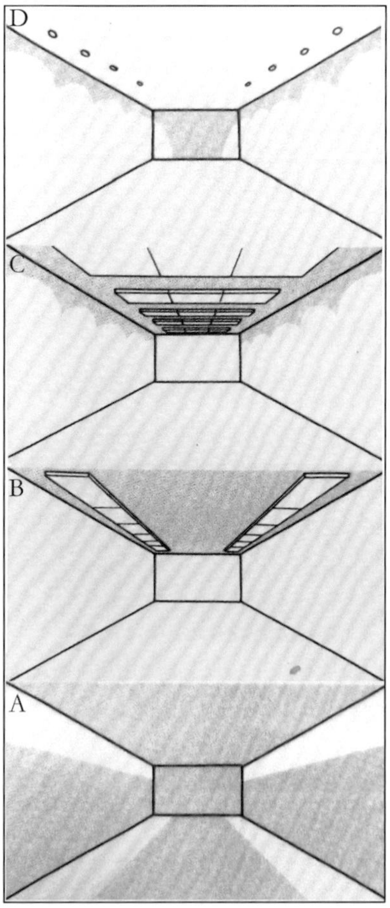

图4-4-1

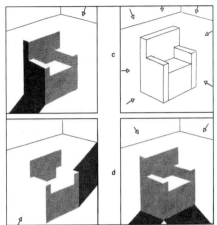

图4-4-2

图4-4-3

正如路易斯·康所说："设计空间就是设计光亮。"正是因为有了光，人眼才能感受物体、感受世界。因此，"光环境"可以说是"实体空间"的中间层次，但又游离于"实体空间"，具有相对独立性。正是这种相对的独立性，使光环境获得了自我表现的可能性，在空间视觉设计中实现光与空间设计一体化，从设计方法和技术手段上保证空间中亮度对比与构成的实现。如果说建筑是凝固的音乐，那么光和影就在合奏着一支无声的交响曲。（图4-4-4）

## 第五节 时间的概念

随着时间的改变，自然光在强度和光谱组成上都发生着变化，从而造成环境中光线的可变性。而城市广场大部分的时间都处在自然光的照射之下，因此，就应该把自然光（昼光或夜光）和人工光都作为亮度状态纳入城市"光环境"的序列构成中（图4-5-1）。从空间序列整体的明暗构成角度对人工光和自然光的统一性进行研究，以确定人工照明在空间序列中的亮度层次和地位。对于人工光与自然光的不同特点，以及人工照明在空间中所起到的亮度层次的衔接、过渡、转化和互补作用，并且利用人工照明的光束集中性、位置灵活性和光色多样性塑造多维空间形象，表达日夜交替的时间属性和空间属性，使自然光与人工照明在亮度对比与转化的空间序列中达到统一，并由明暗空间序列和人工光与自然光不同特点的对比在人的视觉心理上的反馈，表现环境的空间层次，从而实现文化意义上的人与自然的对话。（图4-5-2）

自然光影的关系之中蕴含着时间的概念。时刻的变化、四季的更迭，都能被光影表现。

空间光环境设计的最终目的，不是以夸张的照明来进行炫耀，而是以光为手段，结合科学技术，营造一个舒适宜人的环境气氛。因此，我们设计和研究的重点正在向体现人与环境相互关系的非定量评价、照明质量方面转移。未来的城市光环境设计，既要满足科学实验已验证过的量化指标的要求，也要充分考虑影响照明质量的非定量因素，综合考虑人的视觉特性、舒适感、建筑和照明艺术及节能等因素，从光文化高度，把艺术与科学相融合，从而使人们进入一个充分重视城市文化环境的新时代。（图4-5-3）

图4-4-4

图4-5-1

图4-5-2

图4-5-3

# 5

## 照明设计的基本原理与程序

# 5　照明设计的基本原理与程序

## 第一节　自然采光设计的基本原理

### 一、设计

建筑师的经验、洞察力和专业知识将足以保证建筑工程的发展，例如住宅的设计形式将与窗户设计相结合而发展。其设计的目的是用昼光为建筑内部提供良好的采光，并按照其功能建构良好的光照空间。

采光设计是一个特殊的课题，建筑师应该向独立的照明顾问或者研究室咨询学习，因为他们调查过复杂的建筑设计。向灯具制造者征求意见是不可取的，灯具制造者真正的兴趣是设计和制造电气照明装置。

建筑师应该经常调节设计方案，以满足天然采光设计与节能的要求，在那些使用昼光照度还不够完善的建筑中，白天使用和管理人工照明就显得非常重要。

昼光从早晨到晚上在强度和方向上随季节不同而发生变化，没有一个固定的数值，因此，在室内不同测点上照度值的比例与室外的照度值有关，这就是大家所熟知的采光系数（DF）。采光系数用外部适宜光线的百分数表达。在全云天空下（5000 lx）采光系数为 2%，将提供 100 lx 的照度。不同气候的区域，外部适宜的平均照度水平也不相同。人们会发现，即

使采光系数相同，任何一点的照度水平也将随着任一时刻外部天空亮度的变化而变化。

对于不同的建筑工程，有相应推荐的采光系数表，如果满足其数值，昼光的数量在一天中通常是足够的。对于照明顾问来说，对房间内的昼光进行计算没有太大困难，多层建筑四季厅顶部采光计算以及复杂剖面顶部采光计算则有较大困难。最好使用传统的缩尺模型系统，因为在缩尺模型中的光线影响与实际大小的房间中的光线影响基本一致。在缩尺模型中做的测量是可信的。

这些模型的大小应该允许从其内部进行视觉观测，并且是灵活结构，能进行不同断面的观测。通过将模型放在室外或使用人工天空，用光电池在平面的不同点测出采光系数值，可以做出模型外面与内部的照度水平的比较。

还可以对模型实验做更多的研究，例如可以用光线照射的内部空间做视觉的观测，它能帮助我们对不同的窗户外形、颜色搭配甚至家具的陈设做出评价（图 5-1-1、图 5-1-2）。在那些新建的建筑物被其他建筑物遮挡的场地上，有必要考虑天空轮廓线的影响，以得到那些将遮挡建筑物考虑在内的真实数据。

为了得到太阳全年运行轨迹对内部空间影响变化的数据，模型应该放在人工天空内精确定位的太阳下面，这样研究结果才能对减少射进室内热度的设计产生帮助。

这不是贬低计算的应用，计算和计算机研究能产生一个数字答案，但它仍然需要视觉说明。模型能使建筑师对一个复杂空间留下非常强烈的视觉印象，甚至能使其花费更少的时间或费用。我们今天所知道的天然采光设计在 20 世纪以前还是未知的，然而现在绚丽的天然采光建筑物已经比比皆是。由于工作场所的增加和多层建筑层高的降低，非常需要新的环境照明设计技术。

图5-1-1　　　　　　　　图5-1-2

## 二、策略

列出建筑师在做出所采用的天然采光策略决定时必须考虑的因素是有益的，而这些已经放入逻辑序列。认识到设计不是一个线性的过程非常重要。形式服从功能，窗户的外观是建筑物的外观方面非常重要的因素。设计应该在符合所有的设计规范的情况下进行。在设计过程中，最初所做的决定可能需要再进行评估，以和后面阶段所做的决定一致，因此，设计是一个反复的过程。

### 1.气候、方位和场地特性

虽然建筑物的建造方位不出建筑师控制，但其昼光的优化使用应该在设计阶段就被尽早考虑，以保证有足够的光线进入建筑物内部并且不被邻近的遮挡物所阻隔。根据使用和控制太阳光的需要，应该评估太阳的轨迹路线。不同的地域需要用不同的方法解决太阳辐射热传入室内的问题，它可能影响结构遮阳的设计。（图 5-1-3）

### 2.窗户的大小和比例

仔细设计窗户必需的尺寸和比例以得到适宜的采光系数。根据经验建议玻璃的面积是周长面积的40% 左右，玻璃面积过大可能出现问题；在建筑平面需要较大的进深时，要考虑使用高窗及设计中庭。

确定玻璃的面积及位置的原因是，需要提供良好的天然光外观。这就需要通过计算或查阅法规来确定平均照度值或采光系数（有很多帮助计算采光系数和平均采光系数的指导，这里不做介绍）。平均采光系数给出了房间昼光的全部量度标准。平均采光系数是 5%，房间内将有很好的采光，在工作区域如果采光系数是 2%，则大部分时间需要人工照明补充。但 2% 的采光系数非常适用于家庭环境。

通过所设计的空间画出剖面图是有用的，且剖面图要画出外部的遮挡。遮挡物的顶部向下与窗口顶端的连线和地板"无天际线"的点相交，这点遮挡任何直接光，在这里可能需要人工照明补充昼光。（图5-1-4）

相反，在一些侧面采光空间中使用昼光能够节能，并且随着人工光源发光效率的不断改善，能够进一步节能。电力照明应该与外面昼光以及使用者相联系。很明显，关于窗户的大小和比例的设计是天然采光的中心问题，并且早期的预见需要设计师进行反复评价。

### 3.光线的分布

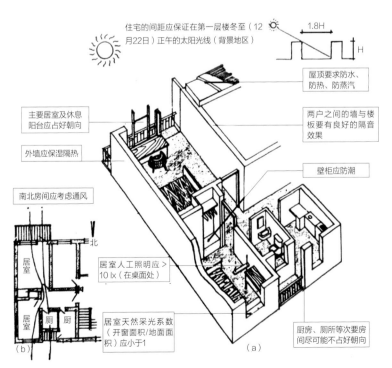

图5-1-3

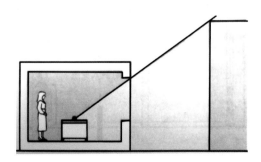

图5-1-4 无天际线
说明在建筑内部由于外部的遮挡物形成的划分线，看不到划分线外的天空。它很好地说明房间是否得到足够的天空光以保证在白天所看到的整个场景是天然采光。
（詹姆斯·贝尔和威廉·博特建筑昼光设计，CRC有限公司，1995）

窗户设计要考虑光线的分布。高窗允许光线照射到空间的里面。相邻墙上的窗户有助于为房间的一角提供光线。光线的分布要满足内部环境的需要，因此考虑内部环境的美学需求是至关重要的。如果视觉感知的结果不能给予我们一个良好的光照房间印象，那么所得到的光线（根据采光系数）是不够的。模型实验能补偿制作它所花费的时间，因为它不仅有助于我们确定照度水平，而且有助于我们确定对不同比例窗户的印象，以及窗户光线的分布。

### 4.玻璃系统

前面已经介绍了玻璃系统的类型，每一种都有自己的特性。重要的是不仅要考虑空间内所创造的内部视觉环境，而且要考虑到玻璃系统，例如反光玻璃对邻近建筑的影响。任何玻璃系统都会有一些构造问题，特别是将光线重新分布的新型采光设计，或者为了解决太阳辐射热传入室内的新型遮阳方法。

在特殊情况下，可以考虑使用新型采光系统，例如反光板、棱镜玻璃或跟踪太阳的全息百叶。在空间内得到昼光的方法正在被不断地开发。可以利用屋顶上装有玻璃的开门通过分光系统将昼光用导管导入或直接传入，就像使用人工光源和光导纤维作为遥控照明系统。

### 5.景观

景观可以分为三层：上层、中层和前景。上层一般来说是天空。在建筑物中站得越高，天空在景观中所占的比例越大；中层一般来说是景观的最重要的部分，它包括树木、建筑物和运动物体；前景可能包括建筑物近处的地面和建筑物的低层。

窗户——通过它将天然光引入室内，在这里光线被改善和控制。从这里看到建筑外面的景观——这是采光的核心。窗户不仅仅确定了建筑的外观，而且确定了建筑的整个形式。反之，如果没有窗户，建筑的外观也可以确定，却会突出建筑的不自然（图5-1-5）。通过窗户的景观我们能感知外部世界，得到昼光、月光和季节变化的动态体验。最低程度的景观要满足人们适应的基本需求，提供扩展的远距离景观和建筑外部环境感知的刺激，以满足人们眼睛远距离重新适应的心理需要。（图5-1-6）

在窗户不宜与座位结合在一起，如果景观好的话，窗户依然应该和景观结合。人的眼睛对外部景色的延伸可以反馈给眼睛对建筑物以外环境的感知，所有这些都对人们的健康有益。这些不寻常的昼光的独特性质，已经被人们不断开发，并且如果忽略这些特性的话，建筑物就不能满足人们的需求。

### 6.自然通风

窗的设计要考虑到通风的需求以及如何管理，可以通过开窗或在窗槛墙和窗台间使用机械的方法通风。通风带来了空调需求的问题。应该对完全空调、单独使用自然通风或者自然和机械系统相结合的方法进行比较。也应该全面考虑窗户设计的概念、热的质量以及太阳辐射热传入的被动控制等几方面的问题。（图5-1-7）

这里必须进一步考虑的是建筑物的设计寿命，以及在设计中应加入多少灵活性。经验显示，至少在英国，原来设计为一定年限的建筑物通常要延长使用很多年。

### 7.小结

建筑中的天然光所带来的变化和情趣，用其他方法很难得到。在坚持低能耗政策时，窗户的设计是最重要的。除了上述诸多优点外，窗户还具有节能、减少夏季太阳传入室内的热量等特点。（表5-1-1）

## 第二节 电光源照明设计的基本原理

### 一、电光源照明设计的目的

电光源照明分为两种，一种为功能性照明，另一种为氛围性照明。功能性照明的目的是照亮环境，帮助人们迅速辨识环境的特点。氛围性照明的目的是满足人们审美和情感需求，其衡量标准较为主观，因时代、文化、个体的要求不同而不同。（图5-2-1）

图5-1-5　　　　　　　　　　　　　　　图5-1-6

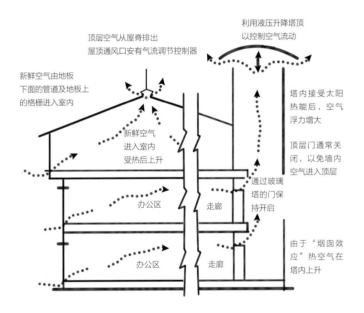

图5-1-7 英国诺丁汉国内税务中心大楼浮力通风。新鲜空气由地板格栅进入室内。利用玻璃风塔"烟囱效应"，将楼内的空气和热量抽出。塔顶设可控浮动盖，形成浮力通风

## 二、功能性电光源照明设计的基本原理

一是提供足够的照度。

二是避免任何形式的眩光。

三是防止光污染，降低垃圾光对于人的生理和心理健康的损害。

四是选择节能、高效、适中的光源。

五是灯具外形设计需要与空间匹配，不能过于突兀。

## 三、氛围性电光源照明设计的基本原理

首先，营造舒适宜人的光环境，避免白光污染和彩光污染。

其次，满足人们审美层面的需求。

再次，创造有利于人际交往、消除紧张情绪的光环境，重视光线对人的心理产生的积极影响。

## 第三节　人工照明设计流程

一般而言，人工照明设计项目必经四个阶段：方案设计阶段、施工图设计阶段、安装和监理阶段、维护和管理阶段。并且，这四个阶段的先后顺序不可颠倒，但是由于照明工程要与建筑或室内工程施工配合，在实际工程中若干小环节之间会重复。因此，在设计方案阶段，将各个环节的设计工作做得越好，越能使整个工程进展顺利。（表5-3-1）

## 一、 方案与施工图设计阶段

### 1.方案设计阶段

在方案设计阶段，设计者通过以下三种途径推进设计工作：

（1）绘制概念设计草图，包括建筑立面草图、剖立面草图、彩色空间草图等，通过这样的方式，帮助确定照明方式、光线的分布形式、灯具与空间之间的关系。

（2）制作等比例缩小的空间模型，通常用来考察建筑空间的自然采光特点。

（3）利用照明设计软件模拟照明效果，鉴于利用绘画的方式表现光有一定的局限性，设计者可以借助计算机将想象中的照明效果表现出来，而且可以精确计算出光源的亮度、数量和位置。目前，国际上常用的照明设计软件包括：DIALux、Lumen

表5-1-1

| | | |
|---|---|---|
| 1.避免直射日光与利用反射：利用遮阳板及反射面以避免室内阳光直射，提高室内照度及均匀度 | 2.天然光的控制与调整：为了提高室内的光照，在采光口设各种反光、折光及调光装置以控制与调整光线 | 3.采取多种方式处理采光口的室内照度分布：采光口设置不同的透光材料及不同角度的隔片，可使室内产生不同的照度效果 |
| | | |
| | | 透明玻璃，照度分布不均匀 |
| 利用遮阳隔片的角度改变光线的方向，避免阳光直射 | 用棱镜玻璃改变光线方向，调整室内照度 | |
| | | 扩散性玻璃，照度分布较均匀 |
| | | |
| 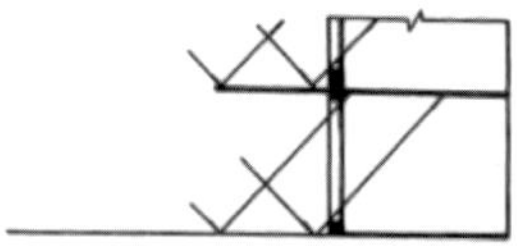 利用雨罩、阳台或地面的反射光增加室内照度 | 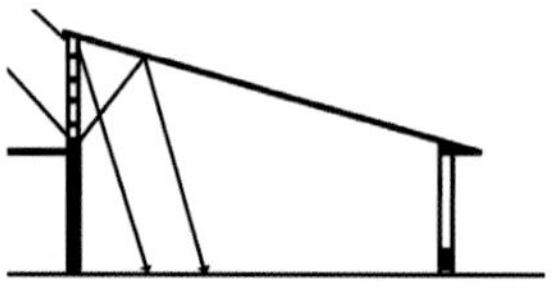 同上图 | 水平遮阳隔片或指向性玻璃砖，照度分布均匀 |
| | | |
| | | 倾斜度较小的遮阳隔片，近窗处遮挡较大 |
| 利用对面及邻近建筑物的反射光 | 用遮阳板及反光隔片调整室内照度 | |
| | | 倾斜度较大的遮阳隔片，照度普遍降低 |
| 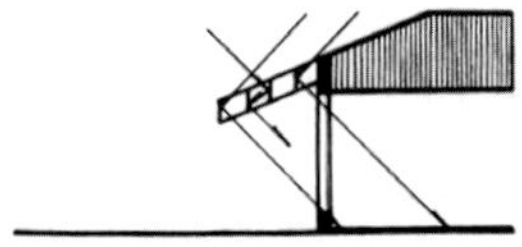 利用反射板增加室内照度 | 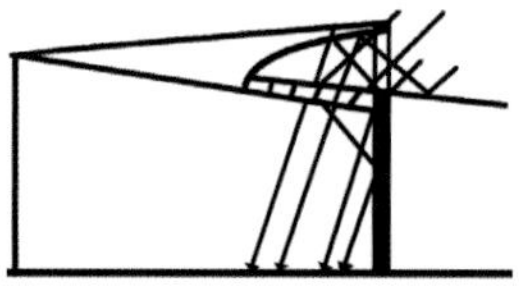 用反光隔片调整室内照度 | 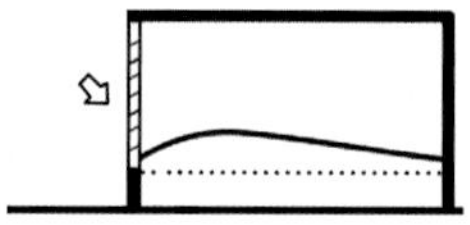 |
| | | |
| 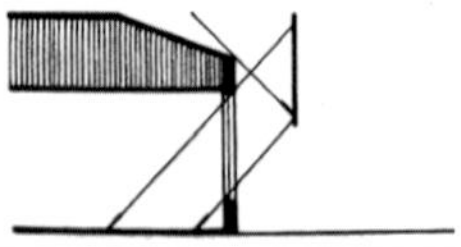 利用遮阳板或反射板增加室内照度 | 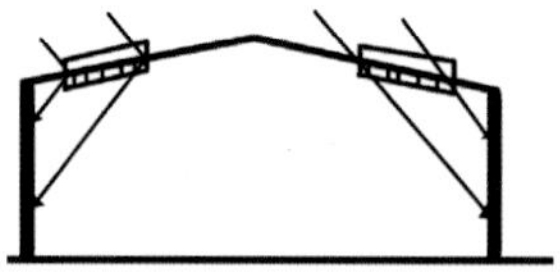 用调光板（转动或固定）的不同角度调整室内照度 | 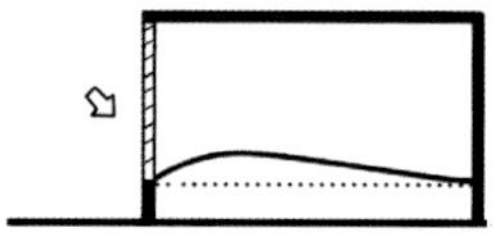 |
| | | |
| 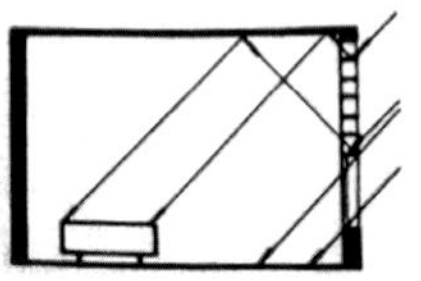 利用遮阳隔片或玻璃砖的折射以调整室内光照均匀度 | 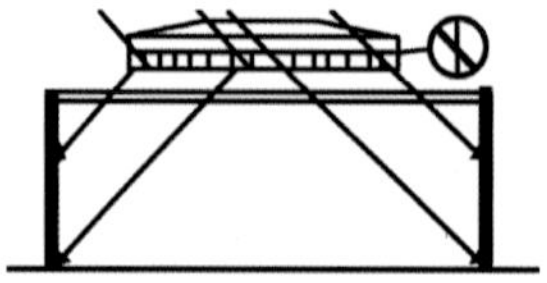 同上图 | 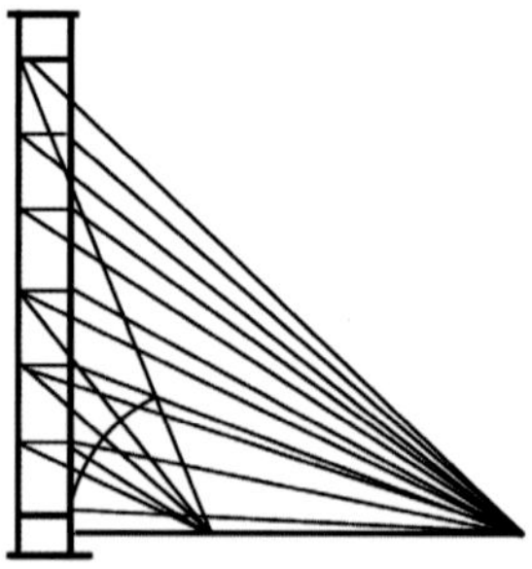 4.遮阳隔片采光口的分析：近窗处遮挡大，远窗处遮挡小 |

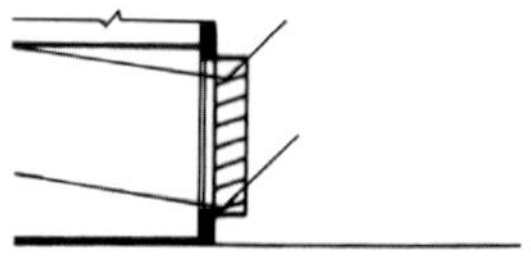

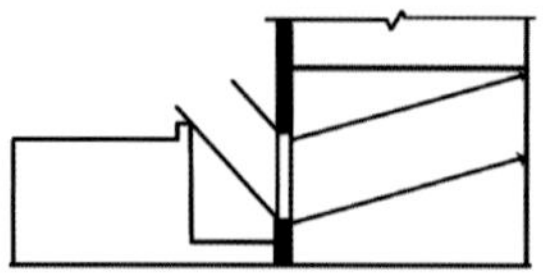

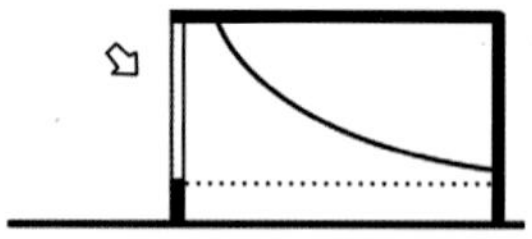

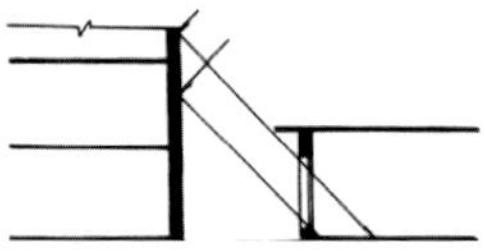

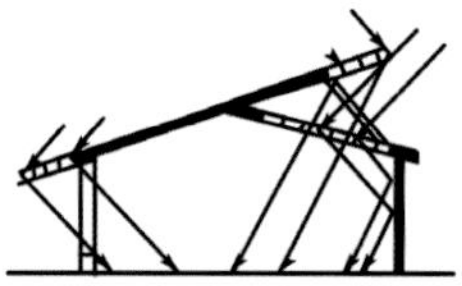

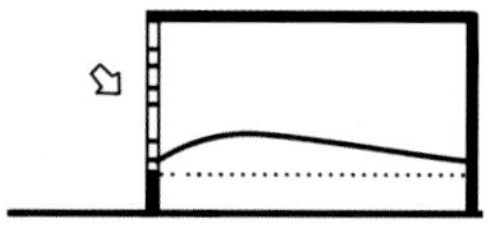

Micro、Lux Auto Brightness 等。

注意事项：

第一，因为不同类型的空间对照度的要求不同，如果在考察空间阶段对空间的规模和功能性质了如指掌，后面就能事半功倍，例如，办公区的照度范围是 100~200 lx，而工作台的照度要求更高，在150~300 lx。

第二，考察建筑或空间的硬件环境，例如窗户的位置、电箱的位置、最大用电功率、吊顶的高度等客观条件。

第三，协调自然采光与人工光的关系，例如室内白天自然采光不够，需要补充人工光。在开始进行人工照明设计时，设计者已经完成关于自然光的设计方案，从舒适角度和节能角度，设计应重视对建筑空间中自然光的利用。

第四，考虑背景亮度和被照物体亮度之比。

第五，考虑所选灯具的热辐射对周围物体的影响和对室温的影响。

第六，在考虑照明方式时，应选择合适的方法防止眩光的产生。

第七，平均照度计算和直射照度计算。

## 2．施工图设计阶段（表5-3-2）

注意事项：

第一，在绘制灯位图时，尽可能在图纸上标出灯具的特性、控制线路和开关方式等，如图 5-3-1 所示。

第二，在确定灯具的位置时，应注意灯具与建筑墙体保持一定距离，并注意其与吊顶中其他水暖电通设备的关系。

第三，在制订灯具采购表时，要注明灯具的名称、

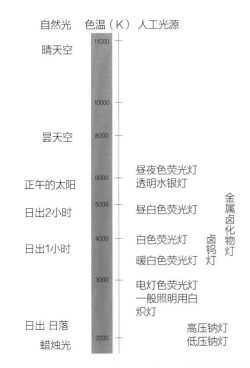

图5-2-1 人工光源的色温设计源于对自然光色温的模拟

图纸的编号、灯具的类型、功率、数量、型号、生产厂家等信息，因为这个表格除了便于采购灯具，更重要的是方便将来的维修与管理。

## 二、初步的经济技术分析

用光的颜色和强度要在最初的照明计划草图上有所表现，进而以具体的顶棚布置图反映出较为全面的照明计划，然后才开始研究照明与空调、防火设备的接合问题。在此之前的作业是以形象设计优先，而在这之后的作业应该是在施工图上反映出来。施工图设计是一个重要阶段，如果不以现实的态度对待，过去的程序就很可能像梦一样彻底消失。

施工图的设计是不能泄气的阶段。在这个阶段中，

表5-3-1 方案设计阶段的设计步骤、内容和表达途径

| | 设计步骤 | 内容 | 表达途径 |
|---|---|---|---|
| 照明方案设计 | 考察空间 | 明确空间的性质和使用目的 | 现场拍摄或模型模拟 |
| | 照明方式 | 确定照明方式和光在空间中的分布形式 | 手绘草图 |
| | 选择光源 | 确定照度<br>确定光色效果 | 手绘草图或计算机模拟 |
| | 选择灯具 | 专门设计艺术型灯具<br>选择通用型灯具 | 市场调查 |
| | 照度计算 | 平均照度计算和直射照度计算 | 手动或照明设计软件 |

需要进一步实事求是地预测设想出光的效果。要用模型和计算机将自然光的影响及照度分布、亮度分布等方面与照明效果的预测一起进行模拟试验。（图5-3-2）

特殊照明灯具的设计还要根据模拟试验程序制作出实物模型，通过试验规定出光的性能效果。这是一个物理数据和感性的细部设计相结合的设计过程。关于在初步设计阶段之前就凸现出来的光的概念和设计方法的设想，在进入施工图设计阶段之后，就需要做进一步详细研究，并且要与现实中的方法论结合起来。

## 三、照明灯具型号、性能标准的确定

在施工图上表示照明设计的成果时，将把接近于设备设计任务书的作业范围规定到什么程度，要根据各种不同的情况做出不同的规定。即在建筑设备设计师负责照明设计时，要把电气配线图或照明灯具系统图和照明灯具形状图一览表等作为施工图设计的任务书汇集起来。另外，照明设计由建筑方案设计师或照明设计师亲自设计时，要准确地把传递的信息归纳在电气设备设计师的责任范围图纸上，然后再由设备设计负责人把责任范围图上的信息反映到各种图纸上。

照明灯具的最终配灯图是根据照明灯具的若干个类型划分，设定出应该在图纸上标出的符号，同时标出用罗马字母或数字表示的灯具种类编号。按照这些编号绘制出照明灯具的性能规格书和规格标准图。性能规格书的内容包括：灯具的种类名称、使用灯具的一般性能、使用的电容量、配光特性、被使用的场所和房间名称、使用灯具的数量、被选定的照明灯具的生产厂家名称以及其他需要特别说明的事项，等等。作为性能规格图，并不是画出照明灯具外观的形状图，而是更加准确的指示图，即用侧面图和剖面图说明灯具的本质性能。

表5-3-2 施工图设计阶段的设计步骤、内容

|      | 设计步骤 | 内容 |
| --- | --- | --- |
| 施工图设计 | 确定光源位置 | 绘制灯位图 |
|      | 确定灯具 | 列出灯具采购表 |
|      | 确定配电系统 | 确定电压 |
|      |      | 确定配电盘分布 |
|      |      | 确定电线种类 |
|      |      | 确定布线网络和敷设方法 |

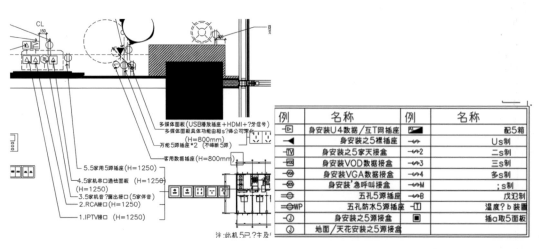

图5-3-1 照明施工图至少要包括灯位图和灯具符号注释表两个部分

## 四、特殊照明灯具的设计、安装详图的绘制

在照明计划上,照明灯具并不局限于现成品范围,在需要特殊的照明灯具设计时,就要画出该灯具的设计图。设计图的精度因使用灯具的对象不同而有差异;但是,照明灯具的加工许可证要在施工负责人的管理之下,由灯具的生产厂家绘制而成,所以最好能在图纸上标明所需要的光学控制技术、形状和尺寸,使用的材料和装修的种类等。筒灯等可以用原尺寸大小或1:2的比例尺表示出来,但是较大的、特别定做的照明灯具,多数是用1:5或1:10的比例尺表示。

在建筑设计上标明灯具安装详图的目的,就是要准确地传递出最终在建筑设计的详图上应该反映出来的信息。特别是建筑化照明,必须在图纸上标明从光学控制技术提出要求的详细要点在什么地方。另外,作为照明灯具要制作的范围和作为建筑设计或内装修工程应该施工的部分,都要明确地划分清楚,这也是安装详图的重要任务。只有在这个时候,建筑照明的最精彩部分才能得以体现。(图5-3-3)

## 五、灯位图及必要的安装说明

灯位图是以景观、建筑和室内设计图为基础,确定灯具安装的具体位置、方向以及数量的灯光工程施工图。同时在图中还应包括所选灯具的具体型号、光源性质和灯具安装的示意说明、使用要求。

## 六、安装与调光阶段(表5-3-3)

注意事项:

第一,在绘制灯具安装详图时,以1:5或1:10的比例进行绘制,在图纸上标明所需要的光学控制技术、形状、尺寸和材料等信息。如果灯具与建筑结构发生冲突,一定要在图纸上准确地反映出来。

第二,在绘制调光指示图之前,设计师和灯具安装人员要进行有效的沟通。调光指示图非常有必要,这张图有利于设计师时常从整体上协调不同区域之间的照度关系。

第三,灯具安装人员一定要按照设计师的图纸与灯具清单来进行安装,如果有问题,可以在图纸上做标记,待设计师来修订。

图5-3-2 照明调光示意图,区分颜色和明暗度,帮助设计师和施工人员更直观地了解光效

第四，为确保最终的照明效果达到设计师所预想的程度，设计师应在现场指挥调光。

第五，当设计师要改变照明图纸时，应该提前与电气工程师、建筑师以及现场监督施工的工程师进行商讨，以保证自己的照明设计构思能够变为现实。

## 七、维护与管理阶段（表5-3-4）

注意事项：

第一，制订维护计划是非常有必要的，因为一些通用型灯具的使用寿命可能因维护不当而降低，造成资源浪费。

第二，在高大空间中的灯具维护起来需要特殊的升降设备，灯具维护人员不仅要清理好灯具，还要学习操作这些升降设备。

第三，应制作一份维护和管理的费用清单。

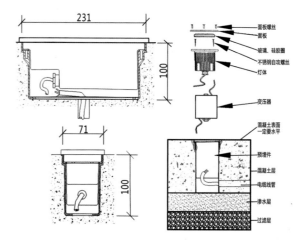

图5-3-3

表5-3-3 安装和调光的设计步骤及内容

|  | 设计步骤 | 内容 |
|---|---|---|
| 安装和调光 | 确定灯具安装方法 | 绘制灯具安装详图，包括安装的形式、材料和结构 |
|  | 确定现场管理办法 | 绘制调光指示图 |

表5-3-4 维护和管理阶段的设计步骤、内容

|  | 设计步骤 | 内容 |
|---|---|---|
| 维护和管理 | 整理照明产品资料 | 灯具、线路、开关和配电箱的详细资料 |
|  | 确定灯具维护办法 | 明确管理人员的任务和责任 |
|  | 安全问题说明 | 制定防火、防水、防触电等安全措施 |
|  | 经济问题说明 | 核定维护的固定费用、用于清洁和更换的费用 |

# 6

## 照明设计的基本方式与方法

# 6 照明设计的基本方式与方法

## 第一节 照明设计的基本方式

### 一、配光与配光曲线

#### 1.与配光有关的术语

配光：光源在空间各个方向上的光强分布称为配光。

配光曲线：表示配光的分布状态的曲线称为配光曲线。

光中心：把某个有一定尺寸的光源当作点光源时，代表其位置的点称为光中心。多数情况下，光中心为几何中心。

灯轴：通过光中心的垂直线。

垂直角（$\theta$）：所考察的方向和灯轴的向下方向所形成的角。

水平角（$\phi$）：所考察的方向所包含的垂直面和基准垂直面所形成的角。（图 6-1-1）

#### 2.画出光的形态

一旦把裸光源点亮，灯光就能形象地表现出以灯丝为中心、向四面八方扩散出去的样子。这时候的灯光就像膨胀起来的大气球，有各种各样的形状和尺寸，从光源和照明灯具放射出来的光，也有各种各样的形状和尺寸。虽然光的形状不能直接用眼睛看到，但可以利用配光曲线使光图形化。（图 6-1-2）

#### 3.六种配光模式

照明灯具以光源为中心，以上半部分和下半部分的光束比开始，如表 6-1-1，把从直接照明到间接照明的不同照明方式分为了六种配光类型。其中，直接式照明和间接式照明，由于照明灯具的形状不同，照明效果也有很大的差别。表中的 B、C、I、K 的配光，主要是用经过曲面计算的反射器或带有格栅的灯具，一般来说，虽然价格比较昂贵，但如果是通过深思熟

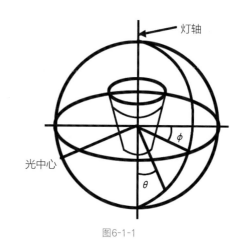

图6-1-1

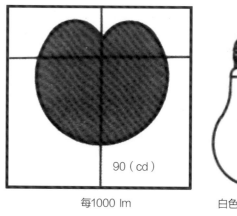

90（cd）

每1000 lm　　　　　　　白色涂装灯泡

图6-1-2

虑的配光计划，会很容易得到良好的照明效果。

直接式照明的配光形状即使只有微妙的不同，照明的效果也会产生变化。例如，图 6-1-3 中的 B 灯具白色的反光板，垂直角 55°方向的宽度约为 15000 cd/m²，相反，A 灯具则在 B 灯具的 1/10 以下，不但减少眩光，而且保持较高的灯具使用效率。如果顶棚面为白色，而且有明亮的间接式照明，就像 B 灯具白色反光板一样，开口部分恰好是在明亮的一方，很容易融入顶棚里面。但如果顶棚发暗，A 灯具就不明显。另外，为了防止出现黑洞现象（夜间，灯具映照在窗玻璃上的黑影），与其采用 B 灯具，还不如使用在垂直角为 55°以上遮光的 PAR 型黑色圆形的 C 灯具。

图 6-1-4 是射灯灯具用得较多的配光方式。要从这个配光当中读取照明效果，最大发光强度和光束角

表6-1-1 六种配光模式

| | 直接式照明 | 半直接式照明 | 全面扩散式照明 | 直接、间接式照明 | 半间接式照明 | 间接式照明 |
|---|---|---|---|---|---|---|
| 垂直面配光曲线 | | | | | | |
| 光束比 $\frac{上}{下}$ | $\frac{0\%\sim10\%}{100\%\sim90\%}$ | $\frac{10\%\sim40\%}{90\%\sim60\%}$ | $\frac{40\%\sim60\%}{60\%\sim40\%}$ | | $\frac{60\%\sim90\%}{40\%\sim10\%}$ | $\frac{90\%\sim100\%}{10\%\sim0\%}$ |
| 照明效果 | 水平照度容易得到<br>顶棚表面显得暗<br>用白炽灯和HID灯容易产生严重的阴影<br>因为A在直射眩光区a上有光，所以灯具显得亮<br>B没有直射眩光。因为光在c区也受到了抑制，所以光幕反射眩光也可以减少<br>C是非对称配光。通过连续配灯得到洗墙照明效果<br>虽然D的正下面照度变高了，但光幕反射眩光也容易产生 | 能使顶棚和墙面稍微变亮一些，所以与直接式相比产生的阴影就要稍微柔和一些<br>要注意灯具的亮度不要太亮 | 可以用乳白色球形灯罩或像灯笼那样的灯具<br>要注意灯具的亮度不要太亮 | 不易产生眩光，对眼睛有好处 | 因为顶棚面和照明灯具都显亮，很难使空间有黑暗形象 | 根据顶棚及墙面的反光率，照明效率将会有明显差别<br>物体的立体表现差<br>虽然顶棚变亮了，但另一方面，灯具容易形成黑色轮廓影像<br>I容易在顶棚表面上产生投光点<br>J、K是连续配灯，可以更加均匀地照亮顶棚表面。因此，低顶棚的宽大房间，会使人感到顶棚高度过高 |

很重要。正如B那样，光束角窄小，因此越是最大发光强度高的灯具，就越能有明亮清晰的局部照明效果。一般在室内用的射灯，是用1/2光束角表现出来的，但这并不一定是视觉点（视觉性的光扩散）。如果要再读取狭角配光的数据的话，C的表现方式就比B的配光图更容易看懂。

## 二、灯具与艺术照明

灯具可分为悬吊灯具、可移动灯具、轨道灯具、建筑化照明等。（图6-1-5）

### 1.悬吊灯具

悬吊灯具是传统的照明灯具，其最大的优点是容易清洁和维护费用较低，还有比如带给空间较为均匀的光线分布等优点。

由于悬吊灯具能给空间增加家具的元素，它们常常有装饰的效果，典型的实例是历史建筑中美丽的枝形玻璃吊灯。

在20世纪，悬吊灯具设计为通过光线的分布加强空间的效果开拓了一些新的设计领域，与此同时，悬吊灯具通过它们本身的造型美化环境。对应现在的时尚，传统的悬吊灯具也已经变为古典灯具了。但是，可以说在顶棚高度适于使用悬吊灯具时，悬吊灯具将永远不会失去它的吸引力。（图6-1-6、图6-1-7）

依赖悬吊灯具的设计，可以有各种光线分布。最实用的是下射式灯具，主要光线投射到空间的功能要求需要的地方，但是有一些上射光线照亮顶棚以平衡

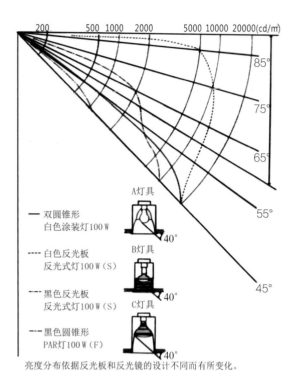

— 双圆锥形
　白色涂装灯100W

---- 白色反光板
　　反光式灯100W（S）

-·-· 黑色反光板
　　反光式灯100W（S）

--- 黑色圆锥形
　　PAR灯100W（F）

A灯具
B灯具
C灯具

亮度分布依据反光板和反光镜的设计不同而有所变化。

图6-1-3　筒灯照明的亮度分布

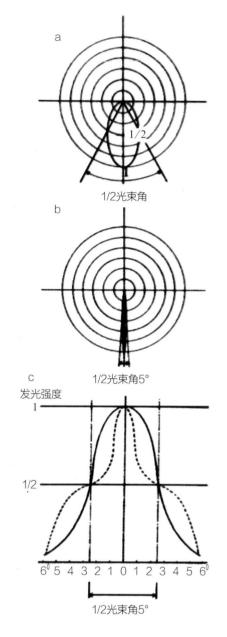

a
1/2
1/2光束角

b
1/2光束角5°

c
发光强度
1
1/2
6°5 4 3 2 1 0 1 2 3 4 5 6°
1/2光束角5°

图6-1-4

亮度。悬吊灯具可以与其他的照明方式一起使用，以实现总体设计效果。

（1）吊灯：就是以悬挂方式由顶棚垂落于室内上空中的照明灯具。吊灯有广谱照明的特点，主要用于空间内的平均照明，即一般照明。较多使用于大厅、大堂等公共空间中，私人空间中的较大房间有时也会用吊灯。

吊灯可以营造比较轻松的气氛，它能使整个房间明亮起来；与局部照明或重点照明共同设计使用时，起到柔和光线、减少明暗对比的作用。

吊灯多安装于室内顶棚的中上部，具有装饰性。吊灯的位置非常醒目，体积较一般灯具大，有的甚至跨越楼层往下垂落到半空中，因此吊灯本身的造型及其与环境的融合都显得非常重要。从空间的角度出发，吊灯的使用还能起到控制室内空间的高度、改善室内空间比例的作用。因此，吊灯的尺度、悬挂高度都要求与空间的比例适合，特别是在净空较高的环境或较空阔的大房间里。另外，在小的空间中，特别是私人室内，吊灯的使用应当谨慎。

（2）吸顶灯：照明灯具与顶棚之间没有多余空间，

灯具安装后给人感觉好像被吸附在顶棚上一样。吸顶灯具有普通照明的功能，可做一般照明用；照明灯具本身作为造型在环境中的位置醒目；要求选择与环境相协调的灯具。吸顶灯在室内空间中一般适用于正常层高的房间里。灯具的尺寸与整体环境要求和谐搭配，合理应用。

（3）壁灯：壁灯安装在墙壁上，使用比较灵活，一般起到辅助照明的作用。壁灯的装饰性强，在室内外的空间中使用壁灯，可以创造出某种特殊气氛，灯具造型及产生的光线都可以起到装饰作用；与其他照明灯具配合使用可以起到丰富室内外光环境、增强空间层次感、改善明暗对比度等作用。

　　壁灯是墙面上的一个装饰点，不但能辅助照明，而且光线柔和温暖，设计得当会赋予空间丰富的表情。壁灯的安装高度一般很低，所以要避免产生眩光，一般使用低功率的光源较为合适。

### 2.可移动灯具

　　第一个真正的可移动光源是蜡烛，然后是油灯，它们都能从房间的一个地方移动到另一个地方。

　　在早期的煤气灯时代，有人试图用灵活的煤气管使灯成为一定程度的可移动灯具，但其活动范围受到了限制。直到电灯出现，进而发展到用电线连接到插座，我们才得到真正的可移动灯具。可移动灯具也有缺点，其供电需要用蜿蜒曲折的导线，导线具有危险性是已被证明的事实。早期可移动灯具为居住建筑提供低照度水平的局部照明。它们都以落地灯和台灯的形式出现，许多灯非常富有装饰性，以适应室内空间设计的需要。现在，这些灯具在家庭居住照明或旅馆中仍然占有一定位置，用可移动灯具照亮为了功能或者装饰目的而设。这种局部照明的重要性不仅仅是功能的一个方面，它们在控制光环境方面还有心理上的优势。可移动灯具可以单独提供局部照明，在功能上增加工作面的光通量。

图6-1-5 常见灯具形式和尺寸

图6-1-6

图6-1-7

常见的可移动灯具是台灯、地灯。台灯与地灯，顾名思义，安放在台面上或地上的灯具。多数情况下都是可以根据使用的要求而移动到任何需要的地方，这是台灯、地灯的最大特点。一般情况下，这两种照明灯具在环境中都是作为辅助照明使用的；在较私密的个人空间中，台灯、地灯起到局部功能性照明的作用；在公共空间中，台灯、地灯还可以作为一种气氛照明或一般照明的补充照明，不但能满足整个空间照明上的功能要求，同时又能丰富空间的层次。

可移动灯具能够提供向下、侧面、半直接或向上等任何类型的光线分布。许多现代的落地灯提供向上的光线照亮顶棚，减少下射式灯具以及那些使顶棚暗淡的灯具的亮度对比。

由于台灯、地灯与人比较接近，在安全上需要特别注意，避免出现漏电或烫伤。而且由于台灯、地灯的光源离地面不高，一般在人的水平视线范围内，因此需要处理好眩光问题。台灯、地灯作为灯具本身要求具有一定的装饰性，以与环境相适应。台灯、地灯在使用上还有广阔的发展空间。（图6-1-8、图6-1-9）

### 3.轨道灯具

照明轨道是在20世纪60年代发展起来的，一般安装在顶棚，墙面上方也有使用，常常采用连排灯具重复使用的方式。

轨道系统的优点可以归纳如下：

（1）电路安装容易，因为在轨道长度范围内的所有灯具能够从一点供电，电路的分布从始至终是统一的。

（2）用多环路轨道，能使用独立的开关，提供不同的光线分布设计。

（3）轨道可以吸顶、嵌入或悬吊安装。

（4）根据需要安装相应的灯具数量，允许灵活的设计。

（5）可用弯曲的轨道，能够制成特殊的形式以适应建筑师的需要。轨道可以做成各种颜色。

（6）可以做成断面非常小的低压轨道，以适应展览柜和零售展销使用的微型射灯的需要。

（7）带有轨道的构架系统可以悬吊大型照明装置并能将其他建筑设施结合在一起。

一定长度的轨道所供应的电压应该是稳定的，因此有特殊要求的灯具不适合匹配轨道。例如，有调光要求的灯具就不适合，因为不可能在同一个轨道中同时使用钨丝灯和荧光灯。与悬吊灯具一样，使用轨道灯可以得到任何类型的光线分布，当然这也取决于轨道是吸顶的还是悬吊的。许多设计采用射灯，在各种类型的射灯中保证能够选到合适的品种。（图6-1-10、图6-1-11）

## 4.建筑化照明

顶棚系统已经发展到允许灯具嵌入顶棚内或固定在顶棚下面，并且有了非常成熟的顶棚一体化设计。它将所有的设备需求，包括空气流动、防火、防噪声以及气温控制结合在一起，因此又被称为建筑化照明。这种方式将单个灯具在顶棚上排成图案，或成列或成行，所有的灯具都有一定的方向。

建筑化照明使空间本身成为主体，避免过多、过乱地使用灯具而造成的视觉混乱。因为在较复杂的环境中，照明设计都会分为好几个层次，建筑化照明使空间更好地统一，为丰富空间的造型起到良好的协调作用。又因为其能够使光源隐蔽起来，从而起到了照亮又不外露的效果，还避免了眩光问题。常见的建筑化照明方式有发光顶棚（发光地板、发光墙面等）、反光灯槽、光带等。

（1）发光顶棚：将室内吊顶部分或大部分设计施工为透光材料。在吊顶的内部均匀设置光源，这是一种使顶棚的大部分（或吊顶部分）都要发光的照明方法，这种处理称为发光顶棚。如果室内净高在3m以下，就会得到既照度合适，又有很强的实用性的照明；如果室内净高在3m以上，可以兼顾装饰性进行再设计。发光地板的处理方式与顶棚基本相同。

图6-1-8

图6-1-9

图6-1-10

图6-1-11

发光顶棚（发光地板）等使用的光源，一般选用发光效率高的荧光灯。发光顶棚（发光地板）的亮度一般不宜过大，最好控制在 $500\sim850\,\mathrm{cd/m^2}$。

发光顶棚（发光地板）表面材料一般有格栅型构件，还有漫射性透光板，比如有机玻璃板、磨砂玻璃板等。吊顶、发光地板内的光源要求排列有序，并保持合理的间距，以保证发光顶棚（发光地板）具有均匀的亮度。间距不宜过小，为避免浪费能源，因而要求照度适宜，避免过亮。

发光顶棚、发光地板一般是整个顶棚或者地板的一部分，在设计时，根据需要合理规划，面积不应过大。发光顶棚提供的照度均匀，可以减少阴影，在整个空间环境中给人开阔的视觉感受。在造型方面可塑性强，又兼具装饰性，能解决部分照明问题。建筑化照明为室内空间的塑造提供了丰富的可能性。（图6-1-12、图6-1-13）

（2）反光灯槽：是利用建筑结构或室内装饰结构对光源进行遮挡，使光投向上方或侧面，把装饰用的顶棚或叠级顶棚照亮，通过反射光线使室内得到照明的间接照明装置。

在顶部采用反光灯槽会使吊顶局部降低 $150\sim300\,\mathrm{mm}$，因此采用这种方式设计时，应考虑空间高度。正面开间窄小的拱顶状顶棚，要尽量使光源离开顶棚面 $300\,\mathrm{mm}$ 以上，从而提高顶棚面亮度的均匀性。

反光灯槽内的光源与槽边要有一定的距离，一般情况下应保持在 $200\sim300\,\mathrm{mm}$，以避免光源暴露在人的视觉范围之内。顶棚面采用漫射装饰的高反射率材料最有效，但同时要注意有光泽的顶棚面反射光灯的映照，而且有时要把光源的遮光部分做成夹缝，通过使用玻璃等材料提高装饰效果。一般情况下，反光灯槽距离顶棚面越高，被照射的顶棚面面积就越大，距离顶棚越低，被照射的顶棚面面积就越小。根据设计，有时反光灯槽照明也不需要广泛而又均匀地照亮顶棚面，只要能够强调出顶棚面的轮廓即可。

一般运用荧光灯做光源，如果是为了强调艺术气氛，也会采用白炽灯、霓虹灯、发光二极管等。反光灯槽的装饰性强，不应作为室内的主要照明，也不宜

图6-1-12

图6-1-13

选用功率过大的光源。反光灯槽利用光线的反射照亮顶棚，会使整个空间有增高的感觉，使顶棚富有层次感。由于是间接式照明，室内会得到柔和均匀的光环境。反光灯槽根据设计需要，可以是单层的，也可以是多层的。（图6-1-14）

（3）光带：可以说是发光顶棚的一种，但造型有所不同。

光带的表面可以用格栅，可以用透光板，也可以不加遮挡形成点光源等形式。光带根据需要可以组合出各种造型和图案，因此装饰性极强，不仅仅用于顶棚，墙体边缘及地面也常常用到。光带既能满足功能性照明，比如办公室、商店货柜等，又可以作为装饰造型丰富空间环境。光带光源多采用荧光灯。（图6-1-15）

（4）嵌入式灯具：嵌入到顶棚内的照明灯具，又称为下射式照明灯具。

灯具的内装使顶棚在视觉上非常完整，保证了建筑装饰及结构本身形式的完整与统一，能够避免因为灯具造型而使顶棚在空间上有起伏感。嵌入式灯具一般是把光源安装在建筑装饰内部，光源不外漏，所以不易产生眩光。嵌入式灯具属于定向式照明灯具，只有它的对应表面受光最多，光线相对比较集中，才能在环境中形成强烈的明暗对比；这种灯具的照明方式能带来比较安静的环境气氛，平均照度均匀，一般作为普通照明。（图6-1-16）

（5）洗墙（墙上灯槽）照明：这是在与墙面相接的顶棚面上留出一道细长的沟槽，在该沟槽里连续配置光源灯的墙面照明。这种光源灯一般是使用PAR灯或荧光灯，但由于人的视点不同，多数都是用格栅把光源灯遮挡起来，以免让人看到光源灯。通过墙面的规模和装饰，洗墙照明一方面可以获得意想不到的照明效果，另一方面，如果处理不当，照明又会使空间暴露出缺陷。（图6-1-17）

（6）檐口发光灯槽照明：这是在与墙面相接的顶棚面上，连续地配置照明灯，使墙面明亮而又均匀地被照亮的方法。光源不能从生活视点直接被看到，必须充分地把光源遮挡起来。然而，即便是内藏起来的灯具，其高度也会因为生产厂家不同而产生差别。所以，确定遮光板的大小，还必须对照灯具的高度进行研究。这种照明方法在狭窄的房间里，还可以兼用基础照明和工作照明，对于广阔的大空间，有利于使空间的轮廓更显美丽。（图6-1-18）

（7）筒灯照明：这是一种除了保证整个空间的照度之外，还要通过灯具的配置模式提高空间氛围的照明。虽然也要根据配光形状而定，但如果把镜面圆锥形安放在靠近墙面的位置上，就会有相当明显的扇形模式，在墙壁的上方大面积地映照出来。在墙边

图6-1-14

图6-1-15

图6-1-16

图6-1-17

图6-1-18

上连续地配置照明灯时，由于墙的分隔或门和墙的关系，为了在视觉上避免光的模式复杂化，选择适合灯具间隔的配光也很重要。

　　当地面材料采用有光泽的大理石或花岗岩时，如果筒灯的下方为开放型，光源就会映照在地面上。如果筒灯的数量较多，就会给人以热闹繁华的印象，但有时也会在空间上产生视觉混乱的现象。使用带有反射器的筒灯照明的光源，是一种十分有趣的照明，通过人们的不同视点在深色抛光的石材地面上形成如闪光的宇宙中星座一样的效果。

# 第二节　照明设计的基本方法

## 一、光与形

　　长久以来，光常常被当作没有形态的设计元素对待，站在室内设计的角度，我们过多地关注存在于建筑体内的空间，却忽视了"光"其实一直都为我们塑造着"无形空间"，即便没有墙体，我们依然处于光的照射空间之下。光先于建筑存在，只是它千变万化的形态弱化了我们对它的感知。而今，随着照明技术的发展，以及设计师不断创新实践，利用灯具、间接照明系统和发光体等媒介，人为地塑造着光的形态。目前，光作为有形态、有体积的设计元素，广泛地运用在建筑设计、室内设计、展示设计等类型的设计中，并受到业界越来越多的人的关注与重视。光是无形的，光的形态若想在人类的视觉空间内得以呈现，必须借助一定的媒介物，即我们所说的"载体"。因此，设计过程中，对光的形态塑造，更多是借助载体的存在而达到目的，我们可以通过以下几种方式对光的形态进行改变与塑造：

### 1.通过界面的形态塑造光的形态

如图 6-2-1 所示，自然光通过天花开口被引入室内，特别是映在墙面上的光斑，一天中，光斑随着日光变换位置，整个空间因这些光斑而变得更有活力。又如图 6-2-2 所示，酒店前台以墙面漫反射照明为主，整个空间显得柔和，在这样的氛围中，特别适合通过塑造界面的形态来塑造光的形态。

### 2.灯具塑造光的形态

图 6-2-3 中，通过光纤的传导，光以点与线的形态存在。又如图 6-2-4，光纤又被排列成曲线图案，比较这两张照片，可以看到灯具的形态能改变空间的氛围。

### 3.发光体塑造光的形态

通过发光体的造型塑造具有独特魅力的光的形态，来加强发光体造型的表现力和艺术性。如图 6-2-5 中，光透过这种半透明材料后塑造出体积感。

图6-2-2

图6-2-3

图6-2-4

图6-2-1

## 二、光与色彩

进行光的色彩设计时，要切合环境的功能与人们的审美需求，考虑色彩对人的情绪影响。在车展上，为让这样巨大的空间产生截然不同的光效，采用 LED 光源，缓慢地变换色彩，从而达到转换空间氛围的目的。如图 6-2-6 所示，白色光效给人的感觉比较冷静，橘色光效给人的感觉比较温暖，而红色光效则让空间的氛围更加热烈。如果光照环境下物体的显现色不能达到预期设计效果，应调整光源色与物体固有色之间的关系，如图 6-2-7，各种色彩的光照射在物体以及家具上，几乎无法辨认物体与家具的固有色。在我们的设计中，应根据具体情况控制光线对物体固有色的影响。在娱乐空间中，能否辨认出物体的固有色问题不大，但是在较为正式的场合或者展示空间，对物体固有色的辨识度较高，要尽可能减少有色光对环境物体固有色的影响。

塑造光的颜色有三种途径：

第一种是直接应用彩色光源，如霓虹灯、LED 等。

第二种是在灯具上添加变色滤镜，使光源发出的光变成彩色。

第三种是用彩色透明或半透明材料制作发光体，如图 6-2-8 所示，其展示空间由半透明薄膜制作成不规则形，里面安装灯具，通过颜色划分不同功能的展示区。

在一个照明设计项目中，可以综合使用这三种方式，制造出多层次的彩色光效。

## 三、光与影

有光必有影，光与影都具有丰富的艺术表现力。光的形态和亮度、照射的角度、物体的透明度、投影面的质感等因素都会影响影子的形态。集中光产生的投影轮廓清晰，漫射光产生的投影轮廓柔和；物体受光面与背光面的明暗比值越大，投影的密度越大，与环境亮度的反差也越大；小角度照射产生的投影紧缩成一团，大角度照射产生的投影被拉得纤长；落在光滑投影面上的影子形态清晰，落在粗糙投影面上的影子形态模糊；不透明物体产生的影子比较实在，半透明物体产生的影子则有点虚。根据视觉的工作原理，视觉关注的程度应取决于影子同环境亮度的明暗比值和影子形态的复杂程度，明暗比值越大，形态越精致，越受关注。

可以采取以下几种方式塑造光影：

### 1.改变灯具的照明方式

聚光灯下物体的投影轮廓清晰、密度大，易于表现厚重的物体，给人的感觉较为严肃和凝重。如图6-2-9，使用聚光灯的同时，可以加入泛光照明，由于光线从不同的角度射向物体，投影的密度较小，展品的各个细节清晰可见，给人的感觉更为轻盈和通

图6-2-5                       图6-2-6                       图6-2-7

图6-2-8 · 　　　　　　　　　　　　　　　　　　图6-2-9 　　　　　　　　图6-2-10

透。所以，当我们表现分量重和体积感强的物体时，建议使用聚光灯，厚重的投影可以更好地烘托物体的质地和体积；而在表现质地坚硬和细节较多的物体时，建议增加聚光灯数量。使用泛光灯或多个聚光灯的目的是减少物体投影的面积、降低投影的密度，使物体更显通透，看到物体更多的细节。（图 6-2-10）

### 2.改变照射角度

大角度照射产生的投影被拉得纤长，其面积远远超过了物体本身，引导人们关注投影的形态，使投影的形态成为空间中的主角。如图 6-2-11，隔板上镂空雕刻着精美的图案，经过射灯的照射，在一片漆黑中，投到桌面上的光斑仿佛是黑暗中的精灵，翩翩起舞。而小角度照射产生的投影紧缩成一团，使人的目光集中于物体上。而图 6-2-12，灯具位于桌面正上方，而且距离很近，所以桌面非常亮，投影边缘清晰。

### 3.改变物体或投影面的质地

设计师在掌握以上表现投影的方式之后，应根据空间和物体的特点，选择合适的表现方式。

我们利用光来表现影的神秘，利用影来凸显光的灵动，两者相辅相成。大量的小木棍交错连接成一片墙，木棍的肌理与投影的肌理交相呼应，形成一种特殊的视觉效果，令人印象深刻。

不透明物体产生的投影实在，半透明物体产生的投影轻飘。如图 6-2-13，光源后面的铁板是镂空的，因此，墙面上的投影也是镂空的。如果你要表现边缘清晰的投影，但投影的颜色又不能太深，可以选择半透明质地的材料。

## 四、光与材料

控制光的质感，首要考虑物体构成材料的反射系数。不同材料的质感不同，而视觉对材料质感的辨别主要通过材料表面的纹理，因此表现质感的第一步是思考如何呈现材料的纹理。光的照射角度决定着物体表面纹理的效果，例如，在表现完全无光泽的物体时，可以用漫反射光线以垂直于物体表面的角度进行照射；在表现表面粗糙的材料时，用洗墙灯类型的照明以几乎照面平行的小角度掠射，可有效地表现材料表面的凹凸起伏。表现质感的第二步是思考如何恰如其分地表现材料的光泽，首先不能产生眩光，因为眩光直接影响人们的观看。

光的质感常常受到材料的质地、光泽度、反射系数、光线的投射角度等多方面因素的影响。因此，设计师应注重协调材料的质地、光泽度、反射系数、投光角度等因素之间的关系，以创造出舒适的光环境。

## 五、光与立体感

光是物体具有立体感的必要条件。立体感本来是雕塑家用来描述其作品特性的一个词语，在照明领域谈论立体感时，用于探讨物体在光的照射下产生的立体效果。素描基础课上我们画静物时知道，受光面、背光面以及投影的关系决定着物体是否具有立体感与空间感；同理，光效设计中，手中的铅笔转化成光，我们利用光来塑造物体的立体感，基本原则未变，只是使用手段改变了。

在光环境设计中，不管设计师是利用光来增加物

图6-2-11

图6-2-12

图6-2-13

体的立体感还是削弱立体感，只要能达到设计的目标，都是可行的。我们都可以利用以下方式改变光环境中物体的立体感。

### 1.改变物体周围光源的位置

如果光源全部聚集在作业面的一个方向或者均匀分散在各个方向，都不利于塑造物体的立体感。应根据所照物体的轮廓、体积感和质感，调整光源的位置，重新塑造物体的形象。

### 2.调整各个方向光源的照度比值

具体是指调整作业面的照度、环境的照度和辅助光的照度，其过程好比画一张黑白素描。例如，受光面的照度与辅助光的照度比值为 4 : 1，再将环境的照度调整为受光面照度的 30%，就会增强物体的立体感。而当受光面和背光面的比值接近 1 : 1 时，物品的所有细节都会呈现。

### 3.改变空间中光源的数量

特别是在美术馆、博物馆这样的展览空间中，灯具的布置非常灵活，为了将展品的最佳状态展现出来，可以通过增加或减少灯具来增强展品的立体感。（图 6-2-14）

在令人心情愉悦的灯光下用餐，比由于灯光设计不恰当而使人感到面部狰狞的灯光下用餐，更容易吸引顾客。因此，为了让人们在进餐过程中保持愉悦的心情，设计师除了在餐桌上方设置灯具，以照亮顾客的面部外，还应在餐桌之间安排一些灯具，为顾客的面部提供辅助光，塑造更有立体感的面部。图 6-2-15 中，桌面和周围环境光的照度比值合理，增加了顾客脸上的柔光，使顾客表情看起来很放松。

此外，在专卖店中，顾客更希望看到自己像橱窗里的模特那样有气质，所以应在店铺中设置聚光灯，使顾客的脸部和身体更有立体感。当设计师根据立体感来进行照明设计时，不但可以避免因光线引起面部阴影过重的情况，而且能创造出舞台般的效果，激发顾客的购买欲。总之，在环境照明设计中，注重光对立体感的塑造，有助于表现展品的品质、打造赏心悦目的进餐面孔以及提升环境中家具等物品的悦目性。

## 六、动态光效

视觉体验是一个动态的过程，人们在一个多维度空间中，因物体或影像的运动不断更新，实现对环境的整体认知。研究结果表明，视觉对物体剧烈运动的敏感性超过亮度本身，动态的光不仅有利于保持视觉的敏感性，也更容易吸引眼球。换言之，在三维空间中，动态的光比静止的光更容易吸引人们的视线。当人们处在一个动态的光环境中，视觉感知系统更为活跃，处在辨别、判断的状态中，体验新的时间所带来的独特体验。

设计者可以按照以下三种方式制造动态光效：

一是灯具的运动造成光的运动，如图 6-2-16。

二是光源的改变造成光的运动，如街头闪烁的霓虹灯。

三是在电脑程序的控制下，投影屏、触摸屏、显示屏的发光表面展现动态的图像。目前，使用得最为普遍的是第三种方式，大量的室内外空间都在使用投影或 LED 屏来表现动态的影像，从而形成动感十足的光效。如图 6-2-17 所示，时尚酒吧设计打破传统的设计手段，动态光效设计元素再次发挥到了极致，所有的发光界面都是通过动态的图像构成，富有极强的视觉冲击力，每个参与者都能感受到这个空间的激情与活力。

此外，观众与触摸屏互动，也能产生令人更为兴奋的动态光效，如图 6-2-18。在这类空间中，除了常规照明的灯具外，还可以结合投影屏、显示屏塑造动态的光效。在这些空间中，主要的光照不是由灯具所承担，而是由发出动态图像的投影屏或显示屏承担，动态的光结合着动态的声音与画面，观众的视觉、听觉等感知细胞一起被调动起来，让人身临其境。

图6-2-14

图6-2-15

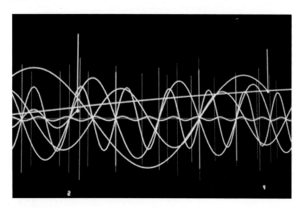

图6-2-16

图6-2-17

图6-2-18

## 第三节　照明设计软件

在照明设计中，照明计算是一项很重要的内容，是照明方案合理性的主要依据。目前，光源、灯具不断更新和发展，项目复杂程度也愈来愈高，这使查表、手工计算愈来愈困难，而计算机技术的发展则给我们的照明计算提供了有效的手段。

根据用途划分，照明软件可以分为专业照明设计软件与照明工程设计软件两类。

### 一、专业照明设计软件

现在国际上照明设计软件已经发展到非常高的技术水平，广泛应用于专业照明设计。技术上具有以下特点：

一是理论成熟、照度计算准确。

二是能够建立照明场景的模型，提供大量的三维家具库和材质库，方便照明设计师布置接近真实现场情况的场景。

三是可以生成三维效果图，并对场景进行渲染，生成最接近真实效果的效果图。

四是能够生成种类齐全的图表。

五是具有外挂照明设备数据库的插件，可以由用户扩充照明器具的技术数据。

国外照明设计软件分为两类，一类是以 DIALux 和 AGI32 等为代表的通用软件，具有外挂灯具数据库插件，适用于国际著名照明灯具厂家的产品设计。另一类是以 Philips 等公司为代表的专业照明灯具厂家，它们提供的软件专门用于本企业产品，不能适用于其他企业产品的工程设计。

但是，这些优秀的国外照明设计软件并没有在我国得到普遍应用，主要原因是其基本没有提供我国国内企业生产的照明灯具的数据，难以被国内工程设计采用；多数软件没有汉化，不便使用；没有在中国建立完善的营销体系，缺乏对于客户的技术支持。国内的照明设计软件至今还没有较为成熟的产品，本书编写的相关内容参照北京博超时代软件有限公司的有关照明计算要求而定。

## 二、照明工程设计软件

照明工程设计是一个完整的系统工程，包括照度计算、照明设备布置、电气接线、设备与线路标注、材料统计、配电系统设计等一系列流程。设计成果采用施工图的方式表达。照明工程设计软件以照明工程设计流程为依据，围绕施工图进行。目前，国内已经具有比较成熟的照明工程设计软件，这类软件往往包含在电气工程设计软件之中，作为电气工程设计软件的一个组成部分。北京博超时代软件有限公司、北京浩辰科技有限公司、北京天正工程软件有限公司等都有这类软件。

接下来，我们来详细讲解一下博超照明设计软件的基本用法。

### 1.欢迎界面（图6-3-1）

从界面上看，软件功能一目了然，包括新的室内设计及新的户外道路设计，还有打开文件。

打开文件就是打开设计时保存好的室内及户外、道路设计文件。

图6-3-1

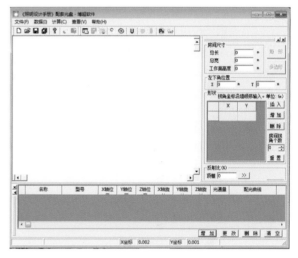

图6-3-2

### 2.室内设计（图6-3-2）

菜单主要分为文件、数据、计算、查看等。

（1）文件下拉菜单包括：

【新项目】进入欢迎界面初始化整个设计界面。

【打开项目】打开以前保存的项目设计的数据文件。

【保存项目】设计过程中保存设计好的项目，室内设计保存为 *.cil 文件，户外、道路设计保存为 *.col 文件。

【另存为】换个地方重新保存项目。

【退出】退出软件。

（2）数据下拉菜单包括：

【项目信息】在绘图区预览设计好的项目。

【房间参数】关于房间的一些基本信息。整个软件的右半部分，下面详细介绍。

【灯具布置】照明软件当然要有布置灯的设计，这个模块有此功能。

此部分户外、道路设计也有，完全一样，在此一并介绍。

（3）计算下拉菜单包括：

【单点照度计算】、【水平垂直照度计算】、【利用系数照度计算】、【平均球面照度计算】、【平均柱面照度计算】、【单位容量法照度计算】、【照明功率密度计算】、【矩形等亮度面光源点照度计算】、【矩形非等亮度面光源点照度计算】、【圆形等亮度面光源点照度计算】，后文将分别详细介绍。

（4）查看下拉菜单包括：

【工具栏】此栏上包括新建、保存、打开等一些快捷图标按钮，方便用户操作。在工具栏边上还有一个工具条，上面还有一些图标按钮，这些按钮功能和计算下拉菜单里面的菜单功能相同。

【状态栏】此栏显示鼠标在设计区的坐标位置和当前工程文件所在的位置。

（5）下面介绍具体模块的功能，首先看一下整个室内设计界面。

①房间参数界面。（图6-3-3）

【房间尺寸】总长即房间的总长，总宽即房间的总宽，工作面高度是工作的平面离地面的高度，室内照明一般设为0.75m。

【左下角的位置】绘制的房间外围框左下角的位置。

【形状】房间的具体形状可以在这里进行设置，根据房间各个角点的坐标来确定房间的形状。插入、删除按钮是增加房间的角点，增加一个角点输入相应的X、Y轴坐标即可，此时点击【重置】按钮即可在界面上显示出房间的形状。

【反射比】亦称反射系数，是反射光通量与入射光通量之比。反射比包括顶棚反射、墙面反射、地面反射。反射比可以手工输入也可以点击右边相应的按钮取得各种材料对应各种颜色的反射比。此界面相对比较简单，在此不进行介绍。

【照度标准】某种工作场合的工作面上的照度标准值，此值可以输入也可点击右边按钮进行查找。

当点击【查照度标准】按钮的时候弹出如图6-3-4所示界面。

此时可以点选某一场合，相应下面将显示出对应标准照度、功率密度等数据。同时还可以在某一项上点击鼠标右键新建大类、新建小类和删除项等操作。此操作会写入数据库。

②灯具布置界面图。（6-3-5）

灯具布置界面主要是用来选择灯具，并且设置灯具的一些参数。

【增加】按钮：增加一个灯具。

【更改】按钮：修改一个灯具的信息。

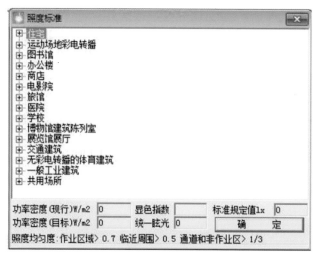

图6-3-3　　　　图6-3-4

图6-3-5

【删除】按钮：删除一个灯具。

【清空】按钮：删除所有的灯具。

当点击【增加】按钮的时候，弹出如图 6-3-6 所示灯具信息界面。

对话框的上面可以选择灯具的名称和型号，当选择了一种灯具后，下面的几何尺寸和光学器件框中的相应信息也会产生变化。它们是在数据库中读取的信息，当然用户也可以自己修改，进行手工输入。

对话框右边是光源信息，首先显示的是第一光源，可以勾选【灯具具有第二光源】，第二光源与第一光源的设置是一样的。可以选择光源的【名称】【类型】【功率】，修改【镇流器功率】【数量】【光源光通量】等光源的基本信息。

在下面还有灯具的总光通量、维护系数信息，都可以手工输入，维护系数还可以点击右边【查手册】按钮选择相应数据。点击图 3-3-6 界面中的【配光曲线】时，显示如图 6-3-7 所示界面。

此界面显示当前您选择的灯具的配光曲线信息。界面左边显示的是 $\theta$ 方向的光强信息，第一列是 $\theta$ 角的大小，第二列是 A - A 面上的光强，第三列是 B - B 面上的光强，此信息是在数据库中读取的，可以修改界面数据，但数据库不会修改。界面右边显示的是灯具的配光曲线图。

点击图 6-3-7【利用系数表】时显示如图 6-3-8 所示界面。

此界面显示当前您选择的灯具的利用系数信息，可以在计算过程中查找系数。

图 6-3-8 所列表格第五行是顶棚反射比，第六行是墙面反射比，第七行是地面反射比。第一列是室空间比。

此表主要在利用系数法计算照度时用到。

图6-3-6

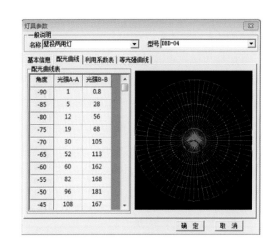

图6-3-7

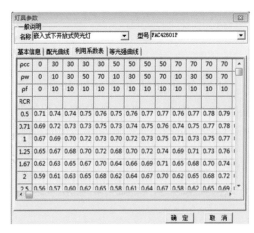

图6-3-8

点击【等光强曲线】时显示如图 6-3-9 所示界面。

此界面显示当前您所选择的投光灯的灯光强信息，此信息用于投光灯点照度计算。关于角度定义请参照手册投光灯点照度计算一节。

当点击【增加】按钮后并且选择好一个灯具，那么在灯具布置界面便显示刚才增加的灯具，此时可以根据坐标修改灯具在房间中的位置，房间的各个角点也是根据坐标确定的。可以分别设置灯具在 X、Y、Z 轴方向的旋转角度。当想查看此灯具的配光曲线、利用系数表和等光强曲线信息的时候，双击它们对应的那一栏即可弹出灯具的基本信息对话框。

以上介绍完了房间和灯具的基本信息设置与灯具的布置，下面开始介绍关于照度的计算。单点照度计算界面如图 6-3-10 所示。

点击界面下面的【新增】按钮可以增加一个计算点，增加完成后可以修改点的坐标和其 X、Y、Z 轴上的旋转角度，同时可以增加几个点。可以【修改】或【删除】其中的一个点，也可以全部【清空】所有的点。还可以点击【上移】、【下移】按钮改变计算点所在的行数。当点击【计算】按钮后，界面上将显示计算出的水平照度、垂直照度和倾斜面照度。

水平、垂直照度计算界面如图 6-3-11 所示。

水平、垂直照度计算是用逐点法计算房间水平、垂直照度，界面左边主要显示计算结果。

【计算密度】是把房间平均分成多少份进行计算。

【最大 / 小值】是把房间分成若干份，经过计算后照度最大和最小值。

【平均值】是所有份数的平均照度值。

【工作区均匀度】照度变化的量。

【计算功率密度】房间内所有功率与面积的比值。

【折算功率密度】根据标准照度换算后的功率密度。界面右边是绘制房间内照度强弱情况。

【最大值、最小值】绘制房间内照度强度的范围。

【间隔】每种颜色表示照度的范围的大小。

设置了以上参数后便可以点击【水平照度】计算按钮了。

想要计算垂直照度还需要输入起点、终点等信息。

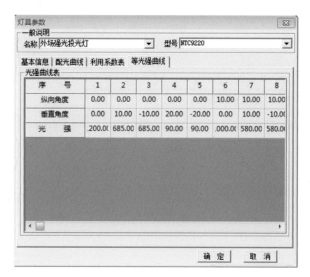

图6-3-9

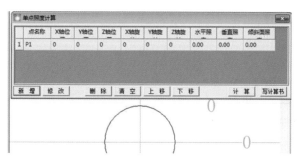

图6-3-10

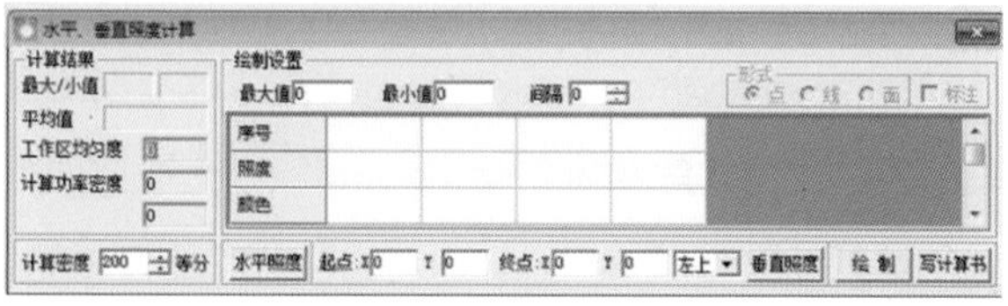

图6-3-11

【起点、终点】是房间内将要计算的垂直面的开始和终止点。

还可以下拉选择【左上】、【右下】，设定垂直度计算垂直面。同样也可以绘制垂直面照度情况图。

利用系数法照度计算界面如图 6-3-12 所示。

界面上方有一个信息条，显示当前实际照度是否满足标准照度值。下面显示每个灯的基本信息和计算情况，如果照度不满足将显示已经有多少盏、还需要当前类型的灯具多少盏。

【实际照度】当前计算得到的实际照度值。

【计算功率密度】所有功率与房间面积的比值。

【折算功率密度】根据标准照度折算出的功率密度。

上面三个计算结果在后面计算界面中出现意义相同，这里不再赘述。灯的个数可以修改，修改后点击【确定调整室内灯具数量】按钮。以后计算出现同样按钮意义相同。

平均球面照度计算界面如图 6-3-13 所示。计算平均球面照度的时候需要查找换算系数 $K_s$。

【实际照度】房间内的平均照度。

【标量照度】求得的球面照度。

平均柱面照度计算同平均球面照度计算，这里不再一一赘述。

单位容量计算界面如图 6-3-14 所示。单位容量照度计算需要设定每盏灯的灯具类型和单位电功率类型。同样也可以设置某一类型灯具的数量来计算照度。

可以设置【灯具效率】，自然灯具的效率越高，房间的实际照度就越高。其他计算结果意义同上。

照明功率密度计算如图 6-3-15 所示。

矩形等亮度面光源的点照度计算界面如图 6-3-16 所示。

【面光源参数】面光源的一些基本参数。面光源的位置是以坐标的形式呈现。

【关于被照点的参数】计算点的信息，主要包括计算点的位置、角度等，位置是坐标，而角度在计算倾斜照度的时候用到。

【计算结果】：当点击【水平照度计算】按钮时，左边的水平照度框便显示计算结果。垂直照度和倾斜照度一样。

在【水平照度计算】、【垂直照度计算】、【倾斜照度计算】这三种计算按钮中，点击任何一种计算按钮后再点击【写计算书】按钮，那么写的便是哪种计算的计算书。

矩形非等亮度面光源的点电照度计算界面如图 6-3-17 所示。

圆形等亮度面光源的点照度计算界面如图 6-3-18 所示。这两种计算界面参数的意义同等亮度面光源相似，不再一一赘述。

至此，室内计算介绍完毕，关于计算的方法和公

图6-3-12

图6-3-13

图6-3-14

图6-3-15

式以及一些具体参数的意义，如有不明白的地方请上网查阅相关资料。

## 3.室外设计

上面介绍了室内设计的照度计算，下面介绍户外、道路设计的照度计算。户外、道路的菜单里面除了相关数据和计算方式同室内不一样，其他的均一样。其数据菜单包括项目信息、应用场地、道路方案、灯具布置等。

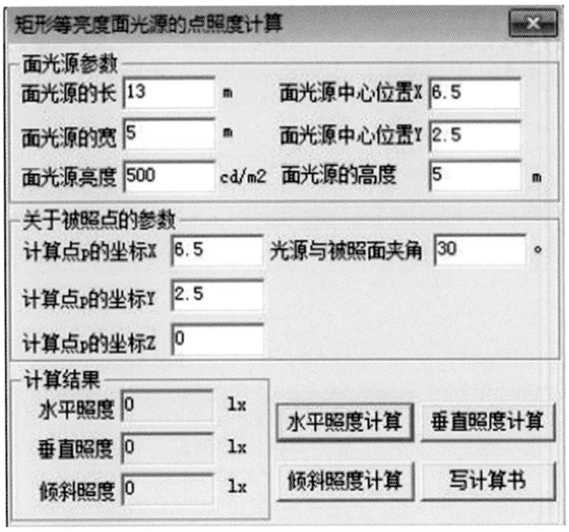

矩形等亮度面光源的点照度计算

面光源参数
面光源的长 13 m 面光源中心位置X 6.5
面光源的宽 5 m 面光源中心位置Y 2.5
面光源亮度 500 cd/m2 面光源的高度 5 m

关于被照点的参数
计算点p的坐标X 6.5 光源与被照面夹角 30 °
计算点p的坐标Y 2.5
计算点p的坐标Z 0

计算结果
水平照度 0 lx 水平照度计算 垂直照度计算
垂直照度 0 lx
倾斜照度 0 lx 倾斜照度计算 写计算书

图6-3-16

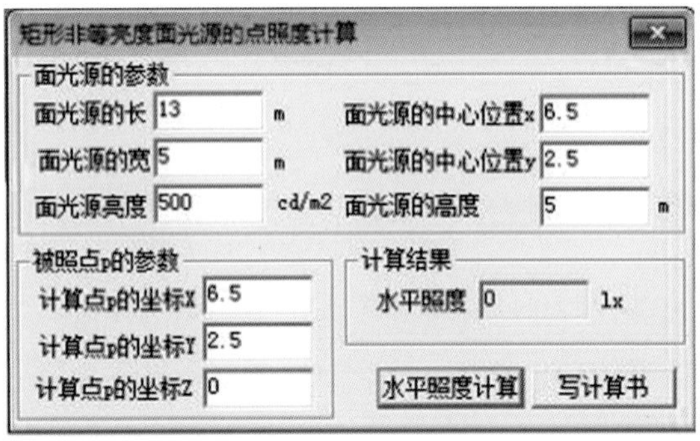

矩形非等亮度面光源的点照度计算

面光源的参数
面光源的长 13 m 面光源的中心位置x 6.5
面光源的宽 5 m 面光源的中心位置y 2.5
面光源亮度 500 cd/m2 面光源的高度 5 m

被照点p的参数 计算结果
计算点p的坐标X 6.5 水平照度 0 lx
计算点p的坐标Y 2.5
计算点p的坐标Z 0 水平照度计算 写计算书

图6-3-17

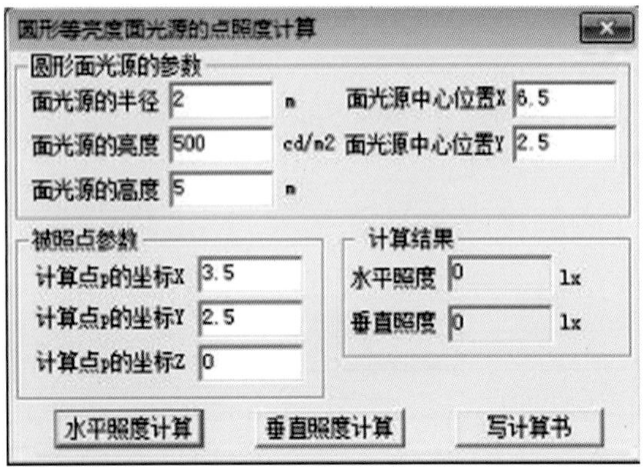

圆形等亮度面光源的点照度计算

圆形面光源的参数
面光源的半径 2 m 面光源中心位置X 6.5
面光源的亮度 500 cd/m2 面光源中心位置Y 2.5
面光源的高度 5 m

被照点参数 计算结果
计算点p的坐标X 3.5 水平照度 0 lx
计算点p的坐标Y 2.5 垂直照度 0 lx
计算点p的坐标Z 0

水平照度计算 垂直照度计算 写计算书

图6-3-18

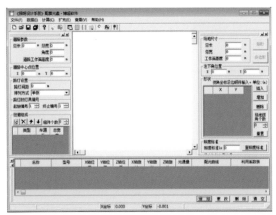

图6-3-19

【项目信息】和【灯具布置】室内设计里已经介绍这里不做赘述。

【应用场地】点击它可以打开场地的设计界面，进行场地设计。

【道路方案】点击它可以打开道路设计界面，进行道路设计。

计算下拉菜单包括【投光灯照度点照度计算】、【投光灯单位容量法照度计算】、【利用系数法道路照明计算】。下面介绍具体模块的功能。

先看一下如图6-3-19所示室外设计界面。

此界面上半部分同室内设计参数设置界面有些相同，只是在下面增加了投光灯的灯具编号。（图6-3-20）

【起始编号】和【终止编号】，给投光灯的灯具进行编号。

如图6-3-21所示道路参数：

【总长】道路总的长度。

【总宽】道路总的宽度。

【角度】道路的角度。

【道路中心点位置】道路中心在设计区的位置，以坐标的形式表示。

路灯的设置：

【路灯间距】连续两盏路灯的间距。

【排列方式】是单测排列、双侧交错还是双侧对称。

【路灯的灯具编号】给路灯编号。

【街道组成】车道、分隔带、人行道组成。

可以点击下面相应的按钮对其进行添加。

可以点击图标按钮调整车道、人行道和分隔带的位置。可以直接修改车道、人行道和分隔带的车道数和总宽度。

【照度标准】规定道路的最低照度。可以手工输入，也可以点击右边按钮查找。这部分内容已经在灯具布置界面室内设计介绍，在此不再赘述。下面介绍关于户外、道路的投光灯点照度计算界面，如图6-3-22。

投光灯点照度计算主要需要设定瞄准点，当打开界面的时候瞄准点可以找到已经布置了的几个灯，如果找不到请点击【刷新信息】按钮。

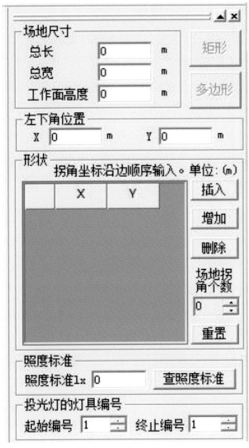

图6-3-20 场地参数设置界面    图6-3-21 道路设计参数界面

设置每一个灯的瞄准点。瞄准点以坐标的形式设定。

【同上】按钮是为了方便设置多个有相同瞄准点的灯。

设定完成后可以点击【新增】按钮增加计算照度的点，同样输入该点的坐标即可，其他按钮同一些模块一样按钮功能相同。此时点击【计算】按钮,弹出【投光灯单位面积容量计算】界面，如图 6-3-23。

该界面显示点的照度计算已经进行了一部分，图上的照射方向光强是在数据库中查找得出的，如果觉得不够准确可以查阅相关资料进行手工输入。此时再点击【计算】按钮即可得出结果。

投光灯单位面积容量法照度计算，如图 6-3-24。

要进行计算需要先对每种灯的一些参数进行设定，如全部照射灯的比例、灯具效率、照度均匀度、光源类型等。每种设置对计算的具体影响，请查阅相

关章节。还要输入平面上最低照度值，这个参数打开界面时初始化的值是 0，不输入则无法进行正常计算。

点击【计算】按钮后对话框上面会提示是否达到了输入的最低照度。界面上也会显示当前同样的灯有几盏，还需要多少盏这种灯才能达到最低照度水平。

其他按钮或结果显示框意义同上面模块。

道路照明计算界面如图 6-3-25 所示。

道路照明计算的时候可以设置一些灯具的参数，如排列方式、间距、灯杆高度、仰角、利用系数等。排列方式和灯间距不但可以在道路设计参数界面里设置，也可以在该计算界面上设置。

当点击【计算】按钮后，对话框下面会显示出计算得到的实际照度。同时在每盏灯的信息里也会给出计算间距。这个间距是根据照度标准计算得出的。

到此，整个软件的基本用法介绍完毕。

图6-3-22

图6-3-23

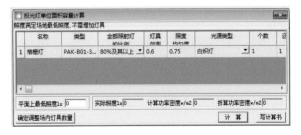

图6-3-24

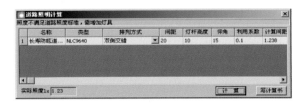

图6-3-25

# 三、照明工程设计软件在工程中的应用

　　为了说明照明工程设计软件在工程设计中的应用，在此做一个具体的实例介绍。图 6-3-26 是一个非常有代表性的建筑，它包含圆形、弧形、倾斜等异形。通常我们不容易布置的房间大致按照下面的步骤完成这个设计。

## 1．设备布置与线路敷设

　　图 6-3-26 左下角是【照明回形放置】菜单，上面不但分类提供了丰富的照明设计图例符号，还提供了靠墙布置箱子与开关，在矩形或倾斜矩形房间矩阵布置荧光灯，穿墙方式批量布置插座。在圆形、弧形房间布灯等 12 个功能。有效的布置功能加上动态设计方式使所有场所的灯具布置都能够一步到位。

## 2.线路敷设

　　图 6-3-26 中下部是【照明线路敷设】窗口，上面也提供了灯具开关自动接线、配电箱出线、交叉线路打断与闭合等 12 个线路敷设功能。其所有的操作都采用模糊操作方式，设计者不需要仔细定位，软件自动在指定设备之间生成准确接线。而实际上，软件在布置设备的同时就已经根据设计习惯与经验自动完成了多数设备之间的接线，极大地减轻了我们的工作量。

## 3.灯具标注

　　由于实现了面向对象的设计概念，只有框选要标注的灯具，软件才能够提取出灯具数量、型号、光源、安装高度和敷设方式，自动完成灯具标注。

　　如果软件自动给设备赋予的参数不符合本设计的要求而需要修改，图 6-3-26 右下角的【照明设备型号】窗口可以帮助你完成针对设备（特定图块）的参数修改工作，软件会记忆你的设定作为今后修改设备设计的默认值。

## 4.线路标注

　　线路标注实际是回路分配的过程，图 6-3-26 右上角的【照明线路标注】窗口可以辅助设计者按照自己的思路标注回路。并将相应线路的全部工程参数赋予被标注的线路。至此，图面设计工作完成。

## 5.设备材料统计

　　面向对象设计概念的应用使得图 6-3-26 上的所有设备都已经具有工程设计所需全部参数，设备材料统计自然是水到渠成的事。专业软件会把问题考虑得更加周全，比如，各类别的材料表生成在一张设备表上还是各自生成各自的表格；这个工程包括标准层的

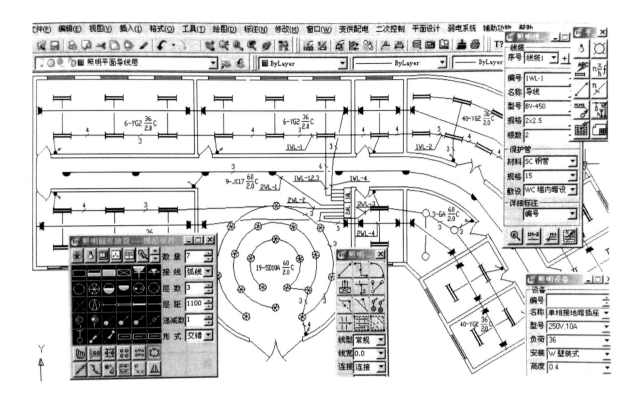

图6-3-26 照明平面例图

**7．照度计算**

对于必要的场合，我们需要针对照明设计的效果进行检验。软件能够按照逐点照度计算法进行照度分析，以保证设计结果满足规范要求。以图 6-3-26 左上角大开间为例进行计算分析。定义房间为普通办公室。软件根据照明设计标准查得该房间设计要求如下：照度 300 lx，现行功率密度 11 W/m²，目标功率密度 9 W/m²，照度均匀度 0.7。

我们取原始设计为方案 1，如图 6-3-29。灯具、光源参数与计算结果如图 6-3-30，从对话框左下角【计算结果】栏我们惊讶地发现本设计的平均值、工作区均匀度和折算功率密度都不符合设计标准。如果增加灯具数量或加大光源功率都会使已经超标的功率密度变得雪上加霜。改用高效的光源应该是最佳的解决方法。

在方案 2，如图 6-3-31、图 6-3-32，将直管荧光灯从 TLD36W/930 改为 TLD36W/840，两根灯柱的光通量从 4700 lm 提高到 6700 lm。重新计算后，照度从 251.74 lx 提高到 358.86 lx，满足设计要求。

总设备表的生成；生成结果可以是 CAD 格式的，也可以是 Excel 格式的。【设备材料统计】窗口及结果见图 6-3-27。

**6.从照明平面图生成照明配电系统图**

利用软件提供的同路分配功能，设计者可以便捷地设定灯具与回路的从属关系。图 6-3-28【系统分析与生成】窗口从图上提取生成系统图所需全部信息，信息列在菜单上供设计者参考，并自动进行校验。在菜单上我们看到针对 2AL 配电箱的分析结果中出现警告（？）和错误（×）提示。出错原因显示在菜单下部的警告信息显示栏。分析结果表明设计存在两处错误：2AL 配电箱的网络 2WL-1（L1 相）与 2WL-2（L2 相）之间相间负荷不平衡，超过规范允许值；2WL-2 回路连接灯具大于 25 盏，超过规范允许值。设计者可以通过重新进行回路分配的方法调整相间负荷不平衡和设备连接过多的问题。

对于认可的系统设计，软件会自动绘制出照明系统图。

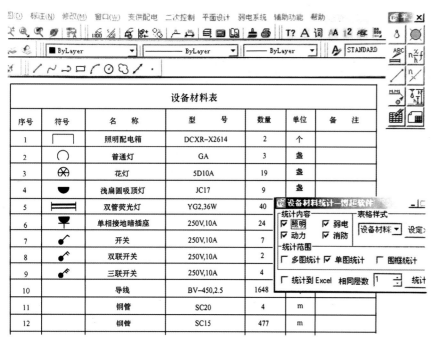

图6-3-27 设备材料统计

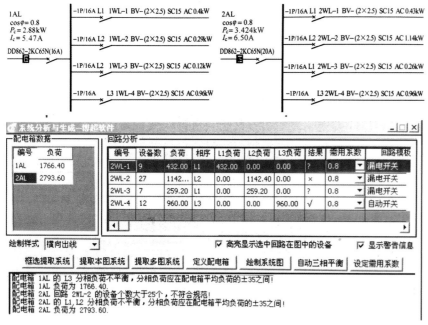

图6-3-28 照明系统设计

但是其仍然存在两个问题：照度均匀度为 0.56，低于 0.7 的均匀度标准；功率密度为 11.05，高于功率密度的标准。

为了保证显示效果，软件采用 210×210 的计算密度，这样逐点扫描一共计算了44100个点的照度值。将照度计算的结果以效果图的形式绘制在图纸上，如图 6-3-31（右图）。通过分析图形我们清楚地看到直管荧光灯光通量在横向上分布强、纵向上分布弱。如果把荧光灯旋转 90°就可以改善空间的照度分布，而采用节能型镇流器也是降低功率密度的有效方法。于是，调整出方案 3。

方案 3 如图 6-3-33、图 6-3-34，其在方案 2 的基础上改用高效镇流器，单支镇流器的损耗功率从 9 W 降到 5 W。计算结果如图 6-3-34，功率密度降低到 10.07，满足了功率密度标准。从图 6-3-33 可以清楚地看到其照度分布比方案 2 要均匀许多。计算结果也验证了这一点，工作区均匀度从 0.56 提高到 0.72，满足均匀度标准。这样，经过两次调整，结果全部满足设计标准。

其实，这是一个非常普通的房间，选用的也是常用的灯具，但是如果不注意就会存在很多设计隐患。在这个实例中，每个方案都要进行超过 26 万次的逐点法照度计算，这三个方案共计进行了近 80 万次。利用先进的专业软件，我们几分钟就能完成符合标准的照明工程设计。

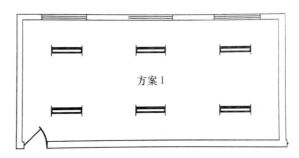

图6-3-29 方案1灯具布置图

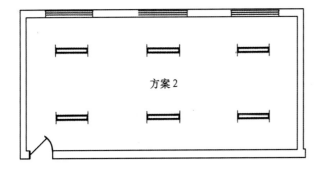

图6-3-30 方案1计算结果

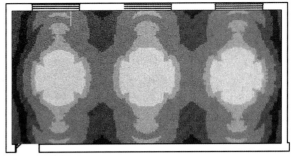

图6-3-31 方案2灯具布置及照度分布效果图

| 灯具名称 | 灯具型号 | 高度 | Z... | X... | Y... | 第一光源名称 | 光源类型 | 功率 | 镇流器功率 | 数量 | 功 | 镇. | 数... | 总光... | 改变配光曲线 |
|---|---|---|---|---|---|---|---|---|---|---|---|---|---|---|---|
| 双管荧光灯 | YG2 | 2.0 | 0 | 0 | 0 | 直管荧光灯 | TLD36W/840 | 36 | 9 | 2 | | | 0 | 6700 | 荧光灯YG2配... |
| 双管荧光灯 | YG2 | 2.0 | 0 | 0 | 0 | 直管荧光灯 | TLD36W/840 | 36 | 9 | 2 | | | 0 | 6700 | 荧光灯YG2配... |
| 双管荧光灯 | YG2 | 2.0 | 0 | 0 | 0 | 直管荧光灯 | TLD36W/840 | 36 | 9 | 2 | | | 0 | 6700 | 荧光灯YG2配... |
| 双管荧光灯 | YG2 | 2.0 | 0 | 0 | 0 | 直管荧光灯 | TLD36W/840 | 36 | 9 | 2 | | | 0 | 6700 | 荧光灯YG2配... |
| 双管荧光灯 | YG2 | 2.0 | 0 | 0 | 0 | 直管荧光灯 | TLD36W/840 | 36 | 9 | 2 | | | 0 | 6700 | 荧光灯YG2配... |
| 双管荧光灯 | YG2 | 2.0 | 0 | 0 | 0 | 直管荧光灯 | TLD36W/840 | 36 | 9 | 2 | | | 0 | 6700 | 荧光灯YG2配... |

计算结果
最大/小值 770.53 100.58
平均值 358.86
工作区均匀度 0.56021
功率密度 11.0570
折算功率密度 9.24348

绘制设置

| 序号 | 1 | 2 | 3 | 4 | 5 | 6 | 7 |
|---|---|---|---|---|---|---|---|
| 照度 | 160 | 220 | 280 | 340 | 400 | 460 | 520 |
| 颜色 | | | | | | | |

图6-3-32 方案2计算结果

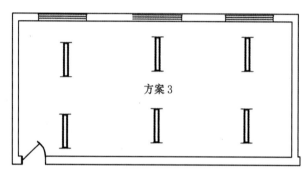
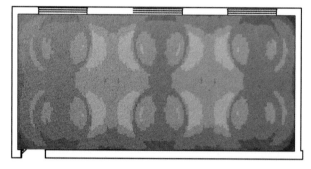

图6-3-33 方案3灯具布置及照度分布效果图

| 灯具名称 | 灯具型号 | 高度 | Z... | X... | Y... | 第一光源名称 | 光源类型 | 功率 | 镇流器功率 | 数量 | 功 | 镇. | 数... | 总光... | 改变配光曲线 |
|---|---|---|---|---|---|---|---|---|---|---|---|---|---|---|---|
| 双管荧光灯 | YG2 | 2.0 | 9. | 0 | 0 | 直管荧光灯 | TLD36W/840 | 36 | 5 | 2 | | | 0 | 6700 | 荧光灯YG2配... |
| 双管荧光灯 | YG2 | 2.0 | 9. | 0 | 0 | 直管荧光灯 | TLD36W/840 | 36 | 5 | 2 | | | 0 | 6700 | 荧光灯YG2配... |
| 双管荧光灯 | YG2 | 2.0 | 9. | 0 | 0 | 直管荧光灯 | TLD36W/840 | 36 | 5 | 2 | | | 0 | 6700 | 荧光灯YG2配... |
| 双管荧光灯 | YG2 | 2.0 | 9. | 0 | 0 | 直管荧光灯 | TLD36W/840 | 36 | 5 | 2 | | | 0 | 6700 | 荧光灯YG2配... |
| 双管荧光灯 | YG2 | 2.0 | 9. | 0 | 0 | 直管荧光灯 | TLD36W/840 | 36 | 5 | 2 | | | 0 | 6700 | 荧光灯YG2配... |
| 双管荧光灯 | YG2 | 2.0 | 9. | 0 | 0 | 直管荧光灯 | TLD36W/840 | 36 | 5 | 2 | | | 0 | 6700 | 荧光灯YG2配... |

计算结果
最大/小值 529.97 118.06
平均值 367.89
工作区均匀度 0.71670
功率密度 10.0742
折算功率密度 8.21512

绘制设置

| 序号 | 1 | 2 | 3 | 4 | 5 | 6 | 7 |
|---|---|---|---|---|---|---|---|
| 照度 | 170 | 230 | 290 | 350 | 410 | 470 | 530 |
| 颜色 | | | | | | | |

图6-3-34 方案3计算结果

# 7

## 室内各功能空间照明设计

# 7 室内各功能空间照明设计

## 第一节 居住空间照明

住宅是人们居住生活的主要空间，其环境质量直接影响人们的生活质量。随着经济的发展和人们居住条件的改善，过去简单的照明方式已不能满足人们对于住宅空间物质功能和精神功能等多层面要求。所以，一方面，需要通过改变光源的性质、位置、颜色和强度等技术手段，来满足空间的功能性照明要求。另一方面，还需要利用灯具的造型、材质和色彩与家具及其他陈设进行密切配合，迎合室内空间的设计风格，来进一步改善居住环境的质量，努力创造丰富多样而又舒适和谐的照明环境与气氛。

通常，住宅室内照明设计从实用、舒适、安全、经济等四个方面关注室内照明质量。

## 一、居住空间照明的总体要求

### 1.满足各项功能的照度

在住宅空间中的照明设计要保证人们饮食起居、文化娱乐、工作学习、家务劳动、迎宾待客等活动的正常进行，所以，住宅照明设计要充分考虑居家活动的多样性，相应活动性质决定住宅中各空间的功能各有不同，应根据不同空间的具体功能要求来设计照度。住宅照明应考虑不同年龄段的人的需求，一般老年人由于视力的减退，需要的照度较高，其次是中年人，年轻人要求的相对低一些。

住宅建筑照明标准值如表 7-1-1 所示。住宅建筑每户照明功率密度限值如表 7-1-2 所示。住宅空间中的照明状况如图 7-1-1 和图 7-1-2 所示。

### 2.适当的亮度分布

住宅空间不仅功能复杂，空间大小差别也较大，要创造一个舒适的光环境，住宅各处的亮度不宜均匀分布。亮度分布均匀会令人感到单调乏味，空间缺乏层次，但也要避免极端的明暗，避免过暗的阴影出现。

同时，过道和走廊不能过于明亮，要注意主要空间和附属空间的亮度平衡和主次关系。一般较小的空间可采用均匀照度，而对于较大的空间，则需要创造照明中的重点，突出中心感。儿童和老年人房间的亮度可适当提高，因为儿童活动的随机性较强，老年人的视力下降比较明显，反应能力较差，活动的灵活性欠佳，需要较强的亮度来保障安全和健康。客厅有较强的亮度能使人心情愉快，方便营造欢乐和谐的气氛（图7-1-3）。卧室的整体亮度可以偏低一些，通过床头灯、落地灯、镜前灯等来提高局部亮度，既可使人感觉宁静、舒适，又能保证诸如阅读、化妆等使用功能。为了休息，卧室中天花板的亮度可以比墙面略暗（图7-1-4）。

表7-1-1 住宅建筑照明标准值

| 类别 | 参考平面及其高度 | | 照度标准值（lx） |
|---|---|---|---|
| 起居室 | 一般活动 | 0.75m水平面 | 100 |
| | 书写、阅读 | | 300 |
| 卧室 | 一般活动 | 0.75m水平面 | 75 |
| | 书写、阅读 | | 150 |
| 餐厅 | 0.75m餐桌面 | | 150 |
| 卫生间 | 0.75m水平面 | | 100 |
| 楼梯间 | 地面 | | 50 |

表7-1-2 住宅建筑每户照明功率密度限值

| 房间或场所 | 照明功率密度（W/m$^2$） | | 对应照度值（lx） |
|---|---|---|---|
| | 现行值 | 目标值 | |
| 起居室 | | | 100 |
| 卧室 | | | 75 |
| 餐厅 | ≤6 | ≤5 | 150 |
| 厨房 | | | 100 |
| 卫生间 | | | 100 |

注：摘自GB50034-2013《建筑照明设计标准》

图7-1-1 住宅空间中餐饮区域照明状况

图7-1-2 住宅空间中休闲区域照明状况

另外，亮度对比要适当。工作区、工作区周围和工作区环境背景之间的亮度对比不宜过大，亮度差别过大会引起不适，易造成眩光，易使人感到疲劳，一般工作区与工作区周围亮度比不超过 4 倍，其亮度比尽量达到最小。

### 3.适当应用光线色调

光线有冷色调、中性色调、暖色调之分。冷色调的光环境适合阅读、家务劳动等活动，暖色调的光环境适合用餐、休闲娱乐等活动。在同样的照度下，浅色格调的空间环境亮度较高，深色格调的空间环境亮度较低，光线的照度和色调应该随空间环境的格调而变。

### 4.利用灯光创造空间和氛围

实践证明，光环境会影响人的情绪，合理应用光源和灯具，可以创造出非常完美的光和影的世界，营造出有助于人们身心健康的室内空间的光色氛围。在灯光照明设计时，既要考虑创造良好的学习、生活环境，又要考虑创造舒适的视觉环境。

### 5.绿色照明

在住宅照明设计中，要注意节能，不宜一律选用耗能较高的白炽灯，应推广使用紧凑型荧光灯和节能

图7-1-3 客厅的亮度分布状况

图7-1-4 卧室的亮度分布状况

型灯具，适当选用调光器。努力控制灯具的数量，避免灯光污染，可选择能灵活地对光源照度进行控制的灯具，以利节能。从经济的角度来讲，住宅照明不仅要考虑在灯光设计及安装上尽可能地减少费用，而且要考虑在长期使用中节约能源，以减少电费开支。

### 6.灯具要既实用又美观

灯具的种类繁多，合理地选择灯具，一方面要满足住宅空间的照明要求，另一方面还要使灯具适合室内空间的体量、风格、形状、色彩、质感等的要求，与空间配合共同体现设计风格和地域特点等，反映人们的审美情趣和品位。( 图 7-1-5、图 7-1-6 )

### 7.电气设施应留有裕度且便于维修

（1）随着人们生活水平的不断提高，家电品种、数量日益增多，在选用进户线截面时，应留有一定的裕度。

（2）灯具的安装位置要适当，最好是人们易达到的高度和位置以方便维修。

（3）选择重量轻、结构简单、易拆装的照明器，当光源需要更换时以便拆装。

（4）安置开关的位置应适当。原则上要在入口处设置房间主要光源的总开关，开关的位置与室内活动的路线相一致。其他照明器的开关，如台灯、地灯等最好设置在灯具周围，方便人操作。

（5）注意灯具使用过程中的安全性，特别是有老年人和儿童的家庭，更应注意照明器具的安全性。照明器具要有足够的保护，避免光源或带电部分外露，灯具的开关等操作部分要与光源保持一定距离，灯具的安装要牢固，摆放的位置要合适，并应考虑它的稳定性及坚固性。

## 二、居住空间照明的常用灯具选择及特点

### 1.光源的选择

住宅照明以选用小功率光源为主。常用的光源有白炽灯、紧凑型荧光灯、环形荧光灯、直管荧光灯、低压卤钨灯等。选择光源时应该考虑照度的高低、点灯时间的长短、开关的频繁程度、光色和显色以及光

图7-1-5 与室内设计风格相得益彰的灯具

图7-1-6 与空间配合得当的灯具设计

表7-1-3 住宅空间的光源选择

| 房间名称 | 照明要求 | 适用光源 |
|---|---|---|
| 卧室 | 暖色调、低照度，需要宁静、甜蜜、温馨等气氛，在卧室内长时间阅读书写时则要求高照度 | 白炽灯作全面照明，台灯可用紧凑型荧光灯 |
| 客厅 | 明亮、高照度，连续点灯时间长 | 紧凑型荧光灯、环形荧光灯、直管荧光灯 |
| 客厅 | 要求较高的艺术装修和豪华的场所 | 白炽灯的花灯、台灯、壁灯，重点照明用低压卤钨灯 |
| 梳妆台 | 暖色光、显色性较好，善于表现人的肌肤和面貌，照度要求较高 | 白炽灯为主 |
| 门厅 | 亮度高，连续点灯时间长，有节能要求 | 紧凑型荧光灯 |
| 餐厅 | 以暖色调为主，显色性较好，能增加食物色泽，增进食欲 | 白炽灯为主 |
| 书房 | 书写及阅读要求高，照度以局部照明为主 | 紧凑型荧光灯 |
| 浴室、厕所 | 光线柔和，灯泡开关次数频繁 | 白炽灯 |
| 楼梯间、储藏间 | 照度要求较低，开关频繁 | 白炽灯为主 |

源的形状、节能效果等。人们可以根据自己的性格爱好，以及生活和工作的特点来选择光色，但挑选时首先必须考虑要与室内以家具、墙面、地面为中心的色彩基调相配合。（表 7-1-3）

（1）荧光灯及紧凑型荧光灯。

光源特点：光线近似日光，光视效能较高，光色优越，显色性好，属扩散性光源，光线柔和，使用寿命也比白炽灯高得多，缺点是价格较高，长期在荧光灯下工作容易感到疲倦，气温过低时难以点燃等。适用场所：

①特别适用于高照明的一般照明。

②开关不频繁，连续点灯时间长的场所，如客厅的照明，家庭娱乐场所的照明。

③紧凑型荧光灯适合于书桌台作局部照明。

④直管荧光灯还可作厨房的局部照明、浴室梳妆照明等，因为其在家庭使用时尺寸受到一定限制。

（2）白炽灯。

光源特点：光线明亮，暖色调，被照物逼真，观看物体时基本上没有色差，显色性好，便于调光，允许频繁开关不影响寿命，灯泡造型美观，价格低廉，适用于家庭的工作，重点和装饰各类照明的应用，安

装和使用都比较简便。缺点是耗电量大，光视效能较低，使用寿命较短。通常，在住宅照明中，应考虑节能的要求，尤其是连续点灯时间较长的场所，最好不要用耗能高的白炽灯，而采用紧凑型荧光灯，以利节能。适用场所：

①有丰富的黄红光成分，显色性优越，照射到食物上色泽鲜美，可增进食欲，适用于餐厅照明。

②暖色调，能增加人的肌肤美，可用于梳妆照明、浴室照明。

③在低照度区使用暖色光源：感觉舒适，环境也显得宁静、亲切、温馨，适用于卧室照明。

④灯的体积小易于控光，适用于各类装饰照明。

⑤便于调光，改变环境照度和气氛，实现多功能照明，如看电视、音乐欣赏等。在门厅、会客厅等处采用白炽灯照明，以暖色调为主，会使环境空间显得热烈，营造出主人热情好客的气氛。

⑥适用于照明频繁开关的场所，如厨房、厕所、浴室、走廊、门厅、楼梯间、储藏室等。

（3）低压卤钨灯。

光源特点：光线鲜明、白光、富凝聚性、显色性优越、老化时不会变黑、明亮。尺寸紧凑可作导轨灯。

比白炽灯效率高、寿命长，便于调光。适用场所：

①作重点照明、局部工作照明以及装饰用照明，如壁画、展示品等的照明。

②导轨灯调节灵活、使用方便，适用于需调节照明的场所。

## 2.灯具的选择

灯具在室内起着重要的装饰作用，因此，在选择灯具时应符合室内空间的用途和格调，要与室内空间的体量和形状相协调。也就是说，灯具的选择，除了要根据各人的喜好外，还得结合房间的总体设计。住宅空间中灯具的选择应遵守以下 6 项原则：

（1）简约的原则。灯饰在房间中应起到画龙点睛的作用，过于复杂的造型、过于繁杂的花色，均不适宜设计简洁的房间。

（2）方便的原则。选择灯具时，要考虑便于维修和更换灯泡。

（3）节能的原则。节能灯泡既省电，照度又好，也不散发热量。适用于多头灯具。

（4）安全的原则。一定要选择正规厂家生产的灯具，保证使用安全。

（5）功能的原则。不同使用功能的房间，应安装不同款式、不同功能的灯具。

（6)协调的原则。灯饰与房间的整体风格要协调。同一房间的多盏灯具，应保持色彩与造型的协调。灯具的大小还应当与居室面积以及家具、室内陈设等的大小相协调。一般来说，10 m² 左右的房间宜选用直径为 200 mm 的吸顶灯或单火吊灯；15 m² 左右的房间宜选用直径为 300 mm 的吸顶灯或单火吊灯，如果采用多叉吊灯，应以小型吊灯为好；20 m² 以上的较大房间，则可选用多叉花饰吊灯，但客卧兼用的房间，还是选用单火吊灯为好。

壁灯的尺寸应结合墙面大小、房间大小、主灯大小等加以考虑。一般来说，10 m² 左右的房间应选用高 250 mm、灯罩直径为 90 mm 的壁灯；再大一些的房间可选用双火壁灯。台灯的大小，应根据写字台台面的大小而定，如台面小而台灯过大，既不相称，也不便于工作，床柜台灯的大小也应视房间的大小而定。

## 三、居住空间照明设计

住宅照明有一般照明（主体照明）与局部照明之分。前者是作为整个房间的照明，为主体照明，要求明亮、舒适、照度均匀。后者作为房间内局部范围的照明，直接装设在工作面附近，照明要求有足够的光线和合适的位置并避免眩光。

## 1.客厅

客厅是居家生活的中心，也是待人接物的场所，因为在其中的活动内容较为丰富，故功能较其他空间复杂。客厅的照明设计应具有多功能性，照明方式及亮度要适应使用目的，还应考虑它的多变性，一方面应该符合家人休息、交流、阅读、游戏、观赏影视作品、欣赏音乐等活动的要求；另一方面还要满足招待宾客、人际交往、对外展示主人格调和个性的要求。

客厅照明需设多用途、高灵活的照明系统，应将全面照明、工作照明和装饰照明结合起来。首先应考虑设置一般照明，或能够强调空间统一及中心感的照明方式，并使整个房间在一定程度上明亮起来。另外根据功能分区及要求设置局部照明和陈设照明（如台灯、地灯、陈设柜内照明、壁灯、照亮墙上画面的镜灯），以丰富空间内光环境的层次感，改善空间内的明暗关系。创造照明方式的多变性及多种组合方式，以适应不同的功能要求。

（1）客厅中一般照明的布灯。

一般照明灯具通常安装在房间的天花板中央，用吸顶灯或吊灯，离地 2 m 以上。一般采用直接-间接型照明，以增加顶棚和空间的亮度。它虽不作为工作或学习之用，但因其位置比较高，照明的空间又比较大，所以应选用功率大一些的灯泡（管）。以 15 m² 的房间为例，白炽灯一般可用 20~60 W，荧光灯一般可用 36 W。

①顶棚吊灯与吸顶灯。房间高度较低时( <2.7 m )宜采用吸顶灯，较高时可采用吊灯。灯具应保证有上射的光，不宜使用全部向下反射的直射型灯具，以免顶棚过于阴暗。

②镶嵌式灯具。采用这种灯具照明会使室内空间显得宽阔，在客厅内与吸顶灯、壁灯配合使用，通过

不同灯具的组合，可以实现多种功能的照明，形成不同的光照环境。

③装饰性花吊灯。对于面积较大的客厅，室内设计标准较高，同时也会强调照明灯具的艺术性，并要求与室内其他陈设（家具、织物、工艺品等）融为一体，共同表现出家居主人的品位与修养。因此，在客厅内常采用装饰性花吊灯。它能够使空间亮度变高，营造出空间的豪华气氛。这种装饰性花吊灯一般安装在房间的中央。花吊灯灯头的数量及托架尺寸与房间大小有关。

（2）客厅中局部照明的布灯。

①沙发阅读照明。在沙发上阅读书报时一般设置落地式柱灯照明，照度一般为300~500 lx，灯罩的高度不能过高或过低，以免产生不适的感觉。为了方便阅读，落地灯的高度应能自由调节，并且不低于读者的眼睛。

②台灯。台灯一般放置在低柜、小桌或者茶几上，除了提供局部照明外还起到装饰陈设的作用，通过材质、造型、光色等与周边环境呼应，烘托客厅氛围。

③局部照明灯。局部照明灯多起到装饰照明的作用，可以采用筒灯、射灯等照射客厅中的装饰挂画、装饰雕塑、艺术插花等陈设品（图7-1-7），还可以通过灯具和照明来装饰空间（图7-1-8）。一般照明、局部照明、装饰照明有机结合的空间布置如图7-1-9所示。

## 2.卧室

卧室是休息和睡眠的场所，所以应选用可以创造安静柔和的光环境效果的照明器及照明方式。如果卧室不兼作其他功能使用，可以不设置顶部照明，以避免在卧床时光源进入人的视觉范围而产生眩光。如设置顶部照明，应选用眩光少的深罩型或乳白色半透明型灯具，并且不要设置在人卧床时头部的上方。在床头可设计台灯、壁灯或落地灯，便于人在卧床时进行阅读及对床周围环境的照明，也有助于营造出宁静、温柔的氛围。床头照明最好的高度是灯罩的底部与人的眼睛在一个水平面上。

卧室不一定要求有很高的亮度，但局部要根据功能需要达到足够的照度，光源要以暖光源为主，这样

图7-1-7 局部照明占主导地位的餐厅

图7-1-8 通过灯具和照明强调空间的仪式感和向心性

图7-1-9 一般照明、局部照明、装饰照明有机结合的空间布置的客厅

图7-1-10 清新亮丽的卧室照明设计风格

图7-1-11 典雅端庄的卧室照明设计风格

可以创造出温馨的气氛，不宜采用荧光灯或紧凑型荧光灯，可以采用可调光的灯具或设置地角灯方便夜间使用，开关应设置在床头等方便触摸的地方。灯具的造型和色彩也要迎合恬静、安宁的气氛。（图 7-1-10、图 7-1-11）

### 3.餐厅与厨房

餐厅内照明应采用局部照明和一般照明相结合的方式。局部照明要采用直接照明方式的灯具，并悬挂在餐桌上方，以突出餐桌表面为目的，这种照明有中心感，气氛亲切、和睦。灯具距桌面常为 0.8~1.2 m。局部照明灯具内多选用白炽灯作为电光源，其显色性好，红色光成分多，能使菜肴的色泽看起来美观，增进人的食欲，灯泡功率多为 100 W。一般照明的目的是使整个房间明亮起来，减少明暗对比，以创造清洁感。对于有吊顶的餐厅，应考虑安装一定数量的筒灯作为辅助照明。较大的餐厅也可安装壁灯，以减少人的面部阴影。通常空间大、人多时照度宜高些，以增加热烈的气氛，空间小、人少时照度低些，以形成优雅、亲切的环境。

在餐厅附近设置家庭吧台作为浅饮小酌之地时，可在局部设置筒灯、射灯给予单独照明。

厨房是一般照明，宜选用显色性较高的白炽灯光源，以使操作者能对菜肴的色泽做出准确的判断，

灯具应选用容易清除油垢的材料作为保护罩，灯具同时还应具有防尘、防水、耐腐蚀的性能，最好为吸顶式，以节省空间且避免眩光的产生。厨房操作主要是切菜、烹调、洗碗等，宜采用局部照明，一般设在操作台上方、吊柜或抽油烟机的下方。在吊柜装修制作时可在其下方设一个夹层，把灯具嵌入夹层内，目前市场上的抽油烟机往往自带灯具用来照射烹调区域。餐厅、厨房的照度常在 100~150 lx。（图 7-1-12、图 7-1-13）

### 4.书房

书房是进行阅读、学习、写作等视觉工作的场所，环境要求高雅幽静，且具有浓厚的书香气，在布光时要协调一般照明和局部照明的关系。一般总体照明不宜过亮，照度在 100 lx 左右即可，光线要柔和明亮，避免眩光，以便使人的注意力有效地集中到局部照明作用的环境中去，有利于人们精力充沛地学习和工作，书房的主体照明光源可选用荧光灯或筒灯。局部照明与一般照明的明暗对比不宜过于强烈，以免因长时间的工作而产生视觉疲劳。局部照明应根据人的活动方式及家具的布局来设置，并要考虑眩光的因素。一般用台灯或其他可任意调节方向的局部照明灯具，有时也可采用壁灯，安装的位置均在书桌的左上方，以利于阅读和写作等视觉工作。局部照明的照度为

图7-1-12 餐厅照明设计

300~500 lx。书房中的局部照明也包括用于照射墙面挂画等陈设品或书橱内书籍及摆件的筒灯或导轨式照明。（图 7-1-14、图 7-1-15）

### 5.卫生间与浴室

卫生间与浴室具有洗浴、梳妆、如厕等功能，是一个放松身心的场所。室内一般照明器的安装位置不应使人的前方有过大的自身阴影，同时应选用暖色光源，创造出温暖的环境气氛。灯具避免安装在浴缸上面，要选用防水型灯具，一般吸顶安装或吸壁安装。卫生间是使用较频繁的场所，所以适用 40~60 W 的白炽灯，灯具玻璃可采用磨砂或乳白玻璃。

根据功能要求，可在洗面盆与镜面附近设置局部照明灯具，使人的面部能有充足的照度，方便梳妆。梳妆照明灯具多安装在镜子上方，在视野 60°立体角以外，灯光多直接照到人的面部，而不应照向镜面，以免产生眩光。梳妆镜内看到的人像距离面部为两倍的实际距离，因此要求有较高的照度，光色和显色性也应较好，因此，镜前灯多采用乳白玻璃罩的浸射型灯，通常为 60 W 白炽灯泡（荧光灯为 36 W）。若洗面盆上方装有镜子，可在镜子上方或一侧装设一盏全封闭罩式防潮灯具。卫生间的照明还要能显示环境的卫生与整洁，灯的开关安装于卫生间的外面，并采用带指示灯的开关，以表示灯的工作状态。（图 7-1-16、图 7-1-17）

图7-1-13 厨房照明设计

图7-1-14 书房照明设计一

图7-1-15 书房照明设计二

图7-1-16 卫生间照明设计一

图7-1-17 卫生间照明设计二

### 6.其他

（1）门厅照明。

门厅虽小却是住宅能给人留下第一印象的重要场所，是住宅空间的门面，同时，门厅也是各房间的过渡空间。所以，门厅的设计和照明相当重要。与客厅相比，门厅更加凸显的是"欲扬先抑"中"抑"字的感觉，为了体现这一内涵，灯具多选用低照度小型灯，房间较高时也可采用简洁的小型吊灯等。

（2）走廊和楼梯间照明。

走廊及楼梯间的照明应以满足最基本的功能要求为目的，不要过于强调照明效果或装饰性，以免破坏其他房间的照明效果。走廊和楼梯间的照明灯具应装设在易于维护的地方，要注意避免眩光，光源一般采用白炽灯，并设节能定时开关或双控开关。（图7-1-18）

（3）儿童房的照明。

儿童房是儿童休息、学习和游戏的场所。儿童房的照明要体现儿童生理和心理特点，要有足够的亮度，光源采用白炽灯或高显色性荧光灯。通常，明快活泼的色彩是儿童房的特点，在配选光源时也可以根据不同的需要，设置色彩各异的光源产品。照明灯具

的造型要新颖、活泼、时尚、安全，尽量避免使用玻璃、金属等具有安全隐患的灯具，要能够促进自立精神的培养，有利于个性人品的发挥，启智利学，利于身心健康。

儿童的特点是好动、富于想象、好奇心强，因此照明灯具和室内的各种电器、插座等要绝对安全，必须符合国家相关标准的要求。（图7-1-19、图7-1-20）

## 第二节  学校空间照明

在学校建筑中，室内空间类型较多，包括教学楼、图书馆、宿舍、活动中心、体育中心、食堂、文化交流中心等，其中，学校照明中最具特点的空间是教学楼和图书馆的室内空间。学校照明的目的就是创造一个良好的光环境，为学校教育的视觉工作提供保障，满足学生和教师的视觉作业要求，保护视力，提高教学和学习效率。

学校以白天教学为主，也应考虑晚间上课和自习活动的照明需要，所以，教室除自然采光外，还必须设置人工照明。这些照明设备按分区进行开关控制，

使之有效地补充自然采光的不足。在晴天时，由于直射阳光照进教室，为保护视力健康，应设置窗帘或百叶帘等。学校照明除应满足视觉作业要求外，还要做到安全、可靠、方便维护与检修，并与环境协调一致。

# 一、 教学楼照明

## 1.教室照明的基本要求

　　教学楼照明中最主要的是教室照明，一般教学形式分为正式教学和交互式教学，正式教学主要是教师与学生之间的交流，即教师看教案、观察学生、在黑板上书写，学生看书、写字、看黑板上的字与图、注视教师的演示等。交互式教学增加了学生之间的交流，学生之间应能互相看清各自的表情等。目前，教学中也较多采用投影等教学形式，学校以白天教学为主，有效地利用自然采光以利节能，因此，教室照明的基本要求有：满足学生看书、写字、绘画等要求，保证视觉目标水平和垂直照度要求；满足学生之间面对面交流的要求，亮度的分布要合理；要引导学生把注意力集中到教学或演示区域，创造舒适的视觉照明环境。照明控制应适应不同的演示和教学情景，并考虑自然光的影响；满足显色性，控制眩光，减少光幕反射，保护视力，提高视功能和可见度水平。

　　（1）照度标准。（表 7-2-1、表 7-2-2）

　　（2）亮度分布。

　　教室照明是否均匀、不同区域亮度差是否过大，对学生视觉影响非常大。当眼睛注视一个目标时，便确立了一种适应水平；当眼睛从一个区域转向另一个区域时，就要适应新的水平。如果两个区域亮度水平相差很大，瞳孔则会急骤变化，引起视觉疲劳。视看对象的亮度与环境亮度差别越小，舒适感越好。

　　教室亮度分布的最佳条件如下：

　　①物件的亮度应该等于或稍大于整个视觉环境的亮度。

　　②环境视场中较大面积的亮度不应与工作面亮度差距过大，两者越接近，舒适感越好。

　　③高亮度不宜超过工作面亮度的 5 倍，低亮度最低不得低于工作面亮度的 1/3。

　　④工作物件邻近的那些表面亮度不应超过工作物件本身的亮度，也不应低于工作物件亮度的 1/3。

　　⑤不存在有害的直射眩光和反射眩光。

　　（3）减少光幕反射。

　　光幕反射是在一个漫反射作业上叠加镜面反射的现象，就像给作业蒙上一层光幕，减弱了作业与背景之间的亮度对比，致使部分或全部地看不清作业细节，降低了可见度。我们在看书或写字的时候（尤其是用铅笔写字），常常遇到这种情况。由于印刷油墨是以规则反射为主的材料，如果它将投射到书本的光线大部分朝观察者视线方向反射，就会使字迹或画面的亮度大大提高，冲淡黑字与白纸间的对比，结果看上去一片闪亮，模糊不清，造成视觉干扰，破坏视觉舒适感。

图7-1-18 在顶部、侧墙设置灯具的走廊照明设计

图7-1-19 儿童房照明设计一

图7-1-20 儿童房照明设计二

有调查结果显示,在工作面上85%的人的视角变动范围为0°~40°,而以25°角为最经常。图7-2-1显示,从人眼视线到工作面上一点,由此点做工作面的垂线,垂线前方40°夹角构成的区域上方呈一个正方形,这便是干扰区,在此区域内有亮的光源时便会产生光幕反射。教室布灯方式如图7-2-2所示。

要补偿光幕反射造成的影响,所需的附加照度是很大的。因此,应正确选择布灯的位置和合理的配光灯具,以减少光幕反射作用。为了在工作面上看不到反射光,灯具应布置在工作面两侧或人的后方。为减少光幕反射并提高有效照度,通常不应在干扰区布灯,灯具应选用蝠翼形照明器,灯具布置在教室课桌的侧面,使大部分投到桌面上的光来自非干扰区,以增加有效照明。

（4）控制教室的不舒适眩光。

不舒适眩光是眩光源造成的另一种效应。它虽然不会降低可见度,但会令视觉不适。不舒适眩光与失能眩光经常同时出现。所谓失能眩光是指室内高亮度光源的杂散光投射到视网膜中心窝以外的区域,经过眼球的扩散笼罩在视网膜的物像上形成的。它使物像模糊不清,因而降低了作业可见度。

应注意减少失能眩光与瞬时适应对视功能的影响。瞬时适应效应是指视线扫视作业周围环境时,人眼为适应环境中具有不同亮度的部分而发生的相对对比灵敏度的短暂损失。这种情况在教室中经常遇到,频繁的瞬时适应会加速视觉疲劳、降低视觉功效。为此,在教室内不允许使用露明荧光灯,如盒式荧光灯,因为它会造成严重的失能眩光。由于人眼睛经常扫视周围环境,为降低瞬时适应造成的视觉疲劳,应减少周围环境亮度与工作面亮度的差距,两者亮度越一致,瞬时适应造成的影响就越小。

## 2.光源与灯具的选择

（1）光源的选择。

教室照明推荐采用稀土三基色荧光粉的直管荧光灯,其具有显色性好、光效高、照度均匀度良好、寿命长等特点,易于满足显色性、照度水平及节能的要求。普通教室可用T8直管型荧光灯。有条件的可采用T5直管荧光灯,色温在4500~6000 K,具有明亮略带一点温暖感的气氛。

（2）灯具的选择。

①普通教室不宜采用无罩的直射灯具及盒式荧光灯具,宜选用有一定保护角,效率不低于75%的开启式配照型灯具。

②有要求或有条件的教室可采用带格栅（格片）或带漫射罩型灯具,其灯具效率不宜低于60%。

③宜采用具有蝙蝠翼式光强分布特性的灯具,一般有较大的遮光角,光输出扩散性好,布灯间距大,照度均匀,能有效地限制眩光和光幕反射,有利于改善教室的照明质量,并利于节能。（图7-2-3、图7-2-4）

④不宜采用带有高亮度或全镜面控光罩（如格片、格栅）类灯具,宜采用低亮度漫射或半镜面控光罩（如格片、格栅）类灯具。

表7-2-1 室内工作场所照明学校、图书馆部分

| 室内作业或活动种类 | 照度标准值（lx） | 眩光指数（UGR） | 显色指数（Ra） | 备注 |
|---|---|---|---|---|
| **教育建筑** | | | | |
| 幼儿园房间 | 300 | 19 | 80 | |
| 托儿所教室 | 300 | 19 | 80 | |
| 托儿所手工室 | 300 | 19 | 80 | |
| 教室 | 300 | 19 | 80 | 必须可控光 |
| 夜校教室、成人教育教室 | 500 | 19 | 80 | |
| 讲座厅 | 500 | 19 | 80 | 必须可控光 |
| 黑板 | 500 | 19 | 80 | 防止镜面反射 |
| 示范桌 | 500 | 19 | 80 | 在讲座厅750lx |
| 艺术、手工教室 | 500 | 19 | 80 | |
| 艺术学校艺术室 | 750 | 19 | 90 | $T_{cp} > 5000K$ |
| 工程制图室 | 750 | 16 | 80 | |
| 实践室、实验室 | 500 | 19 | 80 | |
| 教学实习工场 | 500 | 19 | 80 | |
| 音乐练习室 | 300 | 19 | 80 | |
| 计算机上机室 | 500 | 19 | 80 | |
| 语言实验室 | 300 | 19 | 80 | |
| 准备室、讨论室 | 500 | 22 | 80 | |
| 学生公共室、集合厅 | 200 | 22 | 80 | |
| 教师办公室 | 300 | 22 | 80 | |
| **图书馆** | | | | |
| 书架 | 200 | 19 | 80 | |
| 阅读区域 | 500 | 19 | 80 | |
| 柜台 | 500 | 19 | 80 | |

注：摘自CIE S008-2001《国际照明委员会照明标准》中的室内工作场所照明部分

表7-2-2 教育建筑照明功率密度限值

| 房间或场所 | 照明功率密度值（W/m²） | | 对应照度值（lx） |
|---|---|---|---|
| | 现行值 | 目标值 | |
| 教室、阅览室 | ≤9 | ≤8 | 300 |
| 实验室 | ≤9 | ≤8 | 300 |
| 美术教室 | ≤15 | ≤13.5 | 500 |
| 多媒体教室 | ≤9 | ≤8 | 300 |

注：摘自GB 50034-2013《建筑照明设计标准》

⑤如果教室空间较高，顶棚反射比高，可以采用悬挂间接或半间接照明灯具，该类灯具除向下照射外，还有更多的光投射到顶棚，形成间接照明，营造更加舒适宜人的光环境。如果教室有吊顶，一般采用嵌入式或吸顶式灯具。

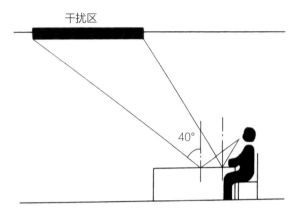

图7-2-1 光幕反射的干扰区

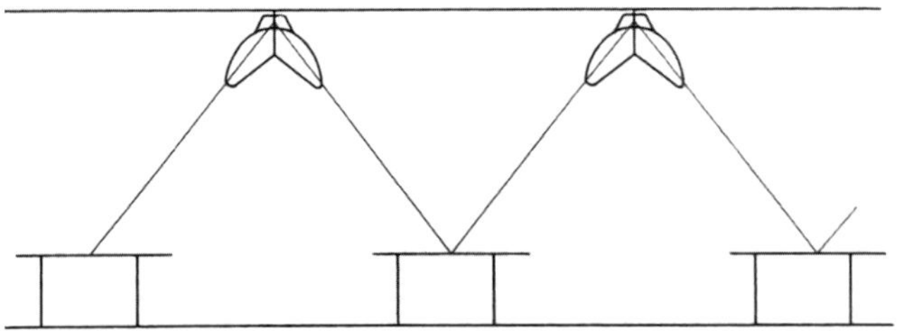

图7-2-2 教室布光方式

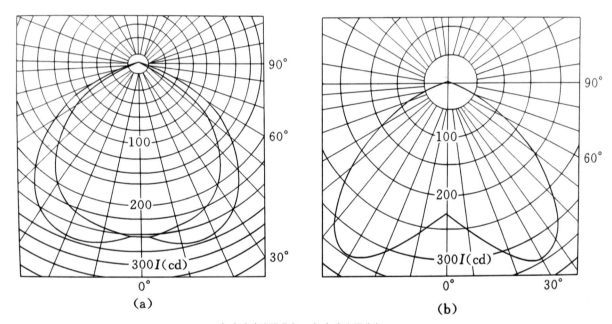

（a）中宽光强分布；（b）宽光强分布

图7-2-3 蝙蝠翼式光强分布特性灯具的光强分布

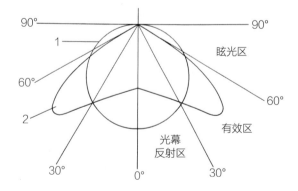

1为余弦光强分布；2为蝙蝠翼式光强分布

图7-2-4 蝙蝠翼式光强分布特性灯具与余弦光强分布特性灯具的性能对比

### 3.教室照明对室内装修的要求

（1）室内各表面的反光比。

室内照度主要是由光源决定的，但也有相当比例是由周围环境的反光决定的，室内各表面的反射光会调节整个光环境，使室内光照均匀，气氛稳重、安静。因此，教室、阅览室内各界面的表面应采用反射比高的浅色、无光泽的装修材料进行装修。（表7-2-3）

表7-2-3 教室内各表面反射系数值

| 表面名称 | 反射系数（％） | 表面名称 | 反射系数（％） |
|---|---|---|---|
| 顶棚 | 70~80 | 侧墙、后墙 | 70 |
| 前墙 | 50~60 | 课桌面 | 35~50 |
| 地面 | 20~30 | 黑板面 | 15~20 |

（2）室内各界面的表面颜色。

教室内的色彩安排通常遵循这样的规律：高年级教室宜用庄重的色调，低年级教室宜选用活泼欢快的色调。安装黑板的墙面颜色应降低黑板与墙面的对比，减少对学生眼睛的刺激。绘画教室不宜采用彩色墙面，以免光线反射降低颜色识别的准确度或造成识别困难，绘画教室的墙面应选用中性色、白色或灰色。无论任何颜色，教室均应选用无光饰面，要求环境明快、色调协调、气氛庄重。

①顶棚：白色。

②墙面：高年级教室为浅蓝、浅绿、白色等；低年级教室为浅黄、浅粉色等；成人用教室为白色、浅绿色等。

③地面：当人俯在桌上工作时，地面就是视线内的第二背景，因此，地板面应尽可能明快些。地板可采用浅色的材料，或用木质的本色以及其他不刺眼、耐脏的颜色。

④黑板：颜色应浅到与其背景相协调，暗得能使粉笔字十分清晰。无光的墨绿色、浅灰色黑板较为理想，可以保证既能看清字迹又能保护视力。

### 4.普通教室照明

最亮的点或面通常最引人注意，在照明设计中。

为确保学生集中注意力，桌面和黑板的亮度应为最高，教室照明通常由对课桌的一般照明和对黑板的局部照明组成。

（1）教室一般照明。

①普通教室课桌呈规律性排列，宜采用顶棚上均匀布灯的一般照明方式。为减少眩光区和光幕反射区，荧光灯具宜纵向布置，即灯具的长轴平行于学生的主视线，并与黑板垂直。如果灯具横向配光良好，能有效控制眩光，灯具保护角较大，灯具表面亮度与顶棚表面差距不大，灯具排列也可与黑板平行。

②教室照明灯具如能布置在两侧墙面上空，使课桌形成侧面或两侧面来光，照明效果更好。

③为保证照度均匀度，布灯方案距高比（$L/h$）不能大于所选用灯具的最大允许距高比。如果满足不了上述条件，可调整布灯间距 $L$ 与灯具挂高 $h$，以增加灯具、重新布灯或更换灯具来满足要求。

④灯具安装高度对照明效果有一定影响。当灯具安装高度增加，照度下降，安装高度降低，眩光影响增加，均匀度下降，灯距地面高宜为 2.5~2.9 m，距课桌面宜为 1.7~2.1 m。

⑤教师照明的控制宜平行外窗方向顺序设置开关（黑板照明开关应单独装设）。有投影屏幕时，在接近投影屏幕处的照明应能独立关闭。

（2）黑板照明。

教室内如果仅设置一般照明灯具，黑板上的垂直照度很低，均匀度差，因此对黑板应设专用灯具照明，其照明要求如下：

①宜采用有非对称光强分布特性的专用灯具，其光强分布如图 7-2-5。灯具在学生侧，保护角宜大于 40°，使学生不感到直接眩光。

②黑板照明不应对教师产生直接眩光，也不应对学生产生反射眩光。在设计时，应合理安排灯具的安装高度及与黑板墙面的距离。图 7-2-6 显示了教师、学生、黑板与灯具之间的关系。黑板照明灯具通常有三种安装方式，分别为嵌入式、吊装式和壁装式，可根据具体情况进行选择。

### 5.专用教室照明

（1）阶梯教室（合班教室或报告厅）照明。

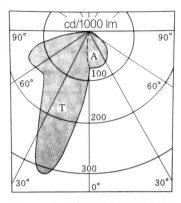

图7-2-5 非对称光强分布特征的专用灯具的光强分布

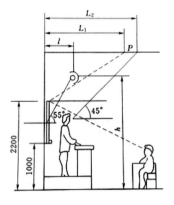

图7-2-6 教室、学生、黑板与灯具之间的关系

①阶梯教室内灯具数量多，眩光干扰增大，宜选用限制眩光性能较好的灯具，如带格栅或带漫反射板（罩）型灯具、保护角较大的开启式灯具。有条件时还可结合顶棚建筑装修对眩光较大的照明灯具做隐蔽处理。阶梯教室灯具布置示意图如图 7-2-7 所示，其眩光控制如图 7-2-8 所示。

②为降低光幕反射及眩光影响，推荐采用光带（连续或不连续）及多管块形布灯方案，不推荐单管灯具方案。

③灯具宜采用吸顶或嵌入方式安装。当采用吊挂安装方式时，应注意前排灯具的安装高度不应遮挡后排学生的视线及产生直接眩光，也不应影响投影等放映效果。

④当阶梯教室是单侧采光或窗外有遮阳设施时，即使是白天，天然采光也不够。教室内需辅以人工照明做恒定调节。教室深处与近窗口处对人工照明的要求是不同的。为改善教室内的亮度分布，便于人工照明的恒定调节与节能，宜分别控制教室深处及靠近窗口处的灯具。

⑤阶梯教室一般设有上下两层黑板（上下交替滑动），由于两层黑板高度较高，仅设一组普通黑板专用灯很难达到照度及均匀度的要求。一种方案是采用较大功率专用灯具，一种方案是上下两层黑板采用两组普通黑板专用灯具分别照明。为改善黑板照明的照度，可对两组灯具内的光源容量做不同的配置。上层黑板专用灯具内的光源容量宜为下层光源容量的

1/2~3/4。

⑥阶梯教室内，当黑板设有专用照明时，投影设置的位置宜与黑板分开，一般可置于黑板旁边，当放映时，同时也可打开黑板照明。为减少黑板照明对投影效果的影响，投影应尽量远离黑板照明区并应与地面有一倾角。

⑦为方便幻灯、投影和电影的放映，宜在讲台和放映处对室内照明进行控制。有条件时，可对一般照明的局部或全部实现调光控制。

（2）计算机教室照明（图7-2-9、图7-2-10）。

要避免在视觉显示屏上出现灯具、窗等高亮度光源的影像，可采用以下措施抑制：

①选用适宜的灯具。应具有在其下垂线 50°角且以上区域内的亮度不大于 200 cd/m² 的灯具，如图 7-2-9，具有蝙蝠翼式光强分布特性的灯具。图 7-2-9 中，$a=50°$ 为灯具亮度限制角，$b=45°$ 为直接眩光限制角，$c=20°$ 为屏幕向上仰角。由于限制了灯具在 $a=50°$ 以上区域的亮度，所示屏幕上不会产生反射眩光和影像，操作员也不会感到直接眩光。

对于计算机教室等有眩光限制的场所，采用二次反光原理设计的太空灯盘，光线亮而不刺眼，是最理想的选择。

②合理布置屏幕、高亮度光源（灯具、采光的窗与门等）和操作人之间的相对位置，应使操作人看屏幕时，不处在或接近高亮度光源在屏幕的镜面反射角上。

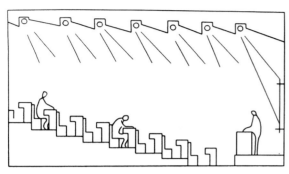

图7-2-7 阶梯教室照明灯具布置示意图

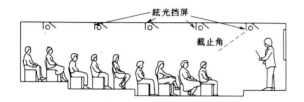

图7-2-8 阶梯教室照明的眩光控制

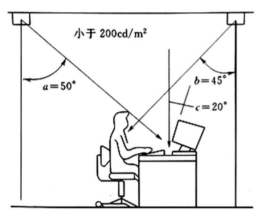

图7-2-9 计算机教室照明

图7-2-10 计算机教室照明实景

（3）绘画、工艺美术等教室照明。

通常，朝北的天窗采光是最好的照明，人工照明的效果应与自然采光照明相似，因此，绘画、工艺美术等教室应选用显色性好的光源。有条件时，可增设部分导轨投光灯具，增加使用的灵活性，并可用作重点照明。为了更逼真地显示物体，宜选用高显色光源，采用间接照明将物体的阴影真实地表现出来。

（4）实验室照明。

实验室会根据使用人员、实验内容的不同，进行不同的区域划分，并且，现在大部分实验室中都会配有电脑，因此建议采用混合照明的方式。利用间接型或半直接型灯具进行一般照明，创造明亮宜人的环境，同时，实验室宜在实验台上或需要仔细观察、记录处增设局部照明。这样，可以有效地避免由于位置变动而产生的各种眩光。（图 7-2-11）

（5）多媒体、语音教室照明。

多媒体教室要满足垂直照度的要求，在接近投影屏幕处的一般照明应能独立关闭，以便学生在可以看清屏幕的同时不影响正常的视觉需求。在有电视教学的报告厅、大教室等场所，多采用混合照明方式，并设置适当的控制点，其中，一般照明宜采用调光照明方式以满足不同功能的需要，同时应设置供记录笔记用的照明（如设置局部照明），还应该设置安全出口标志照明。地面应该设置接线盒，以方便提供临时移动设备或照明的电源。（图 7-2-12）

电化教室的照度要比普通教室提高 1.3~1.6 倍。语音教室的照度要比普通教室提高 1.3~1.5 倍。

（6）幼儿教室照明（图 7-2-13）。

幼儿园是儿童接受启蒙教育和学习生活的场所之一，科学合理的照明能营造充满活力的气氛，有利于儿童身心健康。幼儿教室的一般照明宜选用荧光灯，可以吸顶装，也可以简式吊装，为减少眩光还可以选用格栅灯具，并将荧光灯的纵轴与教室的窗户平行布置。

幼儿教室的室内照度一般在 200lx 左右，在不需要注目看东西或适用于游戏的房间，室内照度可以降到 100lx 左右，适合用暖色调光源以渲染活跃欢乐的气氛。

图7-2-11 实验室照明实景

图7-2-12 语音教室照明实景

图7-2-13 儿童教室照明实景

由于幼儿好动，喜欢东摸西摸，因此灯具与电源插座都应安装在1.8 m以上，对于只能安装在1.8 m以下的灯具必须有接地措施，要求灯体坚固，这样儿童的手指无法伸进灯具内接触带电部件，并尽可能用安全电压（36 V以下）点灯。

## 二、图书馆照明

### 1.一般要求（图7-2-14、图7-2-15）

（1）在图书馆中进行的视觉作业主要是阅读、查找藏书等，照明设计除应满足照度标准外，还应努力提高照明质量，尤其要注意降低眩光和光幕反射。

（2）阅览室、书库装灯数量多，设计时应从灯具、照明方式、控制方案与设备、管理维护等方面考虑采取节能措施。

（3）重要图书馆应设置应急照明、值班照明或警卫照明。应急照明、值班照明或警卫照明宜为一般照明的一部分，并应单独控制。值班照明或警卫照明也可利用应急照明的一部分或者全部。

（4）图书馆内的公用照明与工作（办公）区照明宜分开配电和控制。

（5）对灯具、照明设备选型、安装、布置等方面应注意安全、防火。

图7-2-14 图书馆照明设计一

图7-2-15 图书馆照明设计二

## 2.阅览室照明

（1）照明方式。

阅览室可采用一般照明方式或混合照明方式。面积较大的阅览室宜采用分区一般照明或混合照明方式。图书阅览室应按照 200~750 lx 的照度设计，同时要求避免扩散光产生的阴影，光线要充足，不能有眩光，应该尽量减少书面和背景的亮度比。在阅览室要使书面的照度达到 300~1500 lx，这时可用台灯补充照明。阅览室照明方式如图 7-2-16 所示，其实景如图 7-2-17 和图 7-2-18 所示。

当采用分区一般照明方式时，非阅览区的照度一般可为阅览区桌面平均照度的 1/3~1/2。

（2）光源与灯具选择。

①光源的选择。阅览室宜采用荧光灯照明，应注意选择优质电子镇流器或低噪声节能型电感镇流器，要求更高的场所宜将电感镇流器移至室外集中设置，防止镇流器产生噪声干扰。

②灯具的选择。

③宜选用限制眩光性能好的开启式灯具、带格栅或带漫射罩、漫射板等型的灯具。

④灯具格栅及反射器宜选用半镜面、低亮度材料。

⑤宜选用蝙蝠翼式光强分布特性的灯具。

⑥选用的灯具造型及色彩应与室内设计风格相协调。

（3）灯具布置。

①灯具不应布置在干扰区（容易在作业面上产生光幕反射的区域）内，以避免产生光幕反射。

灯具通常布置在阅读者的两侧（单侧时宜为左侧），对桌面形成两侧（或左侧）投射光，效果良好。

②为减少直接眩光影响，灯具长边应与阅读者主视线方向平行。一般多与外侧窗平行方向布置。

③面积较大的阅览室，条件允许时，宜采用两管或多管嵌入式荧光灯光带或块形布灯方案，其目的是加大非干扰区，减少顶棚灯具的数量，增加灯具的光输出面积，降低灯具的表面亮度，提高室内照明质量。

④阅览室多采用混合照明方式。阅览桌上的局部照明也宜采用荧光灯。局部照明灯具的位置不宜设置在阅读者的正前方，宜设在左前方，以避免产生严重的光幕反射，提高可见度。

## 3.书库照明

（1）对书库照明的一般要求。

①书库照明中的视觉任务主要发生在垂直表面上，书脊处的垂直照度宜为 200 lx。

②书架之间的行道照明应采用专用灯具，并设单独开关控制。书库设有研究厢时，应在研究厢处增设局部照明。

（2）灯具选择。

①书库照明一般采用间接照明或者具有多出射光的荧光灯具，对于珍贵图书和文物书库选用有过滤紫外线的灯具。

②书架间行道照明的专用灯具宜具有窄配光光强分布特性。（图 7-2-19）

③一般书库灯具安装高度较低，应有一定的限制眩光措施，开启式灯具保护角不宜小于 10°，灯具与图书等易燃物的距离应大于 0.5 m。

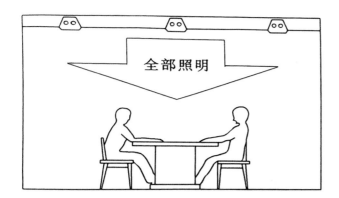

图7-2-16 阅览室照明方式

图7-2-17 阅览室照明设计一

图7-2-18 阅览室照明设计二

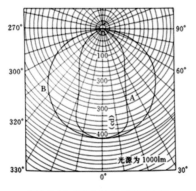

图7-2-19 窄配光光强分布示意图

④书库灯具不宜选用直射光型灯具，否则会在书架上部产生阴影。也不宜采用无罩的直射灯具和镜面反射灯具，因为它能引起光亮书页或光亮印刷字迹的反射，干扰视觉。

（3）灯具安装方式。

书架行道照明专用灯具一般安装在书架间行道上空，具有较大的灵活性，但应采取必要的电器安全防护及防火措施，为了便于管理与节能，书架通道照明应设独立开关，书库两端也有通道时，宜设双控开关，书库楼道照明也宜设双控开关。

**4.借阅处照明**

一般图书馆是将目录室设于借阅室或阅览室内，照度要求在 150~200 lx，借阅处可设置前台灯，照度应在 200~300 lx。

# 第三节 工厂空间照明

## 一、工厂照明设计范围及种类

工厂是生产既定产品的场所，一般由厂房，办公及其他附属用房，各类户外装置、站、场、道路等组成：

工产照明设计范围包括室内照明，户外装置照明，站、场照明，地下照明，道路照明，警卫照明，障碍照明等。

室内照明：厂房内部照明及办公等附属用房内部照明。

户外装置照明：为户外各种装置而设置的照明，例如造船厂工业的露天作收场，石油化工企业的釜、罐、反应塔，建材企业的回转窑、皮带通廊，冶金企业的高炉炉体、走梯、平台，动力站的煤气柜，总降压变电站的户外变、配电装置，户外式水泵站冷却架（塔）和户外式通风除尘设备等的照明。

站、场照明：车站、铁道编组站、停车场、露天堆场等设置的照明。

地下照明：地下室、电缆隧道、综合管廊及坑道内的照明。

道路照明：工厂厂区公路及其他道路的照明。

警卫照明：沿厂区周边及重点场所周边警卫设置的照明。

障碍照明：厂区内设有特高的建筑物、构筑物，如烟囱等，根据地区航空条件，按有关规定需要装设的标志照明。

本章重点讲述厂房内部照明。

## 二、工业厂房的特点及分类

### 1.工业厂房的特点

工业厂房按其建筑结构形式可分为单层工业建筑和多层工业建筑。多层工业建筑的厂房绝大多数见于轻工、电子、仪表、通信、医药等行业，此类厂房楼层一般不是很高，其照明设计与常见的科研实验楼等相似，多采用荧光灯照明方案。机械加工、冶金、纺织等行业的生产厂房一般为单层工业建筑，并且根据生产的需要更多的是多跨度单层工业厂房，即紧挨着平行布置的多跨度厂房，各跨度视需要可相同或不同。

单层厂房在满足一定建筑模数要求的基础上，视工艺需要确定其建筑宽度（跨度）、长度和高度。厂房的跨度 $B$：一般为 6m、9m、12m、15m、18m、21m、24m、27m、30m、36m……厂房的长度 $L$：少则几十米，多则数百米。厂房的高度 $H$：低的一般5~6m，高的可达 30~40m，甚至更高。厂房的跨度和高度是厂房照明设计中考虑的主要因素。另外，根据工业生产连续性及工段间产品运输的需要，多数工业厂房内设有吊车，其起重量轻的可为 3~5t，大的可达数百吨（目前机械行业单台吊车起重量最大可达800t）。因此，工厂照明通常采用装在屋架上的灯具来实现。

### 2.工业厂房的分类

根据产品生产特点，工业厂房大致可分为以下三种类型。

（1）一般性生产厂房：正常环境下生产的厂房。

（2）爆炸和火灾危险性生产厂房：正常生产或储存有爆炸和火灾危险物的厂房。

（3）处在恶劣环境下的生产厂房：多尘、潮湿、高温或有蒸汽、振动、烟雾、酸碱腐蚀性气体或物质及有辐射性物质的生产厂房。

根据上述的分类，应严格遵照生产条件的不同来进行工厂照明设计。

## 三、工厂空间照明总体要求

工厂照明应遵循下列一般原则进行设计。

### 1.照明方式的选择

（1）对于照度要求较高、工作位置密度不大、单独采用一般照明不合理的场所宜采用混合照明。

（2）对作业的照度要求不高，或当受生产技术条件的限制，不适合装设局部照明，或采用混合照明不合理时，宜单独采用一般照明。

（3）当某一工作区需要高于一般照明照度时可用分区一般照明。

（4）当分区一般照明不能满足照度要求时应增设局部照明。

（5）在工作区内不应只装设局部照明。

### 2.照度标准

工厂照明设计的照度值应根据国家标准 GB 50034-2013《建筑照明设计标准》的规定选取，该标准规定了十五大类工业建筑的一般照明的照度值。各类工厂具体的工作场所的照度标准还应按相关行业的规定。

### 3.照明质量

照明质量是衡量工厂照明设计优劣的标志。它主要包括以下内容：

（1）选用效率高和配光曲线合适的灯具。根据灯具在厂房房架上悬挂高度按室形指数 $RI$ 值选取不同配光的灯具。

当 $RI$=0.5~0.8 时，宜选用窄配光灯具；当 $RI$=0.8~1.65 时，宜选用中配光灯具；当 $RI$=1.65~5 时，宜选用宽配光灯具。

（2）选用色组适当和显色指数符合生产要求的照明光源。

（3）达到规定的照度均匀度：作业区域内一般照明照度均匀度不应小于 0.7，作业区邻近周围的照度均匀度不应小于 0.5。

（4）满足照明直接眩光限制的质量要求：统一眩光值（UGR）按 GB 50034-2013 之规定。

（5）采取措施减小电压波动、电压闪变对照明的影响和防止频闪效应。

（6）照明装置应在安全允许的电压下工作，在采用金属卤化物灯和高压钠灯的场所应采用补偿电容器，以提高其功率因数。

### 4.光源选择

光源应根据生产工艺的特点和要求选择。照明光源宜采用三基色细管径直管荧光灯、金属卤化物灯或高压钠灯。光源点距地高度在 4 m 及以下时宜选用细管荧光灯，高度较高的厂房（6 m 以上）可采用金属卤化物灯，无显色要求的可用高压钠灯。

工厂照明的下列场所可使用白炽灯：

（1）对防止电磁干扰要求严格的场所。

（2）开关灯频繁的场所。

（3）对于照度要求不高、照明时间较短的场所。

（4）局部照明及临时使用照明的场所。

在需要严格识别颜色的场所（如光谱分析室、化学实验室等）宜采用高显色三基色荧光灯。

### 5.灯具选择

工厂照明用灯具应按环境条件、满足工作和生产条件来选择，并适当注意外形美观、安装方便与建筑物的协调，以做到技术合格。

### 6.照度计算

厂房照明设计常用利用系数法进行照度计算。对一些特殊地点或特殊设备的水平面、垂直面或倾斜面上的某点，当需计算其照度时可采用逐点法进行计算。

### 7.工厂照明线路的敷设方式

厂房照明支线一般采用绝缘导线沿（或跨）屋架用绝缘子（或瓷柱）明敷的方式。当大跨度厂房尾面结构采用网架形式时，除上述方式外，还可采用绝缘导线或电线穿钢管沿网架敷设。爆炸和火灾危险性厂房的照明线路一般采用铜芯绝缘导线穿水煤气钢管明敷。在受化学性（酸、碱、盐雾）腐蚀物质影响的地方可采用穿硬塑料管敷设。根据具体情况，在有些场所也可采用线槽或专用照明母线吊装敷设。

## 四、各环境条件下工厂照明灯具的选择及特点

在按环境条件选择灯具的形式时，需注意环境温度、湿度、振动、污秽、尘埃、腐蚀、有爆炸和火灾危险介质等情况。以下分各种环境条件来选择灯具。

### 1.一般性工业厂房的灯具选择

（1）在正常环境中（采暖或非采暖场所）一般采用开启式灯具。

（2）含有大量尘埃，但无爆炸和火灾危险的场所，选用与灰尘盆值相适应的灯具。

多尘环境中灰尘的量值用在空气中的浓度（mg/m³）或沉降量 [mg/（m²·d）] 来衡量。灰尘沉降量分级如表 7-3-1 所示。

对于一般多尘环境，宜采用防尘型（IP5X 级）灯具。对于多尘环境或存在导电性灰尘的一般多尘环境，宜采用尘密型（IP6IC 级）灯具，对导电纤维（如碳素纤维）环境应采用 IP65 级灯具，对于经常需用水冲洗的灯具应选用不低于 IP65 级的灯具。

（3）在装有锻锤、大型桥式吊车等振动较大的场所宜选用防振型灯具，当采用普通灯具时应采取防振措施。对摆动较大场所使用的灯具还应有防脱落措施。

（4）在有可能受到机械撞伤的场所或灯具的安装高度较低时，灯具应有安全保护措施。

### 2.潮湿和有腐蚀性工业厂房的灯具选择

（1）潮湿和特别潮湿的场所，应采用相应防护等级的防水型灯具。对不是很严重的潮湿场所，可采用带防水灯头的开启式灯具。

（2）在有化学腐蚀性物质的场所，应根据腐蚀环境类别选择相应的灯具。

腐蚀环境类别的划分根据化学腐蚀性物质的释放严酷度、地区最湿月平均最高相对湿度等条件而定。化学腐蚀性物质腐蚀环境分类见表 7-3-2。

表7-3-1 灰尘沉降量分级

| 级别 | 灰尘沉降量 [ 月平均值，mg/（m²·d）] | 说明 |
|---|---|---|
| 1 | 10~100 | 清洁环境 |
| 2 | 300~550 | 一般多尘环境 |
| 3 | 550 | 多尘环境 |

表7-3-2 腐蚀环境分类

| 环境特征 | 类别 | | |
|---|---|---|---|
| | 0类 | 1类 | 2类 |
| | 轻腐蚀环境 | 中等腐蚀环境 | 强腐蚀环境 |
| 化学腐蚀性物质的释放状况 | 一般无泄露现象，任一种腐蚀性物质的释放严酷程度经常为1级，有时（如事故或不正常操作时）可能达到2级 | 有泄露现象，任一种腐蚀性物质的释放严酷度经常为2级，有时（如事故或不正常操作时）可能达到3级 | 泄漏现象较严重，任一种腐蚀性物质的释放严酷度经常为3级，有时（如事故或不正常操作时）偶尔越过3级 |
| 地区最湿月平均最高相对湿度（25℃，%） | 65%~74% | 75%~84% | 85%及以上 |
| 操作条件 | 由于风向原因，有时可闻到化学物质气味 | 经常能闻到化学物质的刺激性气味，但不需佩戴防护器具，能进行正常的工艺操作 | 对眼睛或呼吸道有强烈刺激，有时需佩戴防护器具才能进行正常的工艺操作 |
| 表现现象 | 建筑物和工艺、电气设施只有一般锈蚀现象，工艺和电气设施只需常规维修；一般树木生长正常 | 建筑物和工艺、电气设施腐蚀现象明显，工艺和电气设施一般需年度大修；一般树木生长不好 | 建筑物和工艺、电气设施腐蚀现象严重，设备大修间隔期较短；一般树木成活率低 |
| 通风情况 | 通风条件正常 | 自然通风良好 | 通风条件不好 |

### 3.爆炸和火灾危险性工业厂房的灯具选择

（1）爆炸性气体环境。

爆炸危险性工业厂房应按其爆炸气体环境分区选择灯具。爆炸性气体环境分区见表 7-3-3。

（2）爆炸性粉尘危险环境。

爆炸性粉尘危险环境灯具应按其区域分类进行选择。爆炸性粉尘环境危险区域分类见表 7-3-4，灯具选型见表 7-3-5。

## 五、工厂空间照明设计典型布灯方案

在总结工业厂房照明设计经验的基础上，编制了7 种有代表性的布灯方案，如图 7-3-1。

图 7-3-1 中，$B$ 为跨度，方案选择单层工业厂房常见的跨度，即 9m、12m、15m、18m、21m、24m、27m、30m，共 8 种。

单层工业厂房常见的柱距为 6m，8m，9m，12m，图 7-3-1 方案选择的柱距为 6m（只在方案 1 中标注）。部分布灯方案也可用于柱距 12m 的厂房。

图中各布灯方案，灯具离柱轴线距离是按单跨度厂房一般要求确定的，对于多跨度厂房，灯具离柱轴线距离可做必要调组变更，即将方案 2，4，5 中的 1/5$B$ 改为 1/4$B$，3/5$B$ 改为 1/2$B$。其余方案不变，以求灯具之间的距离均匀。设计中灯位还应根据工艺布置情况作适当变化。

表7-3-3 爆炸性气体环境分区

| 分区依据 | GB 50058-2014 《爆炸危险环境电力装置设计规范》 | GB 3836.14-2000《爆炸性气体环境用电气设备》（第14部分：危险场所分类） |
|---|---|---|
| 0 | 连续出现或长期出现燃炸性气体混合物的环境 | 爆炸性气体环境连续出现或长时间存在的场所 |
| 1 | 在正常运行时，可能出现爆炸性气体混合物的环境 | 在正常运行时，可能出现爆炸性气体环境的场所 |
| 2 | 在正常运行时，不可能出现爆炸性气体混合物的环境。即使出现也仅是短时间存在的爆炸性气体混合物的环境 | 在正常运行时，不可能出现爆炸性气体环境，如果出现也是偶尔发生并且仅是短时间存在的场所 |

表7-3-4 爆炸性粉尘环境危险区域分类

| 引自标准、规范 | GB 50058-2014 《爆炸危险环境电力装置设计规范》 | | 引自标准、规范 | GB 12476.1-2013《可燃性粉尘环境用电设备》（第1部分：通用要求 第1节 电气设备的技术要求） | |
|---|---|---|---|---|---|
| 分区 | 内容 | | 分区 | 内容 | |
| 20 | 空气中的可燃性粉尘云持续地或长期地或频繁地出现于爆炸性环境中的区域 | | 20 | 空气中爆炸性环境以可燃性粉尘云的状态连续出现、长时间存在或频繁出现的场所 | |
| 21 | 在正常运行时，空气中的可燃性粉尘云很可能偶尔出现于爆炸性环境中的区域 | | 21 | 在正常操作过程中，空气中爆炸性环境以可燃性粉尘云的状态可能出现或偶尔出现的场所 | |
| 22 | 在正常运行时，空气中的可燃粉尘云一般不可能出现于爆炸性粉尘环境中的区域，即使出现，持续时间也是短暂的 | | 22 | 在正常操作过程中，空气中爆炸性环境以可燃性粉尘云的状态不可能出现的场所，如果出现仅是短时间存在的场所 | |

注：摘自GB 50058-2014《爆炸危险环境电力装置设计规范》

表7-3-5 爆炸性粉尘环境灯具选型

| 灯具所处环境 | 等级区域 | 设备结构类型 |
|---|---|---|
| 可燃性非导电粉尘 | 22 | 防尘结构 |
| 可燃纤维 | | |
| 爆炸性粉尘环境 | 20 | 尖密结构 |
| 其他爆炸性粉尘环境 | 21 | |

注：摘自GB 50058-2014《爆炸危险环境电力装置设计规范》

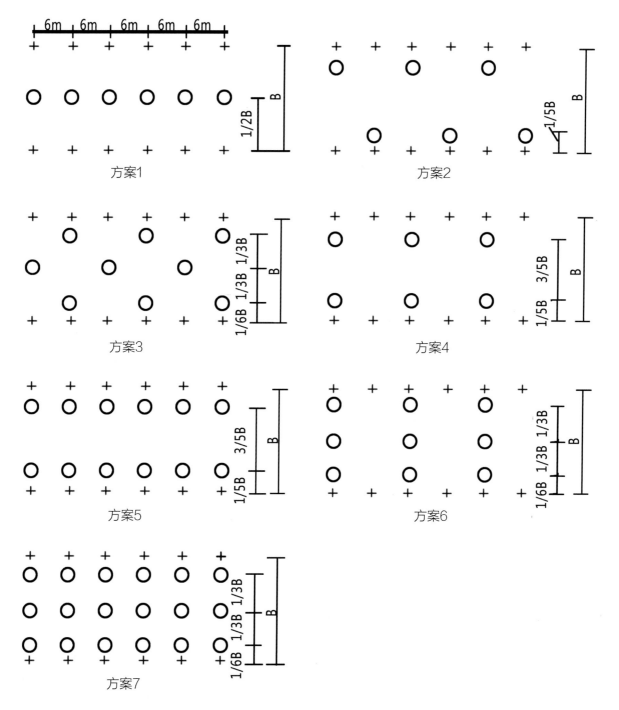

图7-3-1 典型布灯方案

灯具的悬挂高度，按灯具离规定作业面高度选取 6 m、9 m、12 m、15 m、18 m、24 m、27 m，共 8 种。

布灯方案的选择：应注意不是每一种布灯方案都适用于各种跨度和高度的厂房；对于待设计的厂房，首先应计算出室形指数 $RI$，再根据 $RI$ 值选择合适光分布类别的灯具；按跨度及要求的照度标准值选取一个布灯方案，计算出布灯的距高比，再校验此距高比不大于所选用的灯具的最大允许距高比。如果超过，应另选布灯方案或更换另一种灯具。

## 第四节 商业空间照明

随着社会的进步、生产的发展以及人们消费和文化水平的提高，商业已成为人们日常生活的重要组成部分。商店不再是单纯的买与卖的场地，而成为人们进行社会活动、交流、休息、观光的场所。因此，购物环境的形态特征能体现一个城市的文化素养和生活面貌，也是评价一座城市的重要标志。

商业发展了，人们对商业的观念也更新了。当前，商场一是向大型综合发展，追求商品极大丰富、品种多样，为顾客提供优良的服务；二是向专卖店发展，如服装专卖店、鞋帽专卖店、食品专卖店等。由于竞争激烈，一些大型商场还包含文化娱乐、休息、用餐等服务场所，形成了综合性服务环境。

为了提高市场的竞争能力，购物环境应设计得十分精彩。除店堂装饰舒适宜人外，室内的照明环境也应激起顾客的购买欲望，加深顾客对商场的印象。这就要求照明设计师必须懂得商业知识。

### 一、商业空间分类

商业空间的分类方式有很多种，一般按行业类型、消费行为、建筑形式、市场范围及规模等对商业建筑的类型进行划分。

#### 1.按照行业类型划分

商业空间按照行业类型可以分为零售类商业空间、批发类商业空间、餐饮类商业空间。零售类商业空间又可以分为杂货店、专卖店、百货商场、超市、购物中心、步行商业街等，往往将餐饮类商业建筑及其他广义商业建筑（如娱乐休闲类空间、健身服务类空间等）进行融合，具有规模大、复合度高的特点。

#### 2.按照消费行为划分

商业空间按照顾客的消费行为可以分为物品业态和体验业态商业空间。物品业态商业空间是指强调物品销售，以物品作为基本经营内容，为消费者提供购物服务的商业建筑形式，如百货商场、超市、购物中心、家居建材超市、直销折扣商店、各种商业街，以及各种类型产品的旗舰店和专业店。体验业态商业空间，指为消费者提供某种身心感受的空间形式，如娱乐、休闲类商业空间。

#### 3.按照建筑形式划分

商业空间按照建筑形式的复合程度可以分为单体商业建筑和综合商业建筑，单体商业建筑是指建设在独立地块上的商业建筑项目。综合商业建筑指在商业建筑中复合了住宅、酒店、写字楼、体育馆等其他项目的建筑形式。

#### 4.按照市场范围划分

按照市场范围划分，可以将商业空间分为：

（1）近邻型商业空间。市场范围——邻里周边消费者。

（2）社区型商业空间。市场范围——某个社区的消费者。

（3）区域型商业空间。市场范围——周边几个社区的消费者。

（4）城市型商业空间。市场范围——所在城市的大部分区域。

（5）超级型商业空间。市场范围——客户群覆盖所在城市及周边城市。

#### 5.按照规模划分

根据 JGJ48-2014《商店建筑设计规范》，商店建筑的规模可分为大、中、小三类。（表7-4-1）

### 6.有关商业空间的几个名词

（1）百货商店：以销售多种类工业制品为主的商业空间。

（2）商场：民用商品的商场或商店。（图7-4-1）

（3）购物中心：被作为一个整体来统一规划、统一开发、统一运营、统一管理的零售店铺与配套设施的联合体，拥有自己的停车场。一般情况下，其规模和店铺数量会因目标商圈的大小而有所不同。购物中心大致可以分为四类：邻里型购物中心、社区型购物中心、区域型购物中心、超区域型购物中心。

（4）超级市场：综合成本较低、薄利多销、采取自助式购物的商店。

（5）菜市场类：销售菜、肉类、禽蛋、水产和副食品店。

（6）专业商店：专售某一类商品的商店，如服装专卖店、电器专卖店、药店等。

（7）自选商场：向顾客开放，可直接挑选商品，按标价付款的（超级市场）营业场所。（图7-4-2）

（8）联营商场：将各店铺、摊位集中在一起的营业场所，也可与百货营业厅并存或附有饮食、修理等服务业铺位。

（9）步行商业街：一般位于市中心区，以露天街道为主要空间形态，实行空间统一规划与管理，但所有权分散，不实现统一经营管理，供人们进行购物、饮食、娱乐、美容、憩息等而设置的步行街道。步行街禁止未经允许的机动车驶入。

## 二、商业空间照明标准（表7-4-2至表7-4-5）

## 三、商业空间照明设计

现代商场，无论规模大小，都在考虑消费者购买行为和心理变化的细节。在这些因素中，照明环境对于商场和消费者至关重要。

为了保证人群高流通率，商场的大空间照明就要求保持比较高的基础照明照度水平，而照度水平的选取应根据商场所在地区的经济、电力供应和环境来确定。通常推荐的平均照度水平为500~1000 lx，显色性为 R>80，光色方面建议根据不同环境选择暖日光

表7-4-1 商店建筑规模划份

| 规模 | 百货商店、商场建筑面积（m²） |
| --- | --- |
| 大型 | >20000 |
| 中型 | 5000~20000 |
| 小型 | <5000 |

图7-4-1 商场

图7-4-2 自选商场

表7-4-2 商业建筑照明标准值

| 房间或场所 | 参考平面及其高度 | 照度标准值（lx） | 眩光指数（UGR） | 显色指数（Ra） |
|---|---|---|---|---|
| 一般商业营业厅 | 0.75m水平面 | 300 | 22 | 80 |
| 高档商业营业厅 | 0.75m水平面 | 500 | 22 | 80 |
| 一般超市营业厅 | 0.75m水平面 | 300 | 22 | 80 |
| 高档超市营业厅 | 0.75m水平面 | 500 | 22 | 80 |
| 收款台 | 台面 | 500 | — | 80 |

表7-4-3 国际相关商业建筑照明标准
（CIE推荐的零售店照明指标）

| 房间或场所 | 照度标准值（lx） | 眩光指数（UGR） | 显色指数（Ra） |
|---|---|---|---|
| 小销售区域 | 300 | 22 | 80 |
| 大销售区域 | 500 | 22 | 80 |
| 收银台 | 500 | 22 | 80 |
| 包装台 | 500 | 19 | 80 |

色或冷日光色。在功能上：商场照明要能够展示出商场独特的形象，让顾客能够看清商品和商场的设施设备，这是基本需求，包括对空间、走廊的照明等内容；照明需要更贴切地体现商品的色彩、质地、工艺与质量等细节，以帮助顾客清楚地辨别商品，了解商品的特性，甚至体验商品所能带来的特殊感受，例如服装、珠宝、油画等，这是商场照明中的重点照明部分；同时，在强调绿色环保的今天尽可能地节约能耗。

商店各部分照明关系如图7-4-3所示。

## 1.店面照明（图7-4-4、图7-4-5）

（1）确保店面亮度。

考虑店内照明与周围亮度的平衡，在商店入口处适当增加亮度，满足安全、吸引顾客等多种要求。通常利用荧光灯等灯具所发出的均匀柔和的灯光作为整体照明。

（2）利用自动调光装置使照明产生多变效果。

有的商店为了适应顾客的心理特点、表现一定的

表7-4-4 美国商业建筑照明的照度值

| 房间或场所 | 场所区域 | | 照度标准值（lx） |
|---|---|---|---|
| 营业厅 | 流动区域（顾客） | | 300 |
| | | | 200 |
| | | | 100 |
| | 销售区域（展示面、靠近欣赏） | | 1000 |
| | | | 750 |
| | | | 500 |
| | 展示区域（吸引顾客） | | 5000 |
| | | | 3000 |
| | | | 1500 |
| | 销售事务（价格、验证等） | | 1000 |
| | | | 750 |
| | | | 500 |
| 橱窗服务区域 | 白天 | 一般 | 2000 |
| | | 特殊 | 10000 |
| | 夜间 | 一般 | 2000 |
| | | 特殊 | 10000 |
| | 次要商品区或小商店 | 一般 | 1000 |
| | | 特殊 | 5000 |
| | 试衣间 | 着装 | 200~300~500 |
| | | 试看 | 1000~2000 |
| | 修改间 | 一般 | 1000~1500 |
| | | 烫平 | 2000 |
| | | 缝纫 | >2000 |
| | 衣柜间 | | 100~150~200 |
| | 库房 | 不繁忙 | 50~75~100 |
| | | 繁忙 粗 | 50~75~100 |
| | | 繁忙 中 | 100~150~200 |
| | | 繁忙 细 | 200~300~500 |

表7-4-5 商店建筑照明功率密度限值

| 房间或场所 | 照明功率密度（W/m²） | | 对应照度值（lx） |
|---|---|---|---|
| | 现行值 | 目标值 | |
| 一般商店营业厅 | ≤10 | ≤9 | 300 |
| 高档商店营业厅 | ≤16 | ≤14.5 | 500 |
| 一般超市营业厅 | ≤11 | ≤10 | 300 |
| 高档超市营业厅 | ≤17 | ≤15.5 | 500 |
| 专卖店营业厅 | ≤11 | ≤10 | 300 |
| 仓储超市 | ≤11 | ≤10 | 300 |

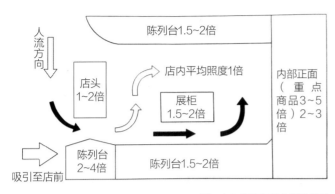

图7-4-3 商店各部分照明关系

图7-4-4 店面照明一

行业特色而采用闪光效果的照明或调光变化的照明
照射店面，这有助于同时吸引有目的消费者和无目的
消费者，创造良好的商业气氛。

（3）强调装饰效果。

采用彩色灯光或特色灯具，也可将灯具排列成装
饰性图案使店面照明富有生气，给过往顾客留下深刻
的印象。

（4）重点照明要醒目。

招牌、标志、铭牌等重点位置的照明要醒目，让
人一目了然，过目不忘。

### 2.橱窗照明

橱窗内陈列和展示的一般是该商店重点商品，它
具有一定代表性，反映着商店销售的商品类型、档次
及风格，同时通过陈列方式的设计、照明及环境气氛
的营造，还会引导消费者去想象，以至于对该商店产
生良好的印象和兴趣，并引起关注。通常可以通过以
下方法来创造醒目的橱窗照明：

（1）依靠强光，使商品更显眼。

（2）通过照明强调商品的立体感、光泽感、材
料质感和色彩等。

（3）利用装饰性的照明器来吸引人的注意。

（4）让照明状态变化。

（5）利用彩色光源，使整个橱窗更绚丽。

橱窗照度一般是店内营业平均照度的 2~4 倍。
位于商业中心的商店橱窗照度可以是 1000~2000 lx，
而远离这一中心的商店橱窗内照度则可以是
500~1000 lx。橱窗照明在白天应防止橱窗生镜现象，

图7-4-5 店面照明二

可采用下光灯具照明，灯具可以是漫射型，也可以带有遮光板；当灯具在橱窗顶部距地面大于 3 m 时，灯具的遮光角宜小于 30°，低于 3 m 时，灯具的遮光角宜大于 45°。

通常，展览的商品通过平坦型光照明，重点部位可以使用多个装在电源导轨上的聚光灯，进行聚光照明；橱窗照明应选择和陈列商品协调的灯具和光源，使灯光和商品和谐；配合商品性质，采用合适灯光照明；采用脚光照明能展现特殊商品轻轻浮起的作用。背光照明（光源安装在看不见位置上）能强调玻璃制品的透明度。

橱窗照明方式及结构如图 7-4-6、图 7-4-7 所示，其实景如图 7-4-8、图 7-4-9 所示。

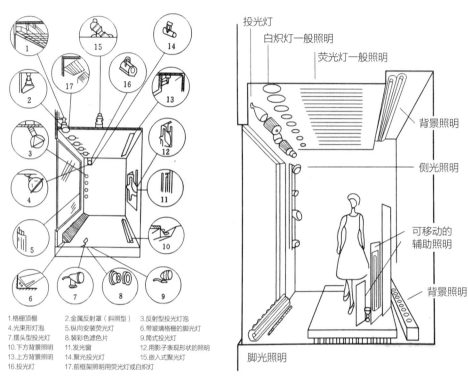

1.格栅顶棚　　　　2.金属反射罩（斜射型）　　3.反射型投光灯泡
4.光束形灯泡　　　5.纵向安装荧光灯　　　　　6.带玻璃格栅的脚光灯
7.摆头型投光灯　　8.装彩色滤色片　　　　　　9.筒式投光灯
10.下方背景照明　 11.发光窗　　　　　　　　　12.用影子表现形状的照明
13.上方背景照明　 14.聚光投光灯　　　　　　　15.嵌入式聚光灯
16.投光灯　　　　 17.前框架照明用荧光灯或白炽灯

图7-4-6 橱窗装饰照明灯具及照明方法　　　　　图7-4-7 橱窗照明的组成部分

图7-4-8 橱窗照明设计一　　　　　　　　　　　图7-4-9 橱窗照明设计二

### 3.售货场陈列照明

（1）陈列柜照明。

售货场的陈列柜、陈列台、陈列架等均应增加局部照明，不仅要有水平照度而且必须考虑垂直照度。要想把商品的质感表现出来，垂直照度是十分必要的，同时也应注意避免眩光。

展柜（台）一般为多层的棚式。为了照亮商品并加强商品和展台的装饰美感，在每个棚架下作系统照明，常常采用架子下的线状光源灯，如16mm荧光灯、8mm荧光灯等。灯具可以按吸顶式或嵌入式安装，棚架下用线槽布线，并安装进线端子、带接地线的描头以及分支接头等。

商品陈列柜照明灯具原则上应装设在顾客不能直接看到的地方，手表、金银首饰、珠宝等贵重商品需要装设重点光源。为了强调商品的光泽感而需要强光时，可利用定点照明或吊灯照明方式。照明灯光要求能照射到陈列柜的下部。对于较高的陈列柜，有时下部照度不够，可以在柜的中部设荧光灯或聚光灯。

商品陈列柜的基本照明手法有以下四种：

①柜角式照明。在柜内拐角处安装照明灯具的照明手法，为了避免灯光直接照射顾客，灯罩的大小尺寸要选配适当。

②底灯式照明。对于贵重工艺品和高级化妆品，可在陈列柜的底部装设黄光灯管。利用穿透光有效地表现商品的形状和色彩，如果同时使用定点照明，更可增加照明效果，显示商品的价值。

③下投式照明。当陈列柜不便装设照明灯具时，可在顶棚上装设定点照射的下投式照明装置，此时为了不使强烈的反射光给顾客带来不适，应该结合陈列柜高度、顶棚高度和顾客站立位置等因素，正确选定下投式灯具的安装高度和照射方向。

④混合式照明。对于较高的商品陈列柜，仅在上部用荧光灯照明的话，有时下部亮度不够，所以有必要增加聚光灯作为补充，使灯光直接照射底部。

为了使店内陈列的商品看起来很美，必须考虑一般照明和重点照明亮度的比例，使之取得平衡。重点照明时，照射方向和角度的确定是要保证把垂直面照得明亮，其照明方式如图7-4-10所示。

陈列柜的照明要点以及防止眩光的方法如下：

A.为了增加商品的魅力，可采用白炽灯筒灯或在商品柜台上方设外形良好的吊灯，或在商品柜台内设置灯具。

B.商品照明的照度应为店内照度的3~4倍，采用细管荧光灯或光通量大的灯泡。

C.在商品柜外设置灯具时，玻璃上的反射光不应照到人眼，以防反射眩光。

D.灯罩的深度应大些，以防止产生直接眩光。陈列柜照明实景如图7-4-11所示。

（2）陈列架照明。

商品陈列架应根据架上陈列的商品，结合销售安排，采用不同照明方式装设不同层次的照明。为了使全部陈列商品亮度均匀，灯具设置在陈列架的上部或

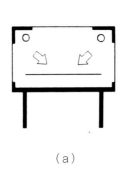

（a）

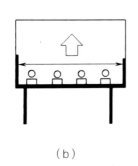

（b）

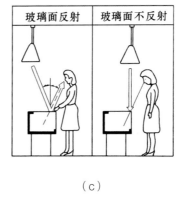

（c）

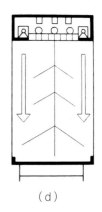

（d）

（a）柜角式照明（b）底灯式照明（c）下投式照明（d）混合式照明

图7-4-10 陈列柜的基本照明方式

中段。光源可采用荧光灯照明,也可采用聚光灯照明。重点商品必须给予足够的照度,可以使用定点照明灯,使商品更加引人注目。

陈列架照明方式如图7-4-12所示。定点照明灯的安装方式如图7-4-13所示。

（3）售货区域照明。

通常陈列区、售货区、展示区应采用重点照明突出被照商品,以刺激顾客的购买力,灯具可采用射灯、轨道灯、组合灯等。

①百货区照明。

为了节省顾客时间,在货架上陈列的商品应该具有较高的照度,同时应该帮助顾客辨别物品的品质和颜色,这样顾客就可以较快地浏览、选购商品。（表7-4-6、图7-4-14、图7-4-15）

②家电区照明。（表7-4-7）

③新鲜货物区。

此类区域应该突出视觉的新鲜感,尤其是配餐食品,可以通过良好的照明来提高新鲜货品的诱惑力,成功的照明在于营造出一个新鲜的环境。肉食、熟食区域:需要展现被照明货品的新鲜和诱人。

顾客希望买到高质量、品种繁多的食品,随时随地享受到优质的服务,所以此类区域应重点突出食品的新鲜感,尤其是熟食及配餐食品。

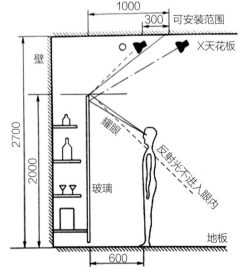

图7-4-11 陈列柜照明实景

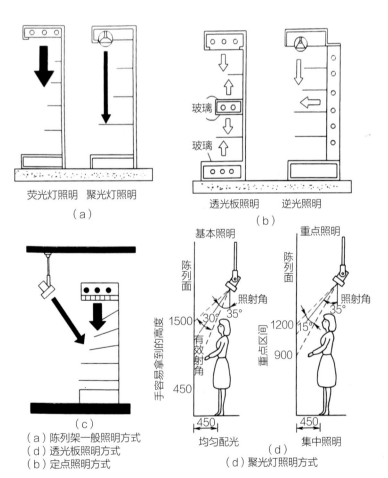

荧光灯照明　聚光灯照明
（a）

透光板照明　逆光照明
（b）

（c）
（a）陈列架一般照明方式
（d）透光板照明方式
（b）定点照明方式

基本照明　　重点照明
均匀配光　　集中照明
（d）
（d）聚光灯照明方式

图7-4-12 陈列架照明方式

图7-4-13 定点照明灯的安装方式

表7-4-6 百货区照明要求

| 照明参数 | 要求 |
|---|---|
| 照度要求（lx） | 800lx，在高照度下人们的行为较为快捷和兴奋 |
| 均匀度 | 在顾客活动的空间范围内，需要达到一定程度的照度均匀度，避免光空间分布明显不均匀，导致不适感。在照明设计时，应该注意货架挡光的作用，这样会引起局部的不均匀 |
| 色温（K） | 4000~6000 K，除了特殊场合，建议色温在6000 K左右 |
| 显色指数（Ra） | >80 |
| 眩光控制 | 应确保人所处的光环境，在正常视野中不应出现高亮度的物体 |

图7-4-14 百货区域照明设计一

图7-4-15 百货区域照明设计二

表7-4-7 家电区照明指标

| 设备名称 | 照度（lx） | 色温（K） | 显色指数（Ra） | 备注 |
|---|---|---|---|---|
| 音像制品 | 500~750 | 4000 | ≥80 | |
| 屏幕 | 300~500 | 3000 | ≥80 | 屏幕上的垂直照度不宜过亮 |
| 灯具、光源 | 嵌入卤素筒灯或荧光灯 | | | |

（4）入口及过渡区照明。

商业空间的入口展示给顾客以第一印象，经常与橱窗统一设计，形成风格上的整体性，对顾客进行连续的视觉冲击，加深顾客对商店、品牌的印象。入口处照明的平均照度一般应设计得比室内高一些，约1.5~2倍，光线也更聚集一些，色温的选择应当与室内相协调，所选用的灯具可以是泛光灯、荧光灯、霓虹灯或LED等。

商店内的照明，应越往里越明亮，产生一种引人入胜的心理效应。吸引人进入商店的照明方法如下：

①从入口看进去的深处正面照得明亮一些。

②把深处正面的墙面作重点陈列，作为第二橱窗考虑，并对陈列的商品做特殊照明。

③在主要通道上，通过照明对地面创造明暗相间的光影，表现出水平面的韵律感。

④把沿主要通道的墙面照得均匀而明亮。

⑤通过照明在通道的两侧墙面上创造明暗相间的光影变化，或设置广告照明等。

⑥在重要的地方设置醒目的装饰用照明器。

（5）收银区照明。

收银区要强调视觉的导向性，应该具有良好的照明水平，通常通过改变灯具布置的密度来加强照明效果。

（6）仓储区照明。

仓储区无特殊的要求，能够保证员工在短时间内进行简单的操作即可，应该注意的是，发热量较高的光源应该远离物品，以免影响物品的质量，力求降低火灾风险。

（7）商场特定用途照明。

①疏散照明。

除专用疏散通道、疏散楼梯、消防前室等设专用疏散照明外，一般商场疏散照明兼作一般照明或警卫照明，照度按国家规范为0.5lx，实际应用时更高一些（如2lx）更为合适。商场人员高度密集，顾客对商场疏散路线大多不熟悉，万一有灾害发生，比其余场所更易造成混乱，会造成故障。疏散照明多用白炽灯泡的筒灯。

②疏散指示标志照明。

疏散指示标志和出口标志灯，人站在商场中的任何位置，至少能看到（除遮挡外）一处灯具宜沿疏散路线或出口处高位布置，如《应急照明设计指南》中定为2~2.5m，避免高货架的遮挡。

③安全照明。

在收款处、贵重商品处和必要区域，设带蓄电池的应急灯，主要照明熄灭后，0.5s之内就能亮起来。

④警卫照明。

商场营业清场后，为确保安全，应设警卫照明，警卫照明多与疏散照明兼用。

（8）不同种类专卖店设计要点。

照明设计根据当地条件、店铺构造以及其他条件进行，不可千篇一律，尤其对于一些专卖店，要突出商品的特色。

①服装及衣料店。

服装及衣料店主要应考虑照度和显色性。

在照度方面，由于服装及衣料店分为大众化店与高级品店两种，两者照度要求不同。大众化商店要给人以商品丰富、价格低廉的印象。店内的一般照明应使人感到气氛活跃，照度应为300~500lx（国外为800~1000lx）。陈列照明和重点照明应根据陈列方式进行设计。高级品店基本照明为200~300lx，照度适当降低，主要利用重点照明突出商品，以便取得较好的效果，因此可采用投射灯。白天大众化商店顾客较多，所以应注意从店门向内看时不能很暗。显色性对于服装衣料店正确识别色彩十分重要，因此可采用高显色荧光灯或三基色荧光灯。然而无论哪种光源，当光量较少时正确识别色彩仍然是困难的，因此照度至少要高于300lx。另外，使用乳白玻璃灯泡或格栅灯具时扩散光会令商品失掉光泽和美感，设计师要注意所用光源的亮度。（图7-4-16、图7-4-17）

②鞋店。

鞋店应主要考虑局部照明和一般照明的协调。

无论在大众化鞋店还是在高级品牌鞋店，选鞋时基本照明都需要高照度。由于此商品比服装商品尺寸小，常常采用投光照明将整个陈列柜照亮。橱窗、陈列柜内基本照明的照度要提高。白天防止橱窗将外景映入视线，采用背景照亮方式效果较好。因鞋的光泽、立体感等十分重要，所以可采用射灯进行重点照明。

图7-4-16 男士服装专卖店照明设计    图7-4-17 女士服装专卖店照明设计    图7-4-18 鞋店照明设计

需要低温的地方可采用冷光镜面反射光束灯泡。（图7-4-18）

③食品店、食料店。

食品店和食料店主要应考虑照度、亮度和色温。

其要求整个室内亮度均匀且照度较高，商品陈列柜照度应达到 1000 lx 以上。陈列柜采用荧光灯照明时，可在外部增加投光灯，这种方式效果较佳。大众化商店一般照明的照度应在 500~750 lx。使用较高照度是为了突出商品的丰富色彩，这种商品照明可将荧光灯与白炽灯并用。

鲜鱼肉店、蔬菜店这类商品店需要较高亮度，以增加商品的新鲜感。因此，宜采用中色温或低色温灯，并用高照度。这类商店可采用高亮度光源光束型投射灯照明。

④文具店、书店、音像制品店。

文具店、书店、音像制品店是人们选购文具、图书、音像制品的场所，主要应考虑环境照明。

店内应以基本照明为主体，照度在 300~500 lx，重点照明照度在 750 lx 以上。要求店内通道设有眩光，采用荧光灯作一般照明时应特别注意。此外，陈列架上部和下部的照度应尽量均匀，陈列柜与灯要隔开。因墙面是活跃店内气氛的组成部分，因而应有相同的亮度。在店内进深较大处，墙面宜采用重点照明。（图7-4-19、图 7-4-20）

⑤贵金属店、钟表店、眼镜店（图 7-4-21、图7-4-22）

A. 陈列照明。此类店以柜台、柜橱陈列为主，陈列台、陈列柜内的照度要求为 1500~3000 lx，柜内重点照明照度可为 3000~7000 lx。

B. 商品照明。当商品尺寸小或商品本身反光性能好时，显示商品光泽就十分必要。此时，可采用小功率、高亮度灯泡（如低压卤钨灯、反射型灯泡等）从不同的角度照射。

## 第五节 办公空间照明

办公空间是长时间进行视觉作业的场所，因此，照明设计要在舒适的视觉环境中进行，以提高工作效率。办公空间照明应该根据办公室中的活动进行设计，包括读书、写字、交谈会议、思考问题等，更为人性化的设计体现出对这些活动的照明设计要区别对待。

### 一、办公空间照明的总体要求

整体而言，办公空间照明设计应协调办公桌面与公共活动区域光环境的关系。（图 7-5-1）

为营造一个舒适有效率的办公作业环境，应注意

图7-4-19 书店照明设计　　图7-4-20 音像店照明设计　　图7-4-21 首饰店照明设计

两点：一是桌面要达到所需照度，二是没有妨碍作业的眩光。一般办公桌的推荐照度是 750 lx，处理精细作业并由于日照的影响时，推荐照度是 1500 lx。为了避免疲劳和工作差错，限制眩光十分重要，还要根据电脑屏幕的特性来限制灯具的亮度和调整灯具的遮光角度。或是把灯具按照一定规律布置在整个天花板上，为室内的工作面提供一个均匀的照度。一方面，因长时间在办公桌前视觉作业而感到疲劳，桌面周围的环境就应该调整到较为舒适的照明；另一方面，考虑到节能相对于工作面照度的周围环境照度值。将安装在天花板上的环境照明灯具与安装在工作台或隔板上的照明灯具结合起来，是一种最常见的照明方案，但由于灯具形式和自然光利用条件的不同，办公空间的照明设计方案没有固定的模式。

图7-4-22 眼镜店照明设计

　　图 7-5-2 和图 7-5-3 中，展示的是"牛栏式"办公空间，就是在一个大空间中，每位员工的办公区域由半高的隔板围合起来，形成相对独立的工作台面，值得注意的是，要控制作业面照度与作业面临近周围照度之间的比值，可以参考表 7-5-1。

　　此外，要选择合适的照明方式，在图 7-5-4 中，工作界面设置明亮的荧光灯，而天花板上的环境灯则选择了漫反射吊灯，制造了相对柔和放松的照明氛围。

## 二、办公空间照明灯具的选择及特点

　　办公空间中，桌面光源以高色温的节能灯为主，环境如走廊或茶水间等公共区域则以低色温的射灯或筒灯为主，具体请参考表 7-5-2。

　　设计注意事项：

　　（1）通常情况，人们在办公空间中待的时间很长，所以设计者应

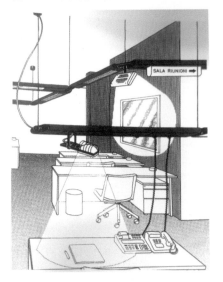

图7-5-1

图7-5-2

图7-5-3

图7-5-4

表7-5-1 作业面照度与作业面临近周围照度比值

| 作业面照度（lx） | 作业面临近周围照度（lx） |
| --- | --- |
| ≥750 | 500 |
| 500 | 300 |
| 300 | 200 |
| ≤200 | 与作业面照度相同 |

全面考虑自然光设计和人工光设计之间的自然过渡，不仅要考虑窗户旁的工作面如何防止眩光问题，还要考虑那些远离自然光的工作面，如何通过增加人工光源提高工作面的亮度。如图 7-5-5 所示，在靠近落地窗附近的洽谈区，设计并未增加了荧光灯，在远离自然光的工作区则横向增加了隔栅灯，为工作面提供柔和而均匀的环境照明。

（2）办公空间环境照明的照度值应根据工作面的照度来确定，这两者之间应该保持互相协调的关系。当周围环境的亮度发生急剧变化时，工作面上工作的人就会感觉到紧张和不舒适，所以工作面的照度与平均照度之比应保持在 0.7，周围环境照度与平均照度之比应保持在 0.5。

（3）当设计者难于确定每个工作位置时，可选用发光面积大、亮度低的双向式配光灯具，来增加环境照明的亮度。

（4）办公室的环境照明应设计在工作区的两侧，采用荧光灯时宜使灯具纵轴与作业面水平方向平行。

（5）工作面附近隔断、桌面宜采用无光泽的装饰材料，避免人眼在显示屏、书本、桌面的来回移动过程中，接触到眩光，产生视觉疲劳。

（6）为了避免视觉疲劳和工作时出现差错与事故，设计者要考虑光源亮度与遮光角的关系，限制眩光对人眼的影响。

（7）经理办公室照明要考虑写字台的照度、会客空间的照度及必要的电气设备。

（8）会议室照明。会议桌上方的亮度最高，周围环境的亮度根据会议桌的亮度来确定，这么做的目的是利用集中的光线使人们产生向心感，从而集中注意力。（图 7-5-6）

（9）办公室的环境照明常常采用看不到光源的漫反射光带。（图 7-5-7）

（10）SOHO 族是指一些在家进行办公的人群。住宅就是办公室，室内光环境设计应同时参考住宅光环境设计标准和办公光环境设计标准：一层为起居室，以低色温的暖光源为主；二层空间为办公空间，以模拟自然天光的漫反射照明方式为主，采用高色温的节能光源。

表7-5-2 办公室空间常用灯具类型及特点

| 灯具示意图 | 名称 | 适用范围 | 特点 |
|---|---|---|---|
|  | 射灯 | 会议室、门厅、办公室之间的长廊 | 光线向下分布适用于会议室或讨论区的桌面集中照明、长廊氛围照明 |
|  | 直射型台灯 | 工作桌面 | 带反射罩、下部开口的直射型，适用于个人作业面集中照明，并根据电脑荧光屏的亮度来限制灯具的亮度 |
|  | 地脚灯 | 楼梯 | 光线向下分布，适用于自然光较少的室内楼梯 |
|  | 筒灯 | 接待区、打印间、茶水间、员工休息室 | 适用于整体照明，光线向下分布，无明显光斑，光源一般选择紧凑型荧光灯管 |
|  | 格栅灯 | 办公室 | 适用于办公空间环境照明，一般选择荧光灯管 |

图7-5-5 荧光灯管的色温接近天空光，适用于朝北的会议室

图7-5-6 桌面亮度一定要高于环境亮度，有助集中与会者的注意力

# 三、办公空间照明设计

随着城市经济的发展和城市化进程的加快，相应的办公建筑得到了迅速发展；以现代科技为依托的办公设施日新月异，使现代办公模式复杂多变，使人们对于办公空间室内环境行为模式的认识，从观念上不断更新、丰富。

办公空间从使用性质来看，基本可以分为：

行政办公——各级机关、团体、事业单位、工矿企业的办公楼等。

专业办公——设计机构、科研部门、商业、贸易、金融、信托投资、保险等行业的办公楼等。

综合办公——含有公寓、商场、金融、餐饮娱乐设施等的办公楼等。

办公空间是进行视觉作业的场所，也是要在其中长时间停留的空间。办公空间室内照明是需要长时间进行视觉作业的明视照明，既要求认真考虑针对相关工作面的照明，又要考虑使整个室内空间的视觉环境美观、舒适的照明。办公

图7-5-7 利用减少眩光的间接照明灯带，替换传统的筒灯和射灯等直接照明方式，办公室的环境更舒适

空间室内照明是空间环境质量的重要组成部分，是影响办公人员的工作效率和身心健康的重要因素之一。为办公空间寻求最适合的照明方式，创造最适合的光视环境，非常重要。

## 1.一般办公空间室内照明设计

在办公空间中进行的工作包括读书、写字、交谈、思考、计算机及其他办公设备的操作等。一般办公空间多指普通职员工作的办公空间，这种办公空间面积多为中大型的，例如，目前较为流行的开放型景观办公空间就是代表类型之一。在这种空间中，办公家具根据需要经常变动，隔墙可以按需添减、移动，从照明的角度来说，无论办公空间内的平面布局如何调整，必须总是能够适应工作台面照明的需要，并避免妨碍视觉工作的眩光。

在一般办公空间的视觉环境中，对照明质量有影响的因素有：照度，眩光（来自光源的直接眩光和光源在桌面等处的反射眩光），光色、显色性、室内亮度分布以及室内空间的光照方向和强度，房间的形状和色彩，窗的有无、形状、大小和窗外的景观等。

（1）关于照度。

通常，在一般办公空间内应保持较高的照度，以利于在此环境中较长时间从事文字性工作的人员的身心健康。同时，增加室内的照度及亮度也会使空间产生开敞明亮的感觉，有助于提高办公人员工作效率，提升部门形象。

虽然所要求的照度随作业对象和内容的不同而不同，但在进行一般作业的办公桌上的推荐照度是750lx，对于处理精细作业并且由于太阳光的影响而感到室内有些暗时，桌面的推荐照度为1500lx。在确定照度时，不仅对视力方面而且对心理方面的需要程度也必须考虑。国外有人从心理学的观点研究，认为通常在读书这类的视觉工作中至少需要500lx，而事实上，为了进一步减少眼睛的疲劳，需要1000~2000lx。

目前，数字化、无纸化办公方式从根本上改变了传统办公的习惯，办公室工作的视线方向变为与电脑屏幕近乎垂直的状态。视线的变化对照明环境有了全新的要求，特别是屏幕上产生的室内发光体（如灯具和窗户等）的影像成为视觉干扰的主要内容。为应对这种变化，间接照明在办公室中比直接照明被认为更具有适用性，它既可以减少屏幕影像干扰，又能使视场中人们看到的室内光环境更加舒服。显然，除了以水平面作为基准平面的办公空间照度标准值以外，还应认真研究和应用半间接的室内照明方式。

在办公空间中，虽然都是从事案头作业，但由于作业目的和性质的差异，所要求的环境照明也要兼顾视觉作业性质及相应的环境氛围，以通过照明来调动情绪、保持状态和集中精力。从满意度看办公空间作业所要求的照度，由于工作性质的不同，所要求的照度也不相同。办公空间室内照明的照度标准值如表7-5-3所示。

（2）室内亮度分布。

一般情况下，对于中大型办公空间，在顶棚有规律地安装固定样式的灯具，以便在工作面上得到均匀的照度，并且可以适应灵活的平面布局及办公空间的分隔，这称为一般照明方式。工作环境照明方式则是在一般照明的基础上，为工作区提供作业所要求的照度；同时，在其周围区域提供比工作区略低的照度。有时，也会采用其他照明方式，如采用间接照明手法，通过反射光来改善顶棚因背向照明灯具而导致亮度大幅降低的情况，并适当使大面积的顶棚产生亮度变化，增添空间情趣。（表7-5-4）

（3）室内照明与自然采光相结合。

办公空间一般在白天的使用率最高，从光源质量到节能都要求大量采取自然光照明，因此办公空间的人工照明应该考虑与自然采光相结合。

从窗口入射进来的自然光会随着时间和气候而发生变化，因此，必须根据自然光的变化情况，相应地进行室内人工照明的调节。在室内窗边设置亮度传感器检测进入室内的太阳光的亮度，据此来调整电气照明的亮度。还可以设置检测人是否在办公室的传感器，以便当人离开房间时自动关掉室内的灯光。采用传感器方法与工程初期投入费用如何达成平衡，以及更好地兼顾照明的功能性和舒适性等，都是实用性很强且急需探讨的课题。

（4）减少眩光现象。

办公空间是进行视觉作业的场所，所以注意眩光问题很重要。

①选择具有达到规定要求的保护角的灯具进行照明，也可采用格栅、建筑构件等来对光源进行遮挡，这些都是有效限制眩光的措施。为灯具配置格栅还有助于防止光源干扰电脑屏幕。

②为了限制眩光可以适当限定灯具的最低悬挂高度，因为，通常灯具安装得越高，产生眩光的可能性就会越小。

③努力减少不合理的亮度分布，可以有效抑制眩光。比如，使墙面、顶棚等采用较高反射比的饰面材料，在同样照度下，可以有效地提高其亮度，避免空间中眩光产生，同时，这还会起到良好的节能效果。采用半直接型或者漫反射型灯具进行照明来提高顶棚的亮度也可以适度抑制眩光。

④根据 VIT 等发光媒体（电脑屏幕等）的特性来限制灯具的亮度。

（5）灯具的设置。

工作照明处理方法如图 7-5-8 所示。1 为墙面照明用暗装式照明器（空间主要照明，重点照明）；2 为墙面照明用吸顶式照明（空间辅助照明，重点照

明）；3 为隐蔽光源的顶棚面照明用照明器；4 为墙面照明用顶棚暗装式照明器（空间主要照明）；5 为个人房间用工作照明（可移动光源）；6 为宽敞办公室用工作面照明（光源可移动，向上照明兼用）；7 为顶棚照明用可移动照明器（稍暗的空间用）；8 为档案柜用照明。

除一般照明外，最常见的就是台面上的局部照明，台面上的局部照明灯具最好是可移动的，针对不同的需要变动灯位及照射角度。

（6）照明节能。

建立节约型社会，照明节能利国利民，意义远大。办公建筑设计中的照明设计已有节能规范，GB 50034-2013《建筑照明设计标准》规定了办公建筑室内空间照明功率密度值（表 7-5-5）。（照明功率密度是指单位面积上的照明安装功率，包括光源、镇流器或变压器，单位为 W/m²。）

## 2.营业性办公空间室内照明设计

营业性办公空间是指银行、证券公司的营业厅以及火车站、汽车站、民航售票处、旅行社的售票厅等对外营业的办公空间。这种办公空间一般层高较高，空间较大，功能区划分丰富多变，既有内部员工工作区域、公共活动区域等，又有对外服务的柜台、设备等。

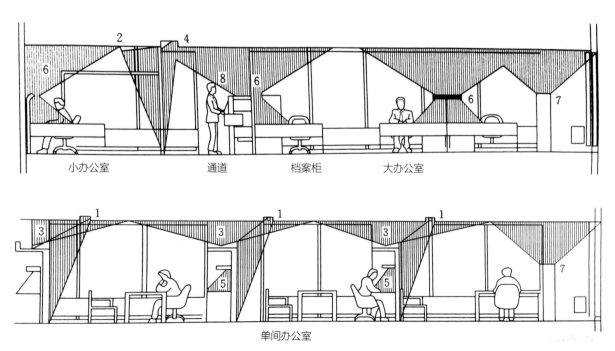

图7-5-8 工作照明处理方法

表7-5-3 办公建筑照明标准值

| 房间或场所 | 参考平面及其高度 | 照度标准值（lx） |
|---|---|---|
| 普通办公室 | 0.75m水平面 | 300 |
| 高档办公室 | 0.75m水平面 | 500 |
| 会议室 | 0.75m水平面 | 300 |
| 视频会议室 | 0.75m水平面 | 750 |
| 接待室、前台 | 0.75m水平面 | 200 |
| 服务大厅、营业厅 | 0.75m水平面 | 300 |
| 设计室 | 实际工作面 | 500 |
| 文件整理、复印、发行室 | 0.75m水平面 | 300 |
| 资料、档案存放室 | 0.75m水平面 | 200 |

表7-5-4 办公空间亮度的推荐值

| 所处场合情况 | 亮度比推荐值 |
|---|---|
| 工作对象与周围之间（例如书与桌子之间） | 3：1 |
| 工作对象与离开它的表面之间（例如书与地面或墙面之间） | 5：1 |
| 照明器或窗与其附近之间 | 10：1 |
| 在普通的视野内 | 30：1 |

表7-5-5 办公空间照明功率密度限值

| 房间或场所 | 照明功率密度（W/m²） | | 对应照度值（lx） |
|---|---|---|---|
| | 现行值 | 目标值 | |
| 普通办公室 | ≤9 | ≤8 | 300 |
| 高档办公室、设计室 | ≤15 | ≤13.5 | 500 |
| 会议室 | ≤9 | ≤8 | 300 |
| 服务大厅 | ≤11 | ≤10 | 300 |

注：摘自GB 50034-2013《建筑照明设计标准》

（1）营业厅的照度。

营业厅要比一般办公室照度高，通常为750~1500 lx。这是因为它是接待顾客的场所，其布局多直接与室外相连，所以应该减少室内外亮度的悬殊差异，避免使顾客从明亮的室外进到室内时产生视觉不适，同时，也是为了防止工作人员逆光观察顾客，以致很难看清顾客的表情而影响服务质量。

因此，营业办公空间的照明必须提高桌面上的水平照度。同时，针对客人面部等处采用足够的垂直照度进行照明，提高了垂直面的照度即提高境面照度的照明方式会使房间显得宽敞，制造出活跃的气氛，这对于营业性办公空间也是非常重要的。

在银行营业厅等空间中，要从空间比例和期望给予客人的印象等方面来考虑，多数情况下采用较高大的空间。顶棚较高，照明器的安装高度随之提高，为了在同一工作面上得到相同照度，就要多设置光源，这从经济或维修作业方面都会带来问题。

（2）灯具的维护。

营业性办公空间需要较高的照度，所以灯具的数量较多，品种较杂，在设计时就应考虑灯具及其配件的更换、维修、检查等工作要方便易行，相关连接与构造尽可能暗藏在装饰顶棚内部，为方便维护时的操作还要在顶橱里面设置检查用照明灯具。

因空间设计功能和艺术氛围的要求，要保障空间中相当高的照度，灯具的数量必然较多，而事实是灯具的散热措施往往不够完备。因照明而产生的热量大部分成为空调负荷，这一点在灯具和照明设时也是应该认真考虑的。

### 3.其他场所的室内照明设计

（1）个人办公室室内照明。

个人办公室是一个人占有的小空间，较之一般办公室，顶棚灯具不那么重要，能够达到一定照明要求即可，我们更多的是希望它能够为烘托一定的艺术效果或气氛提供帮助。房间其余部分照明由辅助照明解决，这样就会有充分的余地运用装饰照明来处理本空间细节。个人办公室的工作照明围绕办公桌的具体位置而定，有明确的针对性，对于照明质量和灯具造型都有较高的要求。

（2）会议室照明。

会议室的家具布置没有办公室那样复杂，使用功能也较单一，主要是解决会议桌上的照度达标的问题，照度应均匀。同时，与会者的面部也要有足够的照明，保证与会者能够清晰地看清楚每位与会人员的表情，尤其应该注意在有窗的情况下靠窗的人的面部照度。通常，只要使人们的面部具有足够的垂直照度就能够解决。对于整个会议室空间来说，不一定要求照度均匀，相反在会议桌以外的周边环境创造一定的气氛照明，会产生更理想的效果。另外，要注意视频、黑板、展板、恰如其分的艺术照明在会议室空间中也经常会产生令人叹为观止的效果。（图7-5-9）

（3）绘图办公室照明。

绘图办公室对于照明质量要求较高，合理的照明可以有效地避免绘图工具产生阴影，有助于提高工作效率。

①照明质量。

选择间接照明和半直接照明方式能够减少阴影，采用直接照明方式也同样有效。但必须在绘图桌侧面进行照明，以减少光幕反射。

②辅助照明。

采用装在绘图桌上带摇臂的绘图灯进行辅助照明，可以根据实际情况调整，能够有效消除阴影。

（4）档案室照明。

档案室照明应考虑水平、垂直、倾斜三个工作面的照明。档案室的均匀照明是为水平工作面服务的，同时，在档案柜上可设置局部照明，并由单独开关控制。

（5）入口、门厅照明。

入口、门厅是公司、企业办公楼的进出空间，是给人以最初印象的重要场所，要想使公司显得与众不同，能够充分展现公司业务特征及审美品位，除了对各界面进行装饰与装修以外，还应该发挥照明的特长来加强展示效果。

图7-5-9 会议室照明设计

入口、门厅以白天使用为主，多数情况是入射大量的天然光，而且因为它是通行、通过的地方，所以，在门厅的照明设计时主要应考虑以下事项：

①应该照明的场所和对象。要在图纸上充分调查天然光入射状况或从大厅内观看时门厅的亮度分布情况。探讨在白昼应该进行人工照明的场所和对象。

②光源的光色和色温。从门厅的结构和风格考虑，应该创造出感觉与室外相连的空间或与室外隔绝的空间等，要和建筑设计人员很好地协商，以确定人工照明的光源的光色和色温。

③墙面和人的面部。要考虑提高门厅主要墙面和行人面部的垂直面照度（天然光为背光时面部的照度）的照明方法。

垂直面照度值应该根据进入门厅时眼睛的适应状态来确定。一般来说，人的面部受天然光的入射状况或门厅的种类、风格的影响而不相同，但门厅仍需要能够大致识别所视对象的照度。根据经验，即使在背光的情况下（面部）受天然光的影响小的门厅中，也需要150lx左右的照度。（图7-5-10）

（6）走廊、楼梯间照明。

走廊照明注意不要给由相邻场所往返的人的眼睛带来不适。荧光灯之类的线状灯具横跨布置可使走廊显得明亮，也可以根据室内设计风格设定导向明确的局部灯光，这样既可以保障基本照度，又有一定的趣味性（图7-5-11）。楼梯间灯具的布置应努力减少台阶处的阴影和灯具可能产生的眩光，并考虑灯具的更换与维修方便（图7-5-12）。

## 第六节 餐饮空间照明

在我们的日常生活当中，除了在住宅中就餐，大家常常外出就餐，就餐空间的光环境设计是室内照明设计的重要部分之一。就餐空间分为家庭聚餐式的住宅餐厅、中餐厅、西餐厅、自助餐厅、咖啡馆、小型酒馆、酒吧、小型甜点店、快餐店、茶楼等，根据不同的功能，照明设计除了表现餐品的诱人品质与塑造人的面部表情以外，最终要营造舒适宜人的就餐环境。

图7-5-10 办公楼门厅照明设计

## 一、餐饮空间照明的总体要求

### 1.表现餐品的诱人品质

传统上，灯光的作用：只有当美味的菜肴端上餐桌时，在灯光的照射下，显现出诱人的光泽，近年来，随着人们对饮食文化关注程度的提高，人们对饮食文化的各个细节都研究得极其透彻，进而出现了一种潮流。如图7-6-1，设计中将厨师制作菜肴的场所从封闭的厨房搬到客人用餐的环境中，人们可以一边用餐，一边欣赏诱人的食物原料被制作成美味菜肴的过程。由此，灯光的作用除了照亮最终制成的菜肴外，还要注意食物原料、半成品以及厨师使用的工具上，如图7-6-2。

### 2.展示和塑造人的面部表情

目前，许多的餐馆照明设计较少考虑这个空间中人的面部表情受光线的影响。我们常常看到店员或客人面部阴影浓重、面色昏暗或者脸上出现怪异的色彩，这些都是灯光使用不当造成的。建议采用重点照

图7-5-11 办公走廊照明设计

图7-5-12 办公楼梯照明设计

图7-6-1 操作台的光源亮度要高，显色性要好能突显菜品的诱人色泽

明和环境照明相结合的设计策略，餐桌桌面使用射灯进行重点照明，周围使用漫射光或者背景反射光，使顾客面容更柔和。

### 3.营造舒适的用餐氛围

不可忽视的一点，艺术化的灯光氛围容易将客人带入身心愉悦的境界，对促进客人之间愉快的交流有一定帮助。图7-6-3展示的是酒吧中的灯光设计，吧台立面别致的灯光图案营造出神秘的进餐环境。

## 二、餐饮空间照明常用灯具的类型及特点（表7-6-1）

餐饮空间中的照明设计要创造出一种良好的气氛，光源和灯具的选择性很广，但要与室内环境风格协调统一。

如果以创造舒适的餐饮环境气氛为主要目的，那么在餐饮环境中白炽灯的运用要多于荧光灯，因为白炽灯显色性较好，光源色表呈现黄白色，价格便宜。现在，由于紧凑型荧光灯也可呈现暖白色，所以现在餐饮空间最常用的还数色温为2700K的紧凑型荧光灯。金属卤化物灯也是不错的光源，显色性高，但使用寿命不如荧光灯长，价格也偏高。

## 三、餐饮空间照明设计

一般情况下，低照度时宜用低色温光源。随着照度变高，则趋向于白色光。对照度水平高的照明设备，

若用低色温光源，会使人感到闷热。对照度低的环境，若用高色温光源，会产生青白的阴沉气氛。一般情况下，为了优化菜品和饮料的颜色，应选用显色指数高的光源。

多功能宴会厅是兼具宴会和其他功能的大型可变化空间，所以灯具的选择要同时符合功能性照明标准和装饰性照明特征。一般情况，设计者采用二方或四方连续的反光灯带和同样艺术造型的大型吊灯来满足这种需求，色彩和造型要与室内整体设计风格协调，整体照度应达到750 lx，可安装调光器以适应各种功能要求。

特色餐厅是为顾客提供具有地方特色菜肴的餐厅，相应的室内环境也应具有地方特色。在照明设计上可采用以下四种方法：采用具有民族特色的灯具；利用当地材料进行灯具设计；利用当地特殊的照明方法；照明与建筑装饰结合起来，以突出室内的特色装饰，如图7-6-4中，分隔餐桌之间的灯墙，既作为隔断，又作为装饰，还兼顾环境照明的功能。

快餐厅的照明可以多种多样，但在设计时要考虑其与周围环境及顾客心理相协调。一般快餐厅照明应采用简练而现代化的形式。

主题性酒吧间照明，酒吧后面的工作区和陈列部分要求有较高的局部照明，便于服务员操作，吧台下可设光槽照亮周围地面，给人以安定感。室内整体环境较暗，营造轻松的交流氛围，切忌直接将直射光安

图7-6-2 蛋糕店的橱柜光源应使用显色性高、温度要好、能突显菜品的诱人色泽的较低的LED光源，以免顾客在选购蛋糕时看到的是光源在玻璃上的反光

图7-6-3 酒吧灯光设计

表7-6-1 餐饮空间照明常用灯具的类型及特点

| 灯具示意图 | 名称 | 适用范围 | 特点 |
|---|---|---|---|
|  | 吸顶灯 | 厨房、员工休息间 | 采用节能荧光灯，显色性较好，使用寿命长 |
|  | 水晶吊灯 | 门厅、餐品展示区 | 属于装饰性照明灯具，制造奢华的进餐环境 |
|  | 吊灯 | 进餐区照明 | 通常属于间接照明或半间接照明 |
|  | 光带 | 进餐区背景照明 | 辅助环境照明，为进餐者的面部照明提供均匀的光线，避免形成浓重的暗影 |
|  | 射灯 | 交通区照明、桌面照明、卫生间 | 通常产生直接向下的光线，光斑明显，适合集中桌面照明，但是容易产生眩光 |
|  | 地脚灯 | 通道、楼梯、卫生间 | 位置较低，光线向下分布，避免了眩光，光斑不明显 |
|  | 其他艺术灯具 | 餐厅中任何需要艺术照明的区域 | 根据室内设计风格来确定，属于装饰性照明范围 |

图7-6-4 分隔餐桌之间的灯墙

图7-6-5 优质的空间、家具、餐具和菜品都要通过优质的灯光来表现

置在顾客的头顶上方，这样不仅使顾客紧张，而且丑化了顾客的面部表情。在如图 7-6-5 这样的光环境中进餐则是一种享受。

## 第七节  美术馆（博物馆）空间照明

　　博物馆根据展陈种类可划分为综合类型的博物馆（如上海博物馆）和专题型博物馆（如上海消防博物馆）两种。博物馆根据建筑形式主要分三种：一是专门设计的；二是直接利用一般性展览馆改造的；三是利用其他古旧建筑设立的。特别是第三种建筑形式的博物馆，在考虑光环境设计时应注重对原建筑的保护。

　　一般而言，衡量光环境设计效果的主要指标包括照度、显色指数、色温与照度的搭配、均匀性、立体感、眩光、对比度等。然而，博物馆的照明设计策略，

除了要考虑照明标准以外，必须遵循有利于观赏展品和保护展品的原则，设计策略应达到安全可靠、经济适用、技术先进、节约能源、维修方便等要求。（图7-7-1、图 7-7-2）

图7-7-1

图7-7-2

## 一、美术馆（博物馆）照明的总体要求

不论是从展品陈列效果的角度，还是从观众欣赏展品的角度，博物馆和美术馆的照明设计在保护展品的前提下，不仅要忠实地反映展品的颜色、形体特征，还要保证非专业的观众不受眩光、白光、彩光污染的干扰。

首先，要避免照明对展品造成损伤。

例如，避免日光直射展品，特别是油画或手工制作展品，玻璃要经过防紫外线处理，灯具上安装隔热工具，避免出现烤焦、熔化展品表面材料的问题。

其次，要避免眩光。

观众观看展品时，不应有来自光源或窗户的直接眩光或来自各种表面的反射眩光。

观众或其他物品在光泽面（如展柜玻璃或画框玻璃）上产生的影像不应妨碍观众观赏展品。

对油画或表面有光泽的展品，观众的观看方向不应出现光幕反射，展柜内部的亮度应高于展柜外部环境光，这样玻璃上就不会产生光幕反射现象。（图7-7-3）

再次，营造有助于观赏的照明氛围，兼顾展品亮度与周边环境的亮度关系。

图7-7-3

## 二、美术馆（博物馆）照明灯具的选择及特点（表7-7-1）

美术馆（博物馆）中的展品照明常常使用射灯，并根据产品的特性在灯具上安装不同功能的滤镜，以保护展品免受红外线、紫外线和过多热量的损害；小型产品或展柜，常选用 LED 光源的射灯；大型雕塑和高大展柜，常选用可调光的卤素光源。

## 三、美术馆（博物馆）空间照明设计

国际博物馆协会要求照度值应与色温相匹配，照度较高时选用高色温光源，照度较低时宜选用低色温光源，我国尚未对此制定标准。一般博物馆照明建议使用色温小于 3300 K 的光源。同时保持统一环境的色温整体性。在陈列绘画、彩色织物等对辨色要求高的场所，应采用一般显色指数不低于 90 的光源，

对辨色要求不高的场所，可采用一般显色指数不低于60 的光源。

考虑光源的光谱特性对展品的损害，在照明设计中应尽量减少短波成分。随着入射光线的波长移向蓝光甚至进入紫外波段，光线对展品的损害程度增大。由于紫外线对物质有很大的破坏性，因此，博物馆照明中要选用紫外光辐射少的光源。表 7-7-2 对不同类型的展品进行了分析，通过了解不同材料的光照特点来选择适合的角度和色温以减少光源对展品的损害。

在进行照明设计时，既要限制照度值和展品暴露时间，又要减少因温度上升而导致的展品损坏的情况发生，两者相辅相成。限制照度是指光照到展品上的辐射能强度（照度），暴露时间是指展品被照时间。比如，100 lx 的照度作用于展品 1000 h 的破坏程度相当于 50 lx 的照度作用于展品的 2000 h。光线入射到展品上，一部分被展品吸收，导致展品的温度升

表7-7-1 美术馆（博物馆）照明灯具的选择及特点

| 照明方式 | 灯具 | 光源 | 特性描述 |
|---|---|---|---|
| 一般照明 | 嵌入式下射灯具（圆形或方形）、洗墙灯具 | 采用普通白炽灯、紧凑型荧光灯、卤钨灯、高强度气体放电灯PAR灯，功率为200~500 W | 易于更换<br>可调光<br>低亮度<br>大遮光角<br>控光良好<br>节能<br>可附设过滤装置 |
| | 表面安装（半圆形成方形）普通白炽灯或紧凑型荧光灯 | | |
| | 圆柱形或方形，防眩光装置灯具 | | |
| 间接照明（漫射照明质量） | 产生宽光束的光源将光线投向天花板，反射至垂直或水平表面，效果取决于天花板表面形状、色彩、光泽度 | T8荧光灯、T5荧光灯或紧凑型荧光灯<br>高强度气体放电灯PAR灯 | 吊杆或悬空架设（离天花板大约340~500 mm） |
| | | | 良好的光学系统、最大光效 |
| | | | 水平测量方法提供目视调整 |
| 重点照明 | 轨道装置<br>嵌入式下射灯具 | 200~500 W PAR灯<br>白炽灯、卤钨灯<br>T3、T4直管荧光灯 | 轨道装置：拆装简便<br>可接附件<br>固定装置可多样化<br>灵活可变<br>电器布线简单 |
| 展柜照明<br>壁柜照明<br>隔板照明 | 微型（刚性或柔性）轨道，变压器远离安装 | 白炽灯：E12灯座、4~25 W、管型7~9 W紧凑型荧光灯 | 灵活可调的灯具间隔 |
| | 带状灯类型：大约50 mm×50 mm | -- | 小型的大约19 mm×19 mm<br>易于成型，可制成所需形状<br>可根据使用空间尺寸分割 |
| | 光纤照明 | 卤钨灯、金属卤化物灯 | 远离热源<br>所有的电气设备在展柜外 |
| 泛光照明 | 嵌入式：椭圆反射器下射白炽灯具 | 普通白炽灯150~250 W卤钨灯 | 易于更换<br>过滤紫外线辐射<br>光源破损防护 |
| | 荧光灯反光槽：抛物线式反射器、间接式 | T8、T5 | |
| | 表面：轨道安装<br>间接式白炽灯具 | 150~300 W卤钨灯<br>高强度气体放电灯 | 抗高温棱镜<br>过滤紫外线辐射<br>"菲涅尔"透镜光学助降系统<br>可调角度<br>提供色彩媒介和色彩修正 |
| 戏剧照明 | 调焦式投光灯<br>追光灯<br>发光二极管<br>全数字式（液晶）激光灯 | 低压卤钨灯<br>高强度气体放电灯<br>特种光源 | 精确调焦<br>旋转色轮<br>投射影像和图式<br>要有维护人员和操作人员 |
| 安全照明（根据安全等级要求。过道内的照度至少100 lx，提供疏散指示） | 疏散指示（黑色背景上的绿色字母最佳） | 发光二极管 | 使用寿命长<br>连续工作<br>可靠性好 |
| | 台阶照明 | 紧凑型荧光灯 | |
| | 下射照明 | 低压白炽灯<br>小型光源 | |

高而使其干燥,如果室内空气湿度不足,就会损坏产品。又由于照明的开与关,致使展品的温度反复上升和冷却,产生热胀冷缩也可能损坏展品。热作用来自红外线部分,因此要尽量过滤光源中的红外线。

针对美术馆空间中的墙面展示,展陈照明宜采用背景照明、普通照明和局部重点照明手法,同时还要考虑观众在观看画作时,不会在画面上看到眩光,如图7-7-2。

在光环境设计飞速发展的今天,博物馆馆环境设计已经不能只单单考虑或遵从某些照明质量和照明参数的规范,它是一个系统工程的问题,设计者应综合考虑照明技术、展陈主题、艺术效果和观众的心理等因素之间的关系。

## 第八节 酒店、旅馆空间照明

### 一、酒店、旅馆空间照明的总体要求

酒店按其档次的高低可分为五个等级,即一星级、二星级、三星级、四星级、五星级,其中五星级酒店包含更高档次的白金五星级、超五星级、六星级等。最低等级为一星级,最高为五星级。星级越高,表示档次越高,也就是要求有更高的硬件设施,还要有更高的附属设施、服务项目和运行管理能力。不同等级酒店,其标准差异较大,四星级及以上等级的酒店还有更高的选择项目要求。

酒店照明应通过不同的亮度对比努力创造出引人入胜的环境气氛,避免单调的均匀照明,一味地追求均匀 照明,会导致被照物体缺乏立体感。照明与人的情感密切相关,较高照度有助于人的活动,并增强紧迫感;而较低照度容易产生轻松、沉静和浪漫的感觉,让人有放松的感觉。

### 二、公共部分照明设计

#### 1. 入口与门厅照明设计

(1) 入口照明。城市中的酒店多利用照明来强调入口,其设施包括:

①有灯光照明的招牌,可用灯箱来制作。位置可设置在楼顶,雨棚上部或临街的建筑墙面上。

②在雨棚和入口车道的顶棚下面或者入口处的其他必要位置设灯具,宜选色温低、色彩丰富、显色性好的电光源,以增加入口的温馨感、亲切感,并有效避免顾客由室外进入室内因光线突然变化造成的不适感,为使人眼能够适应亮度变化,照明强度应该逐步增加,路口至门厅为200 lx,服务台上部集中照明为400 lx。灯具可为槽型灯、星点灯、吸顶灯、枝形花灯、庭院灯等,要求与建筑形式及室内设计风格统一协调。

③在入口处设置车道照明以引导车辆安全到达入口。

④入口处应该设置节日期间使用的特殊照明的电源。

表7-7-2 展厅展品照度标准值

| 展品类型 | 参考平面及其高度 | 照度标准值(lx) | 年曝光量(lx·h/a) |
|---|---|---|---|
| 对光特别敏感的展品,如织绣品、国画、水彩画、纸质展品、彩绘陶(石)器、染色皮革、动植物标本等 | 展品面 | ≤50(色温≤2900 K) | 50000 |
| 对光敏感的展品,如油画、不染色皮革、银制品、牙骨角器、象牙制品、竹木制品和漆器等 | 展品面 | ≤150(色温≤3300 K) | 50000 |
| 对光不敏感的展品,如铜铁等金属制品,石质器物,宝玉石器,陶瓷器,岩矿标本,玻璃制品、搪瓷制品、珐琅器等 | 展品面 | ≤300(色温≤4000 K) | — |

注:摘自JGJ 66-2015《博物馆建筑设计规范》。

（2）门厅照明。门厅是室内与室外的过渡空间，能给客人留下深刻的印象，从装修风格到照明设计，都要与酒店的整体风格、定位相统一。同时，还应考虑客人会做短暂逗留，并且门厅往往与主厅、大堂等重要空间连接在一起，门厅的照明设计简洁明快，有助于衬托出大堂的豪华气派，所以在照明设计上应采用简练的手法，仅以功能照度为准即可，对照明器的设计也应洗练、单纯。考虑到室外照度的昼夜变化，作为室内与室外的过渡空间，门厅的照明要设置调光器和开发，方便随时根据需要调节该空间的照明亮度，以适应室外照度的变化。

入口门厅内还要注意提高墙面和人面部的垂直面照度（天然光为背光面时，面部的照度）。照度值应考虑出入门厅时眼睛的适应状态，要达到能够识别人面部表情程度的要求，门厅照明设计如图 7-8-1 所示。

## 2.大堂照明设计

大堂往往集多种服务功能于一身，根据不同功能，大堂的内部可分为接待服务区、大堂经理区、休息会客区、垂直交通空间等，在选择照明方式上既要满足整体空间的照度要求又要兼顾不同功能区及相关功能的要求，为客人及服务人员提供充足合理的照度及照明方式，以提高使用效率及服务效率。不同的照明形式，应和谐统一，形成一个整体。所以，在设计照明时可作多方面考虑。

（1）总体照明。

由于大堂在建筑中占据重要地位，重点处理总体照明。总体照明是大堂里的中心照明，起装饰和控制空间尺度及调节气氛的作用，在设计时要与建筑、空间统一考虑，具体处理方法形式多样，其中带装饰性的发光顶或槽灯结合豪华的主题灯具等形势最为常见。大堂的总体照明要求照度在 150~250 lx，大堂照明的控制开关可设在总服务台内或在饭店服务人员方便操作的地方。一般酒店的大堂总是设有日夜不息的长明灯。

在考虑整体照明时还要考虑各功能区域内的局部照明因素。大堂总体照明可作为一般照明，而各功能区内的局部照明可以补充一般照明的不足，同时也

能丰富光环境的层次感。

（2）功能照明。

服务台上部照明、休息区照明、低空间的照明及道路照明等属于功能照明，对主要照明进行补充，形式要以主要照明为主体进行辅助设计。

大堂的接待区是客人进入酒店办理入住和退房手续、咨询各项事务的地方，它突出的功能决定了这个区域要有高于整个空间一般照度水平的照度，使这个区域能够在整体空间内形成视觉的焦点，有意引导客人明确空间中重要的服务区所在，服务台表面亮度要均匀，能够方便客人阅读及文字书写，并且垂直照度良好，使服务人员及客人的面部均有良好的照度，给人以有亲切的感觉。接待区多用暗藏式照明，以免产生眩光。

图7-8-1

大堂休息区是客人休息及会客的场所，在环境和气氛创造上相对隐蔽，有一定亲切感，通过恰当的照明可以更好地渲染这种气氛。休息区多配合家具的布局，设置体量适中、造型得体、风格独特的装饰台灯和落地灯进行照明，一方面可以满足功能要求，另一方面可起到装饰作用，并在大空间里起到与主要照明相呼应的作用。

目前，许多酒店的大堂是由多层空间组合而成的中庭空间，其中多以楼梯、电动扶梯、透明观光电梯等为垂直的交通手段，它们在大堂中的位置及景观作用非常重要，针对它们的照明应有较强的功能性及艺术性。功能性是指作为楼梯要有足够的照度，使人能够看清楼梯踏步，而艺术性是指当楼梯有一定装饰作用和空间组织作用时，就要通过照明，来体现它的立体感、材料质感。

对于大堂内一些服务设施，如银行的自助提款机、自动售货机、指示牌、电脑咨询、大堂经理台等可以采用局部照明方式，在设置灯具时要注意避免产生眩光，同时照度要适当，不宜过亮。

此外，大堂既是客人进出的主要场所，应急照明应在重点考虑范围之内。

（3）装饰照明。以照明器的形式装饰环境，或对装饰墙面、陈设进行照明，这种照明有时也兼做补充照明，大堂装饰照明实景如图是 7-8-2 所示。

## 3. 餐厅照明设计

酒店中餐厅的照明设计只针对风味特点、地域特色来满足其灵活多变的功能。餐厅内灯具的形式要与装修风格相匹配，要符合餐厅内的空间艺术要求，因此灯具在这里也称作灯饰。在中餐厅中可以选用中国古代的功能和现代的花色吊灯，以显示东方情调。西餐厅则采用西式吊灯以显示西方的情调。

中国人喜欢明亮富丽堂皇，所以中餐厅比西餐厅的照度高一些，中餐厅的照度要求在 60~200 lx，而西餐厅的照度则在 50~100 lx。中西餐厅的营造餐厅环境氛围的主要手段是，餐厅应该选用显色指数不低于 80 的高效灯具。餐厅常见的灯光设置有：

（1）均匀布置的顶光，采用吸顶灯和嵌入式筒灯做行列布置或满天星布置，也可采用装饰吊灯。

（2）烘托气氛的槽灯，一般有槽灯或分块暗潮灯等形式。

（3）装饰在适当位置上，适当数量的壁灯。

（4）餐厅铭牌灯光，比如 LED、霓虹灯组成的铭牌。

（5）专门照射陈设品的射灯。

（6）服务台的局部照明等。

一般高级饭店的大餐厅中都不设卡拉 OK 唱机，卡拉 OK 可以设置在包房内，因包房的门可以关闭，以避免影响他人用餐。

餐厅、咖啡厅、快餐厅、茶室等还应该设有地面插座和灯光广告用插座。有集中空调时，吊顶上要设出风口，还可能有烟感探测器和喷淋装置，所以灯具的布置还需与其他设备相配合。

餐厅中的照明控制仍以集中控制为主，集中控制照明开关箱的位置需设置在餐厅工作人员便于操作的地方。空调立柜的供电要有单独的回路，不能与照明回路合并。

## 4.多功能宴会厅照明设计

多功能宴会厅是举行大型宴会并兼顾其他功能的大型空间，照明方式要求多种方式组合，并配有调光器及分路开关设备以适应不同活动所需要的特殊照明与气氛。多功能宴会厅的照度要均匀，在照明灯具及照明形式上，多突出华贵、热烈和较强的装饰性。灯具的尺度应与空间的面积、高度等协调。多功能宴会厅的照度应达到 750 lx，光源的显色性要高，在一些特殊的活动时可考虑光色的变化。

图7-8-2

## 三、客房部分照明设计

三星级以上的旅馆都设有标准双床间、标准单床间、双套间、三套间，甚至豪华总统套间等。客房对照明的要求是满足一定使用功能，控制方便，就近开关灯，亮度可调，能够创造温馨宜人的气氛。

### 1.客房照明

客房入口处可以通过装在顶棚上的灯具或下射式电子节能灯具使入口处明亮一点，并使卫生间入口及壁柜有一定的照度，以满足其使用要求。从室内其他照明的设置来看，有床头照明、台面照明、休息区照明等，可以不设顶部照明灯具，而通过其他照明方式及反射光满足室内一般照明，这种照明组合会使客房充满温暖安逸的气氛。

室内照明设计应从门口及床头两方面入手，以方便客人使用。

床头照明应该为读书看报提供充足的光线，同时它的照射角度不干扰同房间其他客人休息。如果采用床头壁灯，其安装高度应略高于一个人端坐在床上的高度。

休息区照明可以采用可移动的地灯或窗帘盒内照明，地灯的好处是可以根据客人在室内的活动要求而移动位置。

化妆镜灯或化妆台上的台灯是满足客人在写字台上工作的白炽灯或 TLD/80 荧光灯管等，要求灯具款式大方以迎合空间的装修风格，光线漫射而简洁柔和。

卫生间内一般选用荧光灯或白炽灯照明，要求有良好的显色性及较高的照度，一般灯具设置在镜面上方。如果卫生间较大，可设防水防尘吸顶灯照明，以补充其他环境的照明。

客房灯具要求如表 7-8-1 所示，其照明平面实例如图 7-8-3。

### 2.客房照明控制

（1）客房照明控制应依据方便、灵活的原则，采用不同的控制方式。

①进门小过道顶灯采用双控，分别安装在进门门侧和床头柜上。

②卫生间灯的开关安装在卫生间的门外墙上。

③床头灯的调光开关及地脚夜灯开关安装在床头柜上。

④梳妆台灯开关可安装在梳妆台上。

⑤落地灯使用自带的开关。

⑥窗帘盒灯在窗帘附近墙上设开关，也可在床头柜上双控。

（2）现代旅馆客房还设有节能控制开关，控制冰箱之外的所有灯光、电器，以达到人走灯灭，安全节电的目的。常见节电开关有如下四种：

①在进门处安装一个总控开关，一个出门关灯，一个进门开关，这样做的优点是系统简单、造价低。

②进门钥匙采用联动方式，即开门进房后需将钥匙牌插入或挂到门口的钥匙盒内或挂钩上，带动微动开关接通房间电源。人走时取下钥匙牌，微动开关动作，经 10~30 s 延时使电源断开，也称为继电器式节能开关。它的优点是控制容量大，客人取下钥匙后即可自动断电。

③直接式节能钥匙开关，是通过钥匙牌上的插塞直接作用于插孔内的开关，通断电源，有 30 s 的延时功能，但控制功率较小。

④智能总线控制，通过移动传感器，探测到有人时，接通电源，灯亮，当没有人在房间里时，延时并自动切断电源。

## 四、康乐部分照明设计

### 1.理发店美容店健身场所照明设计

（1）理发店、美容店照明设计。酒店内部理发店、美容店的照明基本上要以突出亲切感为设计原则，重点是要突出照明的效果及轻松的气氛。

①理发、烫发、吹风区域的照明。理发师工作时一般是面向镜子站在顾客的后面的，需要看清顾客的头发的造型及光泽，所以在这个区域内一定要避免眩光。由于理发师和美容师工作时对视觉的要求非常高，这就要求店内光线能够均匀地投在顾客的头部和面部，以确保足够高的照度值。通常安装可调节照射方向的镜前灯，照度保证在 750~1500lx，显色性大于82。

表7-8-1 客房灯具要求

| 部位 | 灯具类型 | 要求 |
|---|---|---|
| 过道 | 嵌入式筒灯或吸顶灯 | |
| 床头 | 台灯、壁灯、导轨灯、射灯、筒灯 | |
| 梳妆台 | 壁灯、筒灯 | 灯应安装在镜子上方并与梳妆台配套制作 |
| 写字台 | 壁灯、台灯 | |
| 会客室 | 落地灯 | 设在沙发、茶几处，由插座供电 |
| 窗帘盒灯 | 荧光灯 | 模仿自然光的效果，夜晚从远处看，起到泛光照明的作用 |
| 壁柜灯 | | 设在壁柜内，将灯开关（微动限位开关）装设在门上，关门则灯亮、应有防火措施 |
| 地脚夜灯 | | 安装在床头柜的下部或进口小过道墙面底部，供夜间活动用 |
| 顶灯 | | 通常不设顶灯 |
| 卫生间顶灯 | 吸顶灯和嵌入式筒灯 | 防水防潮灯具 |
| 卫生间镜箱灯 | 荧光灯或筒灯 | 安装在化妆镜的上方，三星级旅馆，显色指数要大于80，设防水防潮灯具 |

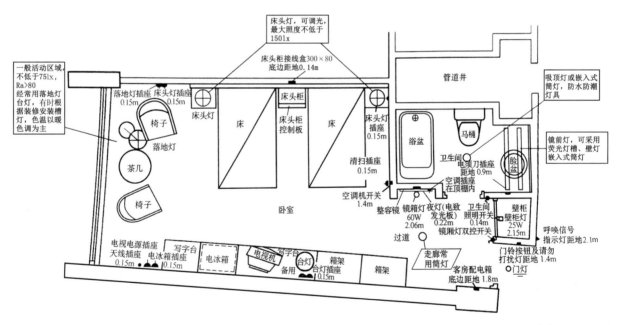

图7-8-3 客房照明平面示例

②洗发美容区域的照明。洗发美容区域因为顾客多面向顶棚接受服务，所以，应保证顾客的视线方向不要有外露的光源，灯具可采用带罩或格片的荧光灯。光源的显色性要较高，一般照明的照度在300~500 lx，化妆区的照度要在750~1500 lx。

## 2.健身场所照明设计

酒店内的附属健身场所，例如游泳池、健身房等是客人休闲放松身心的空间，其中的灯光环境必须舒适得当，照度不是主要的因素，应尽可能地避免由于过高照度给人带来的紧张感或者过低照度给人

带来的压抑感,以至于影响运动功能,一般来说保持
50~75 lx 的照度较为适宜,如图 7-8-4 所示。

### 3.保龄球馆的照明设计

（1）球道上应有均匀的照度。

（2）球道表面光洁度较高,应控制光幕反射。

（3）应限制光源的眩光。通常采用荧光灯,且
将顶棚做成锯齿形,其灯具安装在锯齿形的垂直面
上,如图 7-8-5 所示。

（4）餐饮及休息区可采用筒灯做行列或满天星
布置。

（5）服务台可采用嵌入式筒灯、吊杆式筒灯。

保龄球场的灯光可在配电箱内集中控制,瓦电箱
位置可以放在服务站或其他控制方便使用不影响装
饰效果的地方,也可以采用智能照明控制系统进行控
制。( 图 7-8-6 )

图7-8-4

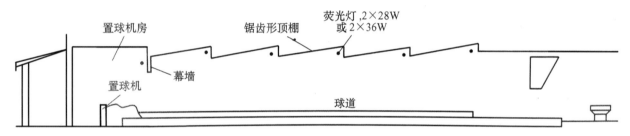

图7-8-5 保龄球照明示例

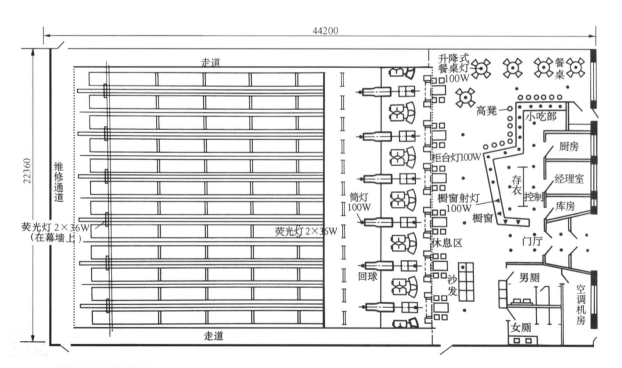

图7-8-6 保龄球场灯光布置图实例

## 第九节 会展空间照明

展会的主要功能不是直接销售商品，而是推广产品、接受订单、发布企业信息、宣传企业形象，同时得到参观者的反馈信息的空间。

### 一、会展空间照明的总体要求

会展空间照明的主要目的是运用视觉冲击力强的彩色光、动态光、光影艺术等手段增强观众的戏剧性视觉体验。通过光的塑造将展品更完美地呈现出来，迅速有效地传播信息是光效设计的首要任务；利用光的表现力为展示活动渲染有主题、有剧情的展示情境，使展品所承载的价值观、所代表的生活方式等深层次意义更深刻地被参观者认同是光效设计的终极目标。

### 二、会展空间照明灯具的选择及特点

目前国内外会展常用的灯具承载面有两种：一种直接利用空间围合结构安装灯具，如展区的墙壁、顶棚；另一种利用桁架结构，分为独立式与吊顶式，这些承载结构必须与展示设计的整体形象统一。从功能的角度考虑，模数化的桁架是展会设计的不错选择，如图 7-9-1、图 7-9-2 所示展厅，灯具悬挂于桁架上。

以最新的照明设计理念与照明技术表现产品，为提供优质的重点照明。所有展览场地都会提供基础照明，因此会展空间光效设计的基本任务是重点照明。

人工光源容易控制，富有戏剧性色彩的照明效果容易实现，要求灯具的显色性好，显示指数大于 80，可自由调节照明位置与照明方向，以应对场地出现的突发情况。在灯具上安装外附式遮光器，消除眩光干扰以及对其他展厅带来的光污染。而对于反射系数高的展品，可采用反光板方式形成间接光，更有效地避免眩光。同时使用智能调光器，改变亮度和颜色。

### 三、会展空间照明设计

#### 1.照明方式

所有的展览场地都会提供基础照明，所以会展空间光效设计的基本任务是重点照明。优质的重点照明，体现出最新的照明设计理念与照明技术。在商业展会空间中，设计师常用的照明方式有直接照明方式（与射灯和投光灯结合）、半间接照明方式（与反光板或墙面结合）、漫反射间接照明方式（与透光型材料结合）。

如图 7-9-3 所示，展厅采用 LED 灯带洗墙方式，形成柔和的间接光，到了每个展区，采用轨道射灯对展品进行直接照明，可以有效地调整观众的视线，时而放松视线，时而聚焦到展品上。

如图 7-9-4 所示，漫射灯罩和多个聚光灯从不同的角度对车身进行照射，以消除浓重的阴影，从而保证观众从不同的角度都能看清车身的细节。

图7-9-1、图7-9-2 会展照明可以给观众带来戏剧性的视觉体验，以吸引观众们的眼球

图7-9-3

为了呈现戏剧性的展示效果，设计师应将展示空间的形态、色彩和灯光作为一个整体来考虑。如图7-9-5、图7-9-6所示，从参观路线两边倾泻而下的巨型幕布，气势如虹，在巨型幕布的中部设置展柜，其高度正好适合观众了解展品。显而易见，重点照明区域是展柜，环境照明区域是幕布，二者的照度比值为3∶1，展柜内部采用了两种照明方式：一种是向下直射照明，照亮展品细节；另一种是从展柜底部发出的漫反射光线，远观展柜如同一颗晶莹剔透的水晶石，分外耀眼、夺人眼球。

图7-9-6

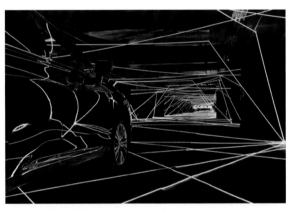

图7-9-4

图7-9-5

## 2.光效控制

创造视觉冲击力强的彩色光、动态光、光影艺术等戏剧光效，产生视觉体验。

现代会展光环境设计理念已从以往单纯塑造展品形象的阶段，发展成为一种注重参观者心理特征的有故事、有剧情的体验型设计理念。

观察图7-9-7、图7-9-8所展示的空间，利用光线营造出一种神秘的展示氛围，让观众沉浸其中。分析其照明方式，采用色温较高的光源对局部展厅透射，脚下的冷色LED灯带配合其星球的形状，局部的平台上运用投影形成动态光效，墙面也配合LED灯带勾勒出山体的轮廓，使得整个展示空间具有戏剧般的视觉体验，因为LED可以改变色温，所以变成暖色光后，空间呈现出另一种氛围。

图7-9-9高大顶棚的展厅，控制出光角度。以防光污染是首要任务之一。

图7-9-7、图7-9-8 通过改变灯光色温及形状，营造出神秘的展示气氛

图7-9-9 高大顶棚的展厅，控制出光角度。以防光污染是首要任务之一

### 3.设计注意事项

（1）灯具的眩光控制，建议采用外附式遮光器。因为展会现场的不确定因素很多，比如来自临近展区的彩色光，如果使用可以灵活调节的外附式遮光器，通过现场调节即可消除眩光干扰。此外，如果空间允许，还可在灯具上方增加反光板，形成柔和的光效，可以完全避免眩光。

（2）考虑其他展厅的光污染，提高光源的使用效率。在图 7-9-9 这类超高超大型的展厅中，灯具应集中在特定的区域，应提供高效的投光灯，保证空间中光线的均匀和有效。

## 第十节 观演空间照明

音乐厅、剧院、会堂、影院、体育馆兼作演出厅等类型都属于观演空间，观演空间的照明设计内容大体分为两个部分：舞台和观众席。相对于演出场景的照明设计，观赏空间的照明较为单纯，在保证彼此认清面部表情的照度基础上，以提供均匀照度的设备为主。

### 一、观演空间照明的总体要求

在实施舞台和观众席布光策略时，应充分考虑实施技术的可能性，才能保证最后的光效。建议设计者从以下四个方面进行调研和评估，保证设计策略的可行性。

第一，亮度控制：剧场以及观众席的大小、欣赏距离、内容情景的要求、投光距离、投射面积、功率、光效利用率。

第二，灯具的组合：灯具性能的利用、多灯排列设置、灯具组合共用、定点光、单灯、特灯、效果器材应用。

第三，布光效果：投光角度、投光方向、光区组合衔接、灯具的隐蔽方式和暴露方式。

第四，控制及操作：调光和改变电压，与情节相吻合的时空转换、变化时机、编程、操作、管理等内容。

## 二、观演空间照明灯具的选择及特点

参考典型剧场建筑剖面图 7-10-1，舞台照明灯具大致可分为两类：第一类为有聚光性的、用来照明特定部位的聚光灯，聚光灯又分为追光灯、截光灯、强光灯、菲涅尔透镜聚光灯（可以得到光斑边缘比较柔和自然的光）、平凸透镜聚光灯（可以得到光斑边缘比较清晰的配光，调整焦距可调整光束的宽度）；第二类为提供大面积均匀照度的泛光灯，包括舞台幕灯、舞台天幕灯、灯带、舞台前口灯，其光源的选择以卤钨灯为主，卤钨灯具有高亮度与高显色性，缺点是寿命短。

荧光灯与其他气体发电灯具有高光通量与高光效的特点，在克服其亮度不能控制在 0%~100% 范围内变化的缺点后，逐渐应用在舞台照明中。

根据灯具安装位置可分为三类，参考表 7-10-1。

### 1.悬挂式灯具

安装在舞台上部的聚光灯。

### 2.面光灯具

安装在观众席前方两侧的聚光灯。

### 3.顶光灯具

安装在观众席上方的聚光灯。从前门照射在舞台上，以保证从观众席能看见演员的面部。

表7-10-1 观演空间中的常用灯具类型及特点

| 灯具示意图 | 名称 | 特点 |
|---|---|---|
|  | 舞台檐幕灯 | 用于均匀照亮整个舞台台面 |
|  | 舞台天幕灯 | 用于照亮舞台背景 |
|  | 舞台前口灯 | 设置在舞台台口地面的灯具，自下而上照亮演员的全身 |
|  | 灯带 | 主要照亮舞台布景的简易型灯具在小型剧场中使用频繁 |
|  | 聚光灯 | 自动升降式聚光灯 自动升降水平吊杆聚光灯 |
|  | 强光灯 | 内藏反射镜的灯具，用于需要强光的时候，观众能直接看见光束 |
|  | 追光灯 | 光束集中，可以追踪舞台上移动的演员 |
|  | 顶光灯 | 设置在观众席上方的聚光灯 |
|  | 面光灯 | 安排在观众席两侧的聚光灯 |

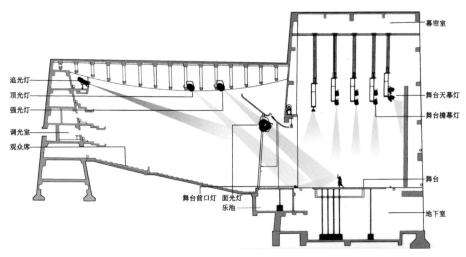

图7-10-1 综合型观演空间的剖面图，标出常用的灯具类型和位置，仅供参考

## 三、观众席照明的布光原则

通常，观众席根据不同"时间段"的需求来切换照明模式：

升场前或演出休息中，为减轻观众疲劳感的布光策略，一般利用两侧墙壁提供照明，或利用顶棚提供照明，如图 7-10-2 所示，在剧场观众席上方安装华丽的灯具，提供足够的亮度，便于演出开场前观众看清整个剧场空间的特点。

开场后的引导照明策略，既不能影响观众的观赏，又要保证观众临时进场或出场时找到正确的方向。

观众席的安全照明和应急照明系统，在人群聚集的封闭空间内，安全照明设计策略非常重要，设计者应充分考虑。

图 7-10-3 同样为音乐会，由于演出空间和演出规模不同，光效设计截然不同，前者舞台较小，光线集中在舞台上，后者空间高大，为了吸引现众注意力，一部分动态光源射向观众席，拉近观众与舞台的距离。

## 四、舞台照明的布光原则

舞台布光是观演空间光环境设计构成的重要组成部分，是根据情节的发展对人物以及所需的特定场景进行全方位的视觉环境的灯光设计，并有目的地将设计意图以视觉形象的方式再现给观众的艺术创作。应该全面、系统地考虑人物和情节的空间造型，严谨地遵循造型规律，配置合理的光线。

### 1.利用光线塑造演出情景所需的形象角色、创意描写

（1）外部形象的描写：主光源、环境光、轮廓逆光。

（2）心理描写：对白、独白、回忆、希望、幻想。

（3）创意描写：具象、抽象、写实、非写实。

### 2.利用光线表现剧情所需的舞台时空环境

（1）空间环境的表现。

（2）时间环境的表现。

（3）季节环境的表现。

（4）特定环境的表现。

图7-10-3

图7-10-2 剧场

### 3.利用光线把握演出情节所需的舞台气氛

（1）通过调整光线的亮度来改变舞台氛围，意味着设计师要控制不同区域之间的明暗对比度，可以采用背景光亮度减弱和重点区域亮度加强等方法。

（2）通过调整色彩关系来控制舞台的氛围，设计师可以改变光源的色相、更换有色滤镜、电脑控制LED光源变色模式、降低色彩的饱和度等。

（3）结合演出内容来调整照明的方式，例如从直射光转换成间接光，从追光转换成漫反射光。

（4）利用光塑造舞台的时空特征。一台戏或一场音乐会，可以通过光的色相和亮度改变来提醒观众，白天向夜晚转变；又可以通过光运动频率来暗示观众，从缓慢发展的古代进入高科技的现代。

如图 7-10-4，因为光，舞台才能成为舞台，得以让演员赏心悦目，让观众为之激动。

如图 7-10-5，典型的室内音乐瀚弃空间，光环境的稳定性高于灵活性。

图7-10-4

图7-10-5

## 第十一节 室内应急照明

应急照明作为工业及民用建筑照明设施的一个部分，同人身安全和建筑物、设备安全密切相关。电源中断，特别是建筑物内发生火灾或其他灾害而电源中断时，应急照明对人员疏散、保证人身安全、保证工作的继续进行、生产或运行中进行必需的操作或处置，以防止再生事故，都占有特殊地位。目前，国家和行业规范对应急照明都做了规定，随着技术的发展，对应急照明也提出了更高要求。

### 一、应急照明的基本要求

#### 1.应急照明种类

应急照明包括备用照明、安全照明、疏散照明。

（1）备用照明：正常照明因故障熄灭后，需确保正常工作或活动继续进行的场所，应设置备用照明。

（2）安全照明：正常照明因故障熄灭后，需确保处于潜在危险中的人员安全的场所，应设置安全照明。

（3）疏散照明：正常照明因故障熄灭后，需确保人员安全疏散的出口和通道，应设置疏散照明。

#### 2.应急照明照度

按照 GB 50034-2013《建筑照明设计标准》要求，应急照明照度标准值宜符合下列规定：

（1）备用照明的照度值除另有规定外，不低于场所一般照明照度值的 10%。

（2）安全照明的照度不低于该场所一般照明照度值的 5%。

（3）疏散通道的疏散照明的照度值不低于 0.5 lx。

备用照明还应视继续工作或生产、操作的具体条件、持续性和其他特殊需要，选取较大的照度。如医院手术室内的手术台，由于其操作的重要性和精细性，而且持续工作时间较长，就需要和正常照明相同的照度；又如国家的大会堂、国际会议厅、贵宾厅、国际体育比赛场馆等，由于其重要性，需要和正常照明相等或接近的照度。在这些情况下，往往是利用全部正常照明，在电源故障时自动转换到应急电源供电。

对于大型体育建筑，应急照明除上述应急照明种类外，还应保证应急电视转播的需要。要求应急电视转播照明的垂直照度不应低于 700 lx，并能同时满足固定摄像机和移动摄像机对照明的要求。

### 3.应急照明转换时间和持续工作时间

（1）转换时间：应急照明在正常供电电源终止供电后，其应急电源供电转换时间应满足：

①疏散照明、备用照明不大于 5 s（金融商业交易场所不大于 1.5 s）。

②安全照明不大于 0.5 s。

疏散照明平时应处于点亮状态，但在假日、夜间无人工作仅由值班或警卫人员负责管理时例外。当采用蓄电池作为其照明灯具的备用电源时，在上述例外非点亮状态下，应保证不能中断蓄电池的充电电源，以使蓄电池处于经常充电状态。

（2）持续工作时间。

①疏散照明：按 GB50016-2014《建筑设计防火规范》（2018 年版）规定，应急持续工作时间不应小于 30 min。

②安全照明和备用照明：其持续工作时间应根据该场所的工作或生产操作的具体需要确定。如生产车间某些部位的安全照明，一般不小于 20 min 可满足要求；而医院手术室的备用照明，持续时间往往要求达到 3~8 h；生产车间的备用照明，作为停电后进行必要的操作和处理设备停运的，可持续 20~60 min，按操作复杂程度而定，作为持续生产的，应持续到正常电源恢复；对于通信中心、重要的交通枢纽、重要的宾馆等，要求持续到正常电源恢复。

应急照明持续工作时间及照度要求，应满足根据建筑物内人员的疏散或暂时继续工作实际计算所需时间，应急照明最少供电时间及照度如表 7-11-1 所示。

上述为设计标准要求的最短供电时间，按 GB17945-2010《消防应急灯具》规定，消防应急灯具的应急工作时间应不小于 90 min，且不小于灯具本身标注的应急工作时间。

## 二、应急照明设计

### 1.疏散照明设计

（1）疏散照明的功能。

①明确、清晰地标示疏散路线及出口或应急出口的位置。

②为疏散通道提供必要的照明，保证人员能安全向出口或应急出口行进。

③能容易看到沿疏散通道设置的火警呼叫设备和消防设施。

（2）需设疏散照明的场所。

应该根据建筑物的层数、规模大小及复杂程度，更应考虑建筑物内聚集的人员多少，以及这些人员对该建筑物的熟悉程度等因素综合确定。下列场所需要设置疏散照明：

①高层民用建筑；一类高层居住建筑的疏散走道和安全出口应设置疏散指示标志照明，二类高层居住建筑可不设置。

②影剧院、体育场馆、展览馆、博物馆、美术馆，公共娱乐场所，建筑面积大于 1000 m² 的商店（开敞、半开敞式菜市场除外）、建筑面积大于 500 m² 的餐饮服务场所等人员密集的单层、多层公共建筑或场所。

③观众厅、宴会厅、歌舞娱乐放映游艺场所及每层建筑面积超过 1500 m² 的展览厅、营业厅、建筑面积超过 200 m² 的演播室等。

④医院、疗养院、康复中心、幼儿园、托儿所、养老院（老年公寓）等单层、多层医疗保健和婴幼老弱残障人员服务设施。

⑤候机楼、长途汽车客运站、公共交通枢纽、火车站、地铁车站等公共服务设施。

⑥车位不少于 50 辆的单建、附建汽车库。

⑦综合楼、写字（办公）楼、旅馆、图书馆、档案馆、教学楼、科研楼、学生宿舍楼等其他多层公共建筑或场所。

⑧地下、半地下民用建筑（包括地下、半地下室）及平战结合的人民防空工程。

⑨特别重要、人员众多的大组工业生产厂房、大

面积无天然采光的工业厂房等。

⑩公共建筑内的疏散走道和居住建筑内长度超过 20 m 的内走道；当疏散距离最近安全出口大于 20 m 或不在人员视线范围内时，应设立疏散指示标志照明。

（3）疏散照明的布置。

①出口标志灯的布置。

A. 出口标志灯宜安装在疏散门口的上方、建筑物通向室外的出口和应急出口处；在首层的疏散楼梯应安装于楼梯口的里侧上方，距地不宜超过 2.2 m。出口标志灯，应有图形和文字符号，在有无障碍设计要求时，宜同时设有音响指示信号。

B. 可调光型出口标志灯，宜用于影剧院、歌舞娱乐游艺场所的观众厅，在正常情况下减光使用，应急使用时，应自动接通至全亮状态。

C. 出口标志灯一般在墙上明装，如果标志面与出口门所在墙面平行（或重合），建筑装饰有需要时，宜嵌墙暗装。

②疏散指示标志灯的布置。

A. 疏散走道（或疏散通道）的疏散指示标志灯具，宜设置在走道及转角处离地面 1 m 以下墙面上、柱上或地面上，且间距不应大于 20 m；当厅室面积太大，必须装设在天棚上时，则应明装，且距地不应大于 2.2 m，安装在 1 m 以下时，灯外壳应有防止

机械损伤措施和防触电的措施；指示标志灯不应影响正常通行。

B. 高层建筑的楼梯间，还宜在各层设指示楼层层数的标志。

C. 应急照明灯具应设玻璃或其他非燃材料制作的保护罩。装设在地面上的疏散标志灯应防止被重物或受外力损伤。（图 7-11-1）

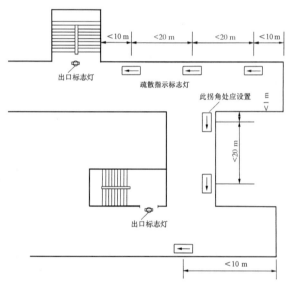

图7-11-1 出口标志灯、疏散指示标志灯的设置部位示例

表7-11-1 应急照明最少供电时间及照度

| 名称 | 供电时间 | 照度水平 | 场所举例 |
|---|---|---|---|
| 疏散照明 | 小于100 m高层建筑为20 min，大于100 m高层建筑为120 min<br>人防：战时大于隔绝防护时间 | 一般场所：不应低于0.5 lx<br>人防：疏散通道不应低于5 lx | 安全出口、疏散走道，主要疏散路线、台阶处等 |
| 备用照明 | 场所内工作或生产操作的具体需要时间一般大于20 min<br>人防：战时大于隔绝防护时间 | 一般场所、人防：高于正常照明照度的10%。最少不低于5 lx<br>重要场所：正常照明照度的5%，乃至100% | 一般场所：餐厅、营业厅、歌舞娱乐放映游艺场所、餐厅、避难层等<br>重要场所：配电室，消防控制室、备用电源室、应急广播室、电话站、安全防范控制中心、计算机中心等 |
| 安全照明 | 场所内工作或生产操作的具体需要时间<br>人防：战时大于隔绝防护时间 | 一般场所、人防：大于正常照明照度5%<br>重要场所：正常照明照度 | 一般场所：裸露的圆盘锯、放置炽热金属面没有防护的场地等<br>重要场所：重要手术室、急救室等 |

③疏散照明灯的布置。

A.疏散通道的疏散照明灯通常安装在顶棚下，需要时也可以安装在墙上。

B.应与通道的正常照明结合，一般是从正常照明分出一部分以至全部，作为疏散照明。

C.灯的离地安装高度不宜小于2.3 m，但也不应太高。

D.疏散照明在通道上的照度应有一定的均匀度，应选用较小功率灯泡（管）和纵向宽配光的灯具，适当减小灯具间距。

E.楼梯的疏散照明灯应安装在顶棚下，并保持楼梯各部位的最小照度。

F.疏散照明灯的装设位置应满足容易找寻在疏散路线上的所有手动报警器、呼叫通信装置和灭火设备等设施。

## 2.安全照明设计

（1）设置场所。

①照明熄灭，可能危及操作人员或其他人员安全的生产场地或设备，需考虑设安全照明，如裸露的圆盘锯、放置炽热金属而没有防护的场地等。

②医院的手术室、抢救危重病人的急救室。

③高层公共建筑的电梯内。

（2）装设要求。

安全照明往往是为某个工作区域某个设备需要而设置，一般不要求整个房间或场所具有均匀照明，而是重点照亮某个或几个设备，或工作区域。根据情况，可利用正常照明的一部分或专为某个设备单独装设。

## 3.备用照明设计

（1）需要装设的场所。

①由于照明熄灭而不能进行正常生产操作，或生产用电同时中断，不能立即进行必要的处置，可能导致火灾、爆炸或中毒等事故的生产场所。

②由于照明熄灭不能进行正常操作，或生产用电同时中断，不能进行必要的操作、处置，可能造成生产流程混乱，或使生产设备损坏，或使正在加工、处理的贵重材料、零部件损坏的生产场所。

③照明熄灭后影响正常视看和操作，将造成重大影响或经济损失的场所，如重要的指挥中心、通信中心、广电台、电视台，区域电力调度中心、发电与中心变配电站，供水、供热、供气中心，铁路、航空、航运等交通枢纽。

④照明熄灭影响活动的正常进行，将造成重大影响或经济损失的场所，如国家级大会堂、国宾馆、国际会议中心、展览中心、国际和国内比赛的体育场馆、高级宾馆、重要的剧场和文化中心等。

⑤消防控制室、自备电源室、配电室、消防水泵房、防排烟机房、电话总机房以及在火灾时仍需要坚持工作的其他房间等。

⑥照明熄灭将无法进行营运、工作和生产的较重要的地下建筑和无天然采光建筑，如人防地下室、地铁车站、大中型地下商场、重要的无窗厂房、观众厅、宴会厅、歌舞娱乐放映游艺场所及每层建筑面积超过1500 m² 的展览厅、营业厅等。

⑦照明熄灭可能造成较大量的现金、贵重物品被窃的场所，如银行、储蓄所的收款处，重要商场的收款台、贵重商品柜等。

⑧疏散楼梯（包括防烟楼梯间前室）、消防电梯及其前室，合用前室，高层建筑避难层（间）等。

⑨通信机房、大中型电子计算机机房、BAS中央控制站、安全防范控制中心等重要技术用房。

⑩建筑面积超过200 m² 的演播室、人员较密集的地下室、每层人员密集的公共活动场所等。

⑪照明熄灭可能会产生严重交通事故的特殊场所，如较长隧道的照明。

⑫需要继续进行和暂时进行生产或工作的其他重要场所。

（2）装设要求。

①利用正常照明的一部分甚至全部作为备用照明，尽量减少另外装设过多的灯具。

②对于特别重要的场所，如大会堂、国宾馆、国际会议中心、国际体育比赛场馆、高级饭店，备用照明要求较高照度或接近于正常照明的照度，应利用全部正常照明灯具作备用照明，正常电源故障时能自动转换到应急电源供电。

③对于某些重要部位，某个生产或操作地点需要备用照明的，如操纵台、控制屏、接线台、收款处、生产设备等，常常不要求全室均匀照明，只要求照亮这些需要备用照明的部位，则宜从正常照明中分出一部分灯具，由应急电源供电，或电源故障时转换到应急电源上。

### 4.供电

（1）供电电源。

应急照明为正常照明电源故障时使用，因此除正常照明电源外，其应由与正常照明电源独立的电源供电，可以选用以下几种方式的电源：

①来自电力网有效的独立于正常电源的馈电线路。如分别接自两个区域变电所，或接自有两回路独立高压线路供电的变电所的不同变压器引出的馈电线。

②专用的应急发电机组。

③带有后备蓄电池组的应急电源（交流／直流），包括集中或分区集中设置的，或灯具自带的蓄电池组。

④上述三种方式中两种或三种电源的组合。

（2）各种供电电源的特点。

①独立的馈电线路。特点是容量大、转换快、持续工作时间长，但重大灾害时，有可能同时遭受损害。这种方式通常是由工厂或该建筑物的电力负荷或消防的需要而决定的。工厂的应急照明电源多采用这种方式，重要的公共建筑也常使用这种方式，或该方式与其他方式共同使用。

②应急发电机组。特点是容量比较大，持续工作时间较长，但转换慢，而且由于燃油的安全性对于发电机组而言需要特殊设计与维护。一般是根据电力负荷、消防及应急照明两者的需要综合考虑，单独为应急照明而设计往往是不经济的。对于难以从电网取得第二电源又需要应急电源的工厂及其他建筑，通常采用这种方式；高层或超高层民用建筑通常是和消防要求一起设置这种电源。

③带有后备蓄电池组的应急电源。特点是可靠性高、灵活、方便，目前有自带蓄电池组的应急灯具和集中蓄电池电源（EPS）形式。

④两种以上电源组合的方式。通常只限于在重要的或特别重要的公共建筑、超高层建筑中使用，由于其建设费用高，必须根据其重要性和特殊要求确定。

（3）设计原则。

应急照明电源可采用集中式应急电源，亦可采用照明器具自带，电池组的分散应急电源。并应满足以下要求：

①当建筑物消防用电负荷等级为一级，采用交流电源供电时，宜由消防总电源提供双电源，采用双电源自动切换应急照明配电箱。

②消防用电负荷等级为二级采用交流电源时，宜由应急电源提供专用回路，宜采用树干式或放射式供电。

③高层建筑楼梯间的应急照明，宜由消防总电源中的应急电源提供专用回路，采用树干式供电，每层或最多不超过5层设置应急照明配电箱。

④备用照明和疏散照明，不应由同一分支回路供电，当建筑物内设有消防控制室时，疏散照明宜在消防控制室控制。

⑤疏散指示标志和出口标志所处环境的自然采光或人工照明能满足蓄光装置的要求时，可采用蓄光装置作为此类照明光源的辅助照明。

# 8

## 外环境照明设计

# 8 外环境照明设计

## 第一节 室外景观照明的基本概念

景观照明是一种渲染气氛、美化环境的装饰性照明，是地区文化素养、科技水平和经济实力的一种体现。景观照明设计是室外照明设计的重要组成部分，它包括室外的店面、招牌、广告、建筑、街道、水景及园林的照明设计，它注重的是由亮度和色彩与周围环境的对比中表现出光的和谐，而不是照度值本身。景观照明是充分地运用光线的强弱变幻、色彩搭配、强光照射等特点，与环境产生和谐的效果，从而产生奇妙的效果，使城市景观空间在黑夜降临之后能光彩夺目、淋漓尽致地表现出其特有的风格，从而产生巨大的社会与经济效益。（图 8-1-1）

图8-1-1 售楼部景观夜景

## 一、景观照明的含义

所谓景观照明是指既有照明功能，又兼有艺术装饰和美化环境功能的户外照明设施。

### 1.景观照明的组成与界定

景观照明的范围很宽，但一些专业资料并无介绍和界定。通常它应该包括：街路照明，广场、公园、草坪照明，建筑立面照明，商业照明和旅游点，如水岸、码头、雕塑、喷水、溶洞等的照明。

### 2.景观照明与环境的关系

许多人认为，照明的目的是照亮物体，没有考虑照明的质量能源的节约和环境的保护，混淆了城市景观照明绿色与节能的关系，这是错误或者是片面的。客观地讲，由于一些景观照明载体局部的表现需要，必须提高照明光源的亮度。前提是：（1）不造成能源浪费；（2）不造成光的污染；（3）不影响照明效果；（4）不超指标（LPD值）规定。在这种情况下，当然是"越亮越好"。这标志着光源性能的改善和光效的提高。因此，对提高亮度的问题需要具体区别对待。

## 二、景观照明在环境中的功能与作用

景观照明的作用有：安全作用，提供光源环境，保证人们出行安全的效率；环境作用，美化环境、树立城市美好形象；商业作用，通过照明使广告牌和建筑物更加豪华多姿，从而更为突出机关或商家的气魄和实力。

### 1.景观照明在环境中的实用性

今天，虽然社会已经进入电子时代，但任何设施和器具都无法取代照明设施。它仍是当今能够改变环境、延长白昼的最好唯一手段。景观照明是人们得到温饱之后追求良好的光环境的产物。不仅要求它明亮、豪华、美观、舒适，而且要求它对人身无伤害、对生态有利等。

### 2.景观照明在环境中的艺术性

景观照明是一种平民大艺术，当人们置身在那五光十色、异彩纷呈的夜景中时，都会产生一种美感和激情、幸福和冲动，这就是环境效应。作为景观照明，它是遵循着美的规律努力创造出多种抒情的生活环境，给人类带来更多的享受，使人们更热爱生活，从而激发出他们的聪明才智和创造性。这就是景观照明在和谐环境中的艺术性。（图8-1-2、图8-1-3）

### 3.景观照明在环境中的科学性

现代科学证明，良好的照明能改善人的心血管呼吸系统功能，提高情绪中枢神经系统的总兴奋度，可促进新陈代谢过程。研究还表明：照明不足能造成人的视觉紧张，整个肌体易于疲劳，从而出现高度易激性、注意力分散、记忆力减退、逻辑思维能力下降、睡眠方式和女性排卵周期的改变及内分泌失调等症状的发生。为此，人类充分合理地利用现代照明，与环境和谐相处，对于人类身心健康有着十分重要的意义。（图8-1-4、图8-1-5）

## 第二节 城市各建筑外观照明

一个建筑在城市之中的作用不只是营造了一个行为场所，更有可能会引起整个城市文化价值的提升。引用凯文·林奇的《城市印象》中的一句话："建筑产生城市。"建筑外部形体对于建筑的重要性在于，建筑的文化价值始终与城市的文化价值紧密联系在一起。城市文化的塑造对促进经济的作用是显而易见的，现在的人评论城市也不只是城市的大或小、新或旧，而是某个标志性的建筑或者是城市中所体现出的精神，北京的天安门和长城与纽约的

自由女神像，便是城市魅力的反映，也是建筑与场所的独特性。

## 一、夜景照明的建筑类别及照明特点

### 1．商业建筑

商业建筑主要包括专业购物中心、商场、商品交易会、百货大楼、商厦、超市、地下商业街等营业性建筑，该类建筑往往处在城市中心区域或人流量较密集区。该类建筑照明应先根据当地的城市商业文化特色，收集相关的资料去了解其商业、文化、人文背景，希望通过其城市的渊源、文化内涵来定位在灯光照明设计方面，该运用什么样的照明方式去很好地诠释其特色。然后再从建筑特点及其饰面材料等方面决定光源的光色与运用，通过光源颜色和灯光亮度的相互协调、空间设计风格与特色配合塑造商业展示主体形象，创造出富有层次变化的夜景（图8-2-1）。为了渲染活跃的商业氛围，商业建筑的照明可以适当使用动态照明。商业建筑的照明主要可分为名称和标志照明、橱窗照明、建筑物立面照明三大部分。

### 2．文博建筑

此类建筑作为人类文明进步的标志，记录着一个地区和民族的文化历程。其建筑的永久性是给人们的第一印象，因此，设计既要出新，也要表现对本土化与全球化的认知。照明除应满足使用功能外，还不能忽视其本身所具有的美学功能，并应充分体现特定的文化意义（图8-2-2）。根据具体功能，文博建筑照

图8-1-2 艺术中心夜景

图8-1-3 滨江路夜景

图8-1-4 建筑夜景

图8-1-5 建筑照明

明设计可以结合一些特殊照明方式，着重突出建筑物的个性特点、时代特征和高科技含量。照明方式可以采用静态与动态相结合的方式，必要时可以在局部适当运用彩色光，以营造轻松愉快的气氛。

### 3．交通建筑

　　该类建筑主要按照交通工具的不同，可大致分为铁路、公路、航空以及水运四类。交通建筑属于公共建筑，服务城市内外的大众，是城市和地区的门户，针对该类建筑进行良好的照明设计既满足功能需求，又有助于提升城市形象。交通建筑多采用在顶部设置的照明和在侧壁设置的照明共同作用，形成多层次、立体化的空间照明效果（图8-2-3）。交通建筑多采用整体投光、局部投光、内透光等多种照明方式相结合的方式，其光色宜用暖白色，亲切宜人，高效节能。

### 4．行政办公建筑

　　行政办公建筑往往集中在城市的主副中心地带，是具有鲜明时代特征的建筑类别。其照明设计以庄重大方、简洁明快为主调，一般不宜使用彩色光。投光照明、轮廓照明、内透光照明等方式可以综合使用，建筑物上的标识、楼名、国徽等还可以特别给予重点照明，以使其突出醒目。

图8-2-1 酒楼夜景照明

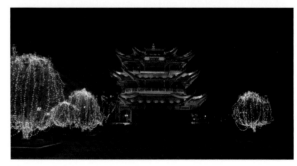

图8-2-2 文博建筑夜景照明

### 5．标志性历史建筑

　　标志性历史建筑能够直观地反映出所在城市的历史文化传统和地域风貌，将具有重要政治历史价值和高层艺术品位的建筑物照亮，能集中地呈现一个城市的文化风貌，令城市居民引以为豪，给旅游者美好深刻的印象。灯具设备的风格应与建筑物的风格协调一致。要特别注意灯具设备的安装与维护不可以破坏建筑物的外观与结构，不可以破坏建筑物白天的观瞻效果。（图 8-2-4）

图8-2-3 城市轻轨交通建筑照明

图8-2-4 标志性历史建筑照明

### 6．酒店建筑

酒店建筑通常交通便利、造型独特、风格鲜明，适当亮化可以符合其商业经营的需求，同时其夜间照明设计也必须兼顾宾客夜间休息的需要。酒店建筑为营造所需的氛围，多采用整体与局部投光照明相结合的方式，其光色多以暖色调为主，必要时在主入口、标识牌等重点位置还可以部分地采用动态照明，以示强调。（图 8-2-5）

### 7．科教建筑

根据所在城市夜间照明的整体需要适当亮化，节能和避免商业化是这类建筑亮化时应该特别注意的方面。宜采用简洁的照明方式，使用单一的光色，注重主次分明的亮度搭配，合理体现其应该具有的文化品位与科研学术特质。

### 8．体育建筑

体育建筑往往造型新颖，具有强烈的地域特征和时代特征，体量和跨度一般较大，体育建筑明显的结构变化位置是进行夜景照明重点处理的部分。体育建筑夜间照明设计的成功，会使其成为城市夜间景观的重要地标，有助于提升城市的整体品位。体育建筑的照明还应该注重分时段设计，即应该明确有赛事时，其照明要充分考量体育竞技的功能需求和运动气质的体现，无赛事时，要考虑其与城市夜景照明或区域夜景照明的呼应关系，兼顾美观与节能，具有良好的照明图景。（图 8-2-6）

## 二、专项照明的建筑类型及照明特点

### 1．居住类建筑

居住建筑的照明与控制设计，需要满足照明的舒适性和节能性的双重要求。对住宅建筑采用科学合理的节能控制手段，使其拥有良好的视觉空间环境，并搭建起一个舒适、安全的光环境，从而保护与提高人们的工作生活质量。若从城市夜景照明的整体效果考虑，在不影响居民生活的前提下，对坡屋顶层多住宅的顶部或者高层住宅的顶部造型部分可以做适当的投光照明，以便创造温馨但又不至于形成光污染干扰的居住气氛。

### 2．医疗建筑

医疗建筑应该保障常规的功能性照明，有效地为医疗服务，而且也要考虑为病员创造一个宁静和谐的照明环境，有益病员的治疗和康复。尽量减少装饰性照明，即使是标识照明、导向照明等也应尽量避免采用彩色照明、动态照明、特殊照明等太过于喧闹的照明方式，以避免对病患者的心理和生理造成不必要的负面影响。

### 3．工业建筑

根据产品生产特点，工业建筑应严格遵照生产条件的不同来进行工厂照明设计。同时工业建筑一般位于城市的郊外，没有必要进行大面积的泛光照明与装饰照明，只需有基本的功能性照明、标识照明等。

## 三、建筑物夜景照明的要求

对于建筑物夜景照明的基本要求就是将功能照明和装饰照明有机地结合于一体。这就要求建筑物夜景照明应该科学合理、技术先进、特色鲜明、美观大方、地域特色明显、文化品位较高、富有艺术表现力及各具特色又和谐统一。

### 1.功能合理，技术先进

（1）视觉的舒适性。

建筑物夜景照明应根据人们的视觉特性进行光配色。首先要掌握白天的自然光和夜晚的灯光照明的不同条件，在认真分析建筑物的特征和形象内涵的基础上，通过光和影的变化为建筑物重塑一个与白天明显不同的新形象。不能盲目求亮，否则不仅浪费能源，还会产生眩光，给人们在视觉上造成不适。

（2）照明方法的合理性。

即根据建筑物的外形结构及外墙材料设想其夜间可能达到的照明效果（图8-2-7）合理选择照明方法。通常是综合运用多种照明方法来表现建筑物的特征、文化内涵等。

（3）技术的先进性。

充分体现照明技术和艺术的有机结合，做到照明功能合理，并富有艺术性，也就是既要照得亮，又要照得好、照得美、照得有特色。新技术、新理念不仅有助于提升照明效果，同时也有助于节能和方便后期运营和维护。

### 2.主次有序、特色鲜明

（1）主次有序、重点突出。

针对建筑物进行夜景照明设计，首先应该了解原建筑设计的构思与意图，要在深入研究其周围环境的基础上，借助照明手段，恰当地突出被照主体在环境中的地位。对于主体应采用重点布光，加强关键部位和装饰细部的照明。当然，建筑立面亮度的变化应当过渡自然、层次分明，重点与一般用光部位应适当并尽量取得协调平衡。

图8-2-5 酒店建筑夜景照明　　图8-2-6 国家体育中心鸟巢夜景照明

图8-2-7 结合建筑物结构的夜景照明

（2）尊重历史，提升文化品位。

建筑物是社会、地域、民族文化的载体，具有丰富的历史文化内涵，特别是城市标志性建筑物，其主题和文化内涵更是意义深刻。在夜晚，要想用光色诠释建筑物的历史文化内涵，必须首先深刻理解并把握好建筑物的历史渊源、造型特征等相关信息，根据这些信息综合技术、艺术的照明方法加以表现才可能做到照明效果的恰如其分。

（3）美观大方，富有艺术表现力。

建筑与雕塑、绘画等均属于艺术门类。建筑被誉为"凝固的音乐"，光则是建筑艺术的灵魂。白天，自然光使人们感受到建筑之美；夜晚，灯光展现建筑夜间的美。建筑物夜景照明不仅要照亮，还要符合美学法则，满足人们的审美需要，通过艺术感染力给人以难忘的享受。（图8-2-8）

（4）和谐统一，整体性良好。

建筑物夜景照明，一方面，要求建筑物本身各个部分的照明配合得当、主次有序；另一方面，也应和周边环境和谐统一，以保证区域或城市夜景照明的整体性。

### 3.遵循艺术规律，符合美学法则

建筑物夜景照明既是一门科学也是一门艺术。要提高建筑物夜景照明的文化艺术水平，就必须遵循艺术规律和美学法则。在建筑夜景照明设计中，要使设计方案既满足建筑功能要求，又具有很强的艺术性，应将照明方法和建筑设计的构图技巧等融为一体，做出针对性的艺术处理。设计人员既要熟练掌握照明知识与技能，又要具备一定的建筑知识和艺术审美能力，遵循城市建筑艺术规律和建筑形态的美学法则，牢牢把握建筑物的特征及其历史文化内涵，巧妙地利用光影、色彩等手段，使建筑夜景具有迷人的艺术魅力和美感。（图8-2-9）

（1）遵循建筑艺术规律。

建筑夜景是城市夜景的主体，是建筑艺术的升华，故应遵循建筑艺术的规律。

①统一。

体现在城市建筑艺术上是整体美，它要求一座城市的空间是有序的，城市面貌是完整的。遵循这一规律，城市夜景照明必须强调整体规划与建设，方能取得城市夜景在艺术上的整体美的效果。

图8-2-8 充满动感变化的立面夜景照明

图8-2-9 建筑立面光色照明

②变化。

体现在城市建筑艺术上是特色美，每座城市都有自己的特色，每座城市内的不同区域也具有各自的特色。变化的规律还体现在城市是一个动态体系，它在时间和空间上都处于不停地发展变化中。在此基础上人们提出了城市建筑艺术是一个四维空间艺术体系的概念。遵循变化这一规律，建筑物夜景照明切忌一般化，应适度强调特色。

③协调。

遵循协调这一规律，在建筑夜景照明设计时，应该充分考虑城市建筑的空间与时间的变化所引起的建筑物差异，照明效果应协调有序，避免突兀。

（2）符合建筑美学法则。

建筑是一种既要满足人们功能要求，又要满足人们精神要求的人造空间环境，具有实用与美观的双重属性。人们要创造出优美的空间环境，就必须遵循美的法则进行构思设想，直到实现宏伟蓝图。建筑形式美法则简而言之就是建筑物的点、线、面、体以及色彩和质感的普遍组合规律的表述，包括以下八个方面：

①建筑体型的几何关系法则，即利用简单的几何形体求得统一的法则。

②建筑形态美的主从法则，即处理好主从关系、统一建筑构图的法则。

③对比和微差法则，含不同度量、形状、方向的对比、曲直对比、虚实对比、色彩和质感对比等。

④均衡和稳定法则，含对称与不对称均衡、动态均衡和稳定等。

⑤韵律和节奏法则，含连续、渐变、起伏、交错等。

⑥比例和尺度法则，含模数、相同、理性比例、模度体系与尺度等。

⑦空间渗透和层次法则，建筑物的夜景照明依据主次应该有适当的层次处理，部分远离主要景观建筑的建筑或建筑群可以简化处理其夜景照明，使其逐渐隐退，甘做配景，但又不要突然取消夜景照明，以避免主要景观建筑过分突兀。

⑧建筑群的空间序列法则，在建筑物夜景照明中同样应该合理体现高潮、过渡和衔接、收束等。

建筑形式美法则随着时代的进步与科技的发展会不断地丰富变化，设计师应该自觉持之以恒地学习、理解相关知识，在建筑照明设计过程中，遵循形式美法则，用灯光将建筑艺术魅力与美感表现出来。

## 四、建筑物夜景照明设计

建筑夜景照明的方法主要有投光（泛光）照明法、轮廓灯照明法、内透光照明法、装饰照明和特种照明等。实践项目中，通常会将其中两种或两种以上的照明方式相结合，以得到理想的效果。少量使用泛光照明，提倡局部照明，适当设置装饰照明，适度强调内透光的照明方式，针对性强调建筑形式的艺术照明，是建筑物照明的发展特点。重大节事期间，采用大功率影像投射技术，将图形、文字或视频投射到建筑物表面上的方式，在商业、旅游环境和城市广场等场所已被较多使用，这种特殊的照明方式能够更有效地渲染节庆期间的夜晚气氛。

### 1.投光（泛光）照明

投光照明法就是用投光灯直接照射建筑物立面，在夜间塑造建筑物形象的照明方法，是目前建筑物夜景照明中使用最多的一种照明方法（图8-2-10）。其照明效果不仅能显现建筑物的全貌，而且将建筑物造型、立体感、饰面颜色和材料质感，乃至装饰细部处理都能有效地表现出来。投光照明法又分为整体投光照明法和局部投光照明法。

（1）整体投光照明。

整体投光照明也称泛光照明，是建筑物夜景照明的基本方式。通常以卤钨灯、金卤灯、高压钠灯等为光源，采用的灯具为专用的大型投光灯具。整体投光照明需从五个方面保障其照明质量：

①要确定好被照建筑物立面各部位表面的照度与亮度，以确保照明层次感强，无需将建筑物外立面均匀地照亮，但是也不能在同一照射区内出现明显的光斑、暗区或扭曲建筑物的情况。

②合理选择投光方向和角度，一般不要垂直投光，以至降低照明的立体感。

③投光设备的安装应尽量做到隐蔽，见光而不见灯。采用投光照明方式，应精心调整最佳投光方向和装灯位置。对固定灯具的支架也要认真进行设计，特别是灯架的尺度外观造型、用料及表面颜色等均应和整个建筑及周围环境协调一致，做到不仅在功能上合理，而且在白天看了也感到美观舒适。

④灯光的颜色要经过针对性的专业研判，以淡雅、简洁、明快为主，防止色光使用不当而弄巧成拙，破坏建筑风格。（图8-2-11）

⑤投光不能对人产生眩光和光的干扰，注意防止光污染。

投光照明是基本的照明方式，但不是唯一的方式。玻璃幕墙建筑特别是隐框幕墙，不适合采用这种照明方式。

关于投光照明的照度或亮度取决于被照面的颜色、反射比及其所在环境的明暗程度。

（2）局部投光照明。

局部投光照明是将小型的投光灯直接安装在建筑物上照射建筑物的局部。通常建筑物立面上高低起伏的造型部分均可为灯具的安装提供便利条件。将照明器安装在被照物体的后面，具有体积感和纵深感。内部的结构照明使用埋地的泛光照明方式，灯具的配光一般采用较窄的光束，功率不大，但照射的效果非常丰富，将大功率的投射照明分解到建筑物上，既可有效避免眩光，又有利于节能。小型投光灯具可以针对立面上的窗框、拱、小型浮雕和其他建筑细部进行照明。历史性建筑和现代建筑的重点照明都可以采用这个手法，展示戏剧化的照明效果。局部使用一个小型投光灯照亮建筑物上的浮雕，在窗子的两侧各设置窄光束的小型投光灯向上投射营造庄严的构图，在垂直方向产生变化。对这类建筑，人们总是期待照亮最漂亮的细节和营造最兴奋的效果。使用不同的光束角有助于用光形成韵律，从强烈的窄光束到柔和的宽光束，光将揭示出建筑物的细节和典雅结构。（图8-2-12）

（3）投光灯的照射方向和布灯原则。

①投光灯的照射方向。

投光灯的照射方向和布灯是否合理，直接影响到建筑物夜景照明的效果。对凹凸不平的建筑物立面，

图8-2-10 建筑物整体投光照明

图8-2-11 简洁素雅的建筑物立面夜景照明

为获得良好的光影造型效果，投光灯的照射方向和主视线的夹角在 45°~90° 之间为宜，同时主投光 A 和辅投光 B 的夹角一般为 90°，主投光光亮是辅投光光亮的 2~3 倍较为合适。

建筑物立面造型不同,会产生不同落差的起伏变化,投光灯的照射角度应该因此有所不同。（图 8-2-13）

②布灯的原则。

A. 投光方向和角度合理。

B. 照明设施（灯具、灯架和电器附件等）尽量隐蔽，力求见光不见灯，与环境协调一致。

C. 将眩光降至最低。在大多数投光照明方案中，都包含投光灯具的位置和投光方向、灯具的光度产生眩光的可能性。因此计算检查眩光（直接或反射眩光），将眩光降至最低点，都是很有必要的。

D. 维护和调试方便。

③投光灯的位置和间距。在远离建筑物处安装泛光灯时，为了得到较均匀的立面亮度，其距离与建筑物的高度之比不应小于 1/10。

在建筑物上安装泛光灯时，泛光灯突出建筑物的长度取 0.7~1m。低于 0.7 m 时会使被照射的建筑物的照明亮度出现不均匀，而超过 1 m 时将会在投光灯的附近出现暗区，在建筑物周边形成阴影。在建筑物本体上安装投光灯的间隔与泛光灯的光束类型、建筑物的高度有关，同时还要考虑被照射物的颜色和材质、所需照度的大小以及周围环境亮度等因素。

（4）投光照明的一般规律。

建筑物种类繁多，造型千变万化，夜景照明的方法也丰富多样；要做到既将建筑物照亮，又使之富有艺术表现力，给人以美的感受，设计者必须根据建筑艺术的一般规律和美学法则针对建筑物的具体情况认真研究用光技巧，总结专业规律。

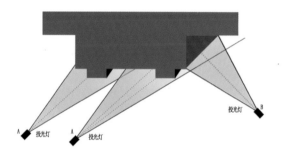

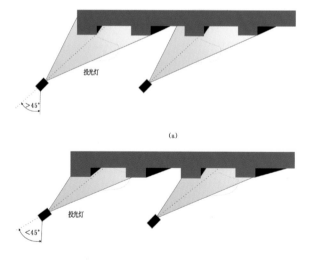

图8-2-12 精致的建筑物细部照明

图8-2-13 建筑物局部投光照射示意图

投光照明的一般规律有以下几点：

①主次有序。夜景照明并不是要求把建筑物的各个部位照得一样亮，而是按突出重点、兼顾一般的原则，用主光突出建筑物的重点部位，用辅助光照明一般部位，使照明富有层次感。主光和辅助光的比例一般为 3∶1，这样既能体现出建筑物的注视中心，又能把建筑物的整体形象表现出来。（图 8-2-14）

②合理把控用光方向。通常，照明的光束不能垂直照射被照面，而是倾斜入射在被照面上，以便表现饰面材料的特征和质感。被照面为平面时，入射角一般取 60°~85°；如被照面有较大凹凸部分，入射角取 0°~60°，才能形成适度阴影和良好的立体感；若要重点显示被照面的细部特征，入射角取 80°~85°为宜，并尽量使用漫射光。

③注重光影的韵律和节奏美。在建筑物的水平或垂直方向有规律地重复用光，使照明富有韵律和节奏感。（图 8-2-15）以长廊的夜景照明为例，利用这种手法创造出透视感强，并富有韵律和节奏的照明效果，营造引人入胜或曲径通幽的意境。

④巧妙应用逆光和背景光。逆光是从被照物背面照射的光线，逆光可将被照物和背景面分开，形成轮廓清晰的三维立体剪影效果。

⑤充分利用好光影和颜色的退晕效果。（图 8-2-16）针对建筑物立面进行投光照明，并非立面照度或亮度分布越均匀越好，而且，实际上完全的均匀效果也着实难以达到，因为立面上的照度和被照到灯具的距离成平方反比变化，很难均匀。因此，立面上的光影和颜色由下向上或由前向后逐渐减弱或增强，即退晕。将退晕充分加以利用，可使建筑物立面的夜间景观效果更加生动和富有魅力。

⑥科学选择动态或静态照明。对流线形或异形的建筑立面，运用灯光在空间和时间上产生的明暗起伏，形成动态照明效果，使观赏者产生一种生动、活泼、富有活力和追求的艺术感受；反之，对构图简洁、以直线条为主的建筑立面，则不宜采用动态照明，使用简洁明快、庄重大方的静态照明比较科学合理。

⑦慎用色光。要谨慎使用色光，并非完全不可以使用。由于色光使用涉及的问题很多，如使用合理，

图8-2-14 富有层次的建筑物夜景照明

图8-2-15 节奏感强的建筑物夜景照明

或可实现无色光照明所难以达到的照明效果。对于纪念性公共建筑、行政办公楼等建筑的夜景照明应以庄重、简明、朴素为主调，一般不宜使用色光，必要时也只能局部使用彩度低的色光照射。对商业和文化娱乐建筑可适当使用色光照明，彩度可提高一点，有利于创造轻松、活泼、明快的彩色气氛。

⑧使用重点光画龙点睛。对政府机关大楼上的国徽、写字楼、星级酒店等建筑物的标志、楼名或特征等极醒目部分，在最佳方向使用好局部照明的重点光，可起到画龙点睛的效果。天安门城楼上的毛主席画像就是使用远射程追光灯进行重点照明，收到了突出重点的照明效果。

⑨特定条件下用模拟阳光，在夜晚重现建筑物的日间景观。因白天阳光多变，另有天空光，严格来说，完全重现建筑物的日间景观是不可能的，但在特定条件下，重现建筑物白天的光影特征是可能的。如北京国贸大厦的主楼东侧向就设置了 1800 W 窄光束的射灯，照明中国大饭店前的屋顶花园，使宾客身临其境，犹如白天，光影特征类似午后三四点钟，效果较好。

⑩对于大型建筑物，综合使用几种投光照明和照明方法是营造好建筑夜景的有效办法。(图 8-2-17)

投光照明方案的设计有两点特别值得注意：

A. 投光照明只是夜景照明方式中的一种。设计时，若投光照明不能完整地表现建筑物的夜景形象时，应考虑同时使用其他的照明方式，如轮廓灯或内透光照明方式等。

B. 绘制预期照明效果图时，应实事求是，尽力做到效果图和设计方案一致，不能随意渲染或艺术夸张照明效果，避免对照明方案的分析、交流、探讨、决策造成误导。

## 2.轮廓照明

轮廓照明主要采用单个光源（白炽灯或紧凑型节能灯）、紧凑型荧光灯、冷阴极荧光灯、发光二极管、串灯、霓虹灯、美耐灯、导光管、光纤、激光管、数码管等轮廓灯勾绘建筑轮廓，以表现或突出建筑物的轮廓和主要线条，轮廓照明对轮廓丰富的建筑物群体的照明效果较好。(图 8-2-18)由于经济和技术水平限制，中国改革开放前的建筑物夜景照明绝大部分采

图8-2-16 建筑物立面夜景照明色彩效果

图8-2-17 建筑物夜景综合照明效果

图8-2-18 商业建筑物立面轮廓夜景照明

用这种照明方式。轮廓照明通常不宜单独使用，尤其不宜单独用于造型简洁、体量庞大、维修不便的现代建筑。在选用轮廓照明时，应充分考虑建筑与景观的区域夜景规划要求、环境概况、类型划分、轮廓造型、结构特点、饰面材料、维修难易度、能源消耗及造价等具体情况，综合分析而定。使用点光源排列构成线状勾勒建筑物轮廓时，灯具间距太密会提高工程造价、增加能耗，间距太疏则不易起到勾勒建筑物轮廓的作用，所以，其间距要通过仔细研究建筑物尺度和观者视点距离远近来确定。使用线光源时，线光源形状、线径粗细和亮度都应与建筑物特征匹配，并结合观者视点距离远近来确定。轮廓照明一般与投光照明配合使用效果较好，北京天安门城楼就是两种照明方式合理搭配的经典案例。建筑夜景照明实践项目多为同时综合采用投光照明、轮廓照明、重点照明等多种照明方式。

### 3.内透光照明

内透光照明是利用室内光线向外透射形成照明效果的建筑夜景照明方式。（图 8-2-19）对于玻璃幕墙以及外立面透光面积或外墙被照面反射比低于 0.2 的建筑，宜选用内透光照明。可用于内透光照明的光源有荧光灯、白炽灯、小功率气体放电灯等。内透光照明做法较多，综合而言，主要可以归纳为以下三类。

（1）随机内透光照明。

利用室内一般照明灯光，夜晚不熄灯，使光线向外透射，是目前国内外采用率最高的一种内透光照明方式。

（2）建筑化内透光照明。

将内透光照明设备与建筑物结合为一体，安装在窗户上或室内靠窗或需要重点表现其夜景的部位。（图 8-2-20）

（3）演示性内透光照明。

借用窗户或直接在室内利用内透光元素按需组成不同图案，在电脑控制下，进行灯光艺术表演。这种内透光照明方式主题鲜明，艺术性较强，效果理想。（图 8-2-21）

内透光照明具有以下优点：

（1）内透光照明不必在建筑物外部设置夜景照明设备，不影响建筑物立面景观，可以较好地保证建筑物外观的整洁美观。

（2）相比较投光照明，内透光照明因不需将照明设备安装在建筑物本体上，为设备的运行维护带来较大方便，由于照明设备多不处于室外环境中，可以避免自然环境对其的侵蚀污损及可能的人为破坏，就大大地减少了运行维护的工作量和成本，有节资省电、维修方便、安全高效等益处。

（3）由于内透光照明方式多采用低功率、低亮度的光源，照明设备又能进行良好的隐蔽安装，因而该照明方式溢散光少，其产生的眩光接近于无，相对而言，属于光污染易控的夜景照明方式。（图 8-2-22）

图8-2-19 建筑物内投光夜景照明

图8-2-20 建筑化内投光照明

图8-2-21 建筑物演示性夜景照明

（4）建筑物外立面投光照明是通过建筑墙面对光的反射和散射来产生夜景效果。通常的立面照明都是由下至上向墙面投光，大量的反射光射向了与视线方向相反的天空，既污染了天空，也降低了建筑物夜景的效果。而内透光照明的用光方向则与此相反，它的反射光多集中在水平线以下的空间中，这有效地提高了用光率，属于绿色照明理念的一种体现。（图8-2-23）

（5）巧妙利用建筑物数量众多的窗口单元，内透光照明可以演绎出数不胜数的图案组合，以满足人们求新求变的审美需求，使建筑物在不同时段展示出多元的自身形象，烘托良好的环境氛围。（图8-2-24）

内透光照明与建筑立面特征、窗户造型、建筑用材、建筑结构、照明设备等诸多因素有关，因此，设计采用该照明方式时，照明设计师和建筑师应密切合作，充分论证，综合考量，力求达到理想效果。

## 4.装饰照明

装饰照明是为配合城市重大节事等特殊场所、特殊时段的要求，营造热烈、欢快、富于戏剧化的喜庆氛围，利用灯饰装点建筑物，加强建筑物夜间表现力的照明方式。常用的照明光源有光纤、霓虹灯、白炽灯等。

## 5.特种照明

特种照明是为某些商业建筑，配合城市重大节事，利用激光、光纤、导光管、发光二极管、大功率电脑灯、太空球灯、全息摄影、智能控制技术等高新科技营造特殊夜景照明效果的特种照明方式。特种照明方案应按需在实施前经过模拟实验加以验证。

## 6.建筑化夜景照明

建筑化夜景照明是将照明光源或灯具和建筑物的墙体、柱、檐、窗户等部分建筑结构或构件融合为一体的夜景照明方式。近年来，基于照明科技的高速发展，尤其是LED技术的迅速崛起和广泛运用，建筑化夜景照明的观念愈发深入人心，其益处广为受众所认识和接受。（图8-2-25）

将材料、多媒体、三维虚拟现实、遥感等技术与照明融为一体的诸多方法为人们带来了美妙绝伦的体验，为城市夜景照明设计带来了积极有益的启发。这种在照明技术应用上大有突破与发展的模式，激发了人们的参与意识，强化了人与环境的互动，大大提升了城市夜间景观的品质。

图8-2-22 建筑物低照度夜景照明

图8-2-23 建筑物立面内投光照明夜景

图8-2-24 建筑物立面窗口夜景照明

建筑照明一体化设计配合一定的数字媒体界面，展示动态的视觉效果。例如，将 LED 灯具衬在 PC 材料正后方，在表皮材料之后进行 LED 灯具投光而形成光影效果；也可以直接把 LED 灯具安装在建筑结构构件的外侧，通过大规模 LED 分布式控制系统——LED Bus 总线技术，对每个建筑节点处的全彩全色温 LED 星光灯以及整个大范围的各类灯具实施同步控制，并结合 LED 的实时媒体播放技术和三维曲面显示图像技术，以此实现了良好的夜间效果。

另外，通过采用低像素、大间距 LED 为基层，并增加一个中间构造层次——"光介质层"以及表面的成像材料，这种三个构造层次的设计可以克服 LED 灯直接暴露于屏幕表面、表面亮度高、容易产生眩光等缺点，打破了平面媒体 LED 显示屏单一的界面模式，使屏幕造价更经济，制造工艺和系统更便捷，显示内容更丰富，能创造出更加富有艺术气息的建筑物夜景视觉效果。

鼓励高层办公楼、商住建筑等建筑物，在科学论证的前提下，尽量采用包括 LED、高度气体放电灯光源、节能型荧光灯光源等在内的绿色照明技术，光效高、能耗低的新产品实现照明与建筑一体化。实践证明，照明与建筑一体化拥有诸多方面的优势，值得广泛应用。设计选型时，应注意光斑灯产生的光斑的外形尽量一致。光斑灯灯具通常体积较小，需要采取相应散热措施，以延长光源的使用寿命。

（1）建筑化线性灯饰照明法。

建筑化线性灯饰照明法的一般做法是将高亮度美耐灯或通体发光光纤、霓虹灯等线形发光条嵌装在建筑物立面需要夜景装饰的部位，形成和建筑物一体的线性内透光发光条（图 8-2-26、图 8-2-27）。注意装饰的部位和图案要与建筑物立面的特征协调一致，有别于一般轮廓灯的照明。线性灯饰的表面亮度要与背景有明显的对比度。嵌装线性灯饰的光条构造的防水性能要好，检修要方便。动态变幻图案的变光速度不应过快，防止出现闪光现象。北京中粮广场裙楼采用的就是建筑化线性灯饰夜景照明。

（2）建筑化发光盒照明法。

发光盒有多种形式与大小，方形、圆形，甚至异

图8-2-25 建筑化夜景照明

图8-2-26 建筑化线性夜景照明

图8-2-27 商业建筑物线性夜景照明

形等，根据设计方案而定。光盒内一般装光效高、寿命长的荧光灯或者低功率 HID 灯。光盒应构造结实，防尘防、水性能好，检修方便。（图 8-2-28）

（3）建筑化发光带照明法。

发光带是在发光盒的基础上形成的，连盒成带。通常采用 T5 或 T8 荧光灯作为光源，出光口用漫透射的聚碳酸酯板封闭。发光盒表面亮度应均匀，注意防止暗区的出现。

（4）建筑化发光面照明法。

发光面类似灯箱，多用透光的乳白聚碳酸酯板制成，光源采用 T5 荧光灯管，均匀排列，其大小及形状由设计师根据方案需要而定。发光面的表面要特别注意亮度的均匀性。

（5）建筑化外墙灯槽照明法。

建筑化外墙灯槽照明法是利用外墙上部或中部挑出的壁檐或横向勒线位置设计灯槽，将光源、灯具隐藏其间，通过照射墙面，形成均匀明亮的光带，以装饰建筑夜景。这种方法无眩光，见光不见灯，日夜景观兼顾较好。

（6）建筑化满天星墙面照明法。

建筑化满天星墙面照明法是将点光源、嵌入式卤钨灯、端头发光的光纤和小的发光盒等发光源与墙面组合为一体，美化建筑物夜景立面（图 8-2-29）。光点的分布视建筑物立面和构造而定。采用的光源、灯具及做法应该技术先进，方案科学，并充分考虑设施检修、运行与管理等问题。

（7）建筑化满天星屋顶照明法。

建筑化满天星屋顶照明的结构和做法，跟建筑化满天星墙面照明法的情况类似。照明光源应选用光效高、寿命长、维修便利的 LED、光纤等类型，发光点的分布要根据屋顶的材料和结构而定。

# 第三节　城市商业街照明

商业街通常是城市中心区域，在空间、景观、交通等方面具有多功能、多形态、多业态的一种城市商业综合体。

# 一、我国商业街的主要形式

按交通组织特点和街道建筑类型特点来分析：

## 1.步行街

通常是在城市中心区域某些限制车辆通行的商业街叫步行街，如北京的王府井大街、上海的南京路、重庆的解放碑等（图 8-3-1）。街道上可以设置各类城市设施，如小品、景观、雕塑、绿化、座椅等，安装适宜的照明设施，为人们提供了较为舒适的空间。与此相应的在与步行街相邻的区域设有公共交通系

图8-2-28 建筑化发光盒夜景照明

图8-2-29 建筑化满天星墙面夜景照明

统如地铁、公交车站，交通十分便捷，已成为具有购物、餐饮、娱乐、休闲等综合功能的公共空间。

### 2.开放式商业街

开放式商业街很多是城市原来商业较集中的一些街道改造而成，如重庆的北城天街等（图8-3-2）。这类商业街建筑形式多种多样，地面或路面也都进行了全新整改。开放式商业街可以容纳较多的人流，这都给商业街照明提供了良好的基础。

### 3.骑楼式商业街

近代在两广、福建、海南等地，骑楼是一种主要的商住建筑物。因此骑楼式商业街不但历史悠久而且地方特色明显，其明显特点是商家的一层有外伸廊道，既可遮雨，又可遮阳。但是这种传统的商业街街道路面通常较狭窄，视野不开阔，也不利于建筑物的改造装饰，所以进行照明设计有一定难度。

### 4.拱廊式商业街

拱廊式商业街是在商业街的顶部建有顶棚，起到遮雨和半采光作用的一种商业街形式，这类商业街一般禁止机动车辆通行，街内主要为商家店铺，虽然不便安装道路照明设施，但其主体不管是商店还是道路，均能通过照明实现宜人的空间效果。（图8-3-3）

### 5.地下式商业街

现在许多大城市兴建了一些以商业为主的地下式商业街，有的是利用人防工程改建成而成。地下商业街有充足的光源，光线柔和，部分地下商业街还开有透明天窗，以利采光透气，同时与地铁站相通，交通和购物十分方便。

## 二、商业街照明的构成要素

### 1.商业街道路、广场照明

（1）人行步道照明（或有车行道照明）。

（2）大型商场或娱乐场前小型广场的照明。

### 2.商业街建筑物照明

（1）建筑物底部的橱窗照明。

（2）建筑物中部的商家标牌门面照明。

图8-3-1 城市商业步行街夜景照明

图8-3-2 重庆北城天街入口夜景照明

图8-3-3 拱廊式商业街照明

（3）建筑物上部大型广告照明。

### 3.商业街户外广告照明

霓虹灯、显示屏、投影幻灯、灯箱，以及各种静态广告。

（1）照明形式多样，亮度高、色彩丰富，常常将声、光、电相结合。

（2）灯具、灯柱具有装饰性，营造繁华、欢乐、喜庆气氛。

### 4.商业街绿化照明

树木、草坪、花坛等植物照明。

### 5.商业街公共设施及灯具照明

城市公共设施、小品类照明，如雕塑、喷泉水景、电话亭、书报亭、标识牌、垃圾箱、公交停车站、过街天桥等设施照明。

## 三、商业街照明的功能特点

### 1.提升城市中心形象，强化商业功能

良好的商业街照明，在提升城市形象的同时，也进一步激发了城市的活力。白天，造型优雅的照明灯具与商业街的建筑物、公共设施构成街景的有机组成部分；夜晚，绚丽的灯光塑造了城市迷人的另一面，使人流连忘返，也触发了人们的购物欲望。（图 8-3-4）

### 2.降低城市内及其商业街周边的交通事故

根据国际照明委员会（CIE）在其 1992 年出版的《对付交通事故的照明》中介绍，夜间在商业街、市内街区、住宅区道路、火车站入口、公共汽车站等地，因人多路窄，所以行人容易出现交通事故。在改善城区道路照明后，发生的交通事故明显减少，在英国减少了 23%~45%，在瑞士减少了 36%，在澳大利亚减少了 21%~57%。大部分商业街已经成为或正在改造成为名副其实的步行街，只允许公交和消防车辆进出，在商业街附近设立公交车站、地铁站，使得城市照明条件得到极大改善，基本上消除了交通事故，在商业街步行的人安全感大大提升。

### 3.减少犯罪率，提高社会治安

在美国，专业调研显示：由于改善公共照明，纽约市内公园的犯罪率下降了 50%~80%，底特律的街道犯罪率下降了 30%，亚特兰大商业中心区的 14 条街道的各类犯罪案件下降了 15%。该调研结果表明，犯罪与暴力案件和黑暗（包括照明不良、无照明）有内在联系，所以，改善商业街的照明条件，提高了城市夜间能见度，有利于人们自我防范并增强其安全感，同时也便于治安人员执行公务，清晰明确地预测和分析犯罪的动机和动向，因此，无论白天和夜晚，犯罪分子都无法借助黑暗进行违法犯罪活动，大大改善了城市的治安环境。

## 四、商业街照明的要求和设计要点

### 1.商业街的照明要求

（1）保证车辆驾驶员看清车道上的人或步出人行道、横穿马路的人，具有足够的驾驶反应时间。

（2）保证行人看清步道、车道、台阶、斜坡或障碍物，避免摔跤。

（3）保证行人通过面部表情来识别前方（4m 远）步行者的企图——友善、冷漠或怀有敌意，有足够时间采取任何必要的规避动作。

（4）保证行人能看清来往的车辆，判断之间的距离、行驶方向和接近的速度。

（5）保证能够清晰辨认建筑招牌、各种路标、指示牌等有着导向作用的标记。（图 8-3-5）

（6）提供一个安全健康、轻松愉快、舒适宜人、雅俗咸宜的高品质夜景以吸引更多的受众。由于涉及的照明范围较广，通常需要综合协调照明、电气、建筑、城市规划、城市管理等多方面的专业人员以共同完成这一规模宏大的艰巨工作。

### 2.商业街照明设计要点

商业街照明设计是复杂的系统工程，既要具有科学性，又要体现艺术性，创作空间很大，对于优秀的设计方法必须借鉴，但不宜照搬。

（1）遵循城市的总体照明规划。

商业街照明是城市照明的一个重要组成部分，商

业街照明设计要根据城市照明总体规划的要求来展开，包括商业街基本照明的照度、形式、色彩，商业街空间照明层次分布，重点商场、饭店、游乐场的夜景照明和门前小广场照明的基本要求等。

（2）统筹协调，展示城市地域特色。

很多商业街是城市地域文化、历史和商业繁荣的集中体现，因此商业街照明一方面应与城市文化内涵相协调，另一方面通过创造舒适的灯光环境，增加商机、促进消费、提升城市形象。

（3）兼顾日间景观。

对商业街进行夜景照明的同时，其构筑物、小品设施、灯具、广告、标牌、绿化等，也要从造型、色彩、品位等方面考虑在日间的景观效果。商业街的日间环境和夜间光环境，应该体现一个城市的地域文化特色，在创造赏心悦目的生活环境前提下，还要刺激消费，以推动城市经济的发展。（图8-3-6）

（4）立足于道路照明的商业街基本照明。

①根据国际照明委员会要求，商业街区人行道照度标准需提高100%，人行道地面平均水平照度不低于15 lx，均匀度大于0.4，即使不考虑商业街广告、橱窗照明的增光效果，也能满足商业街最基本的照明需求。而商业街车行道路面照度标准等同于类似道路照度标准，因此车行道路面平均照度应不低于25 lx，另外还应根据具体情况，实行半夜灯减光或其他调光措施。

②虽然道路照明作为基本照明，也需要从灯具样式、空间与层次等方面着手提升设计品质，与商业街文化内涵相呼应。通过形式多样的道路照明设计，即使在白天，灯具也能成为城市空间中的亮点。

很多时候灯杆和灯架的造型、材质、加工质量将直接影响商业街白天的整体形象及晚上的观赏效果，目前在选用灯杆、灯架时一般选用精加工钢制品、高强度铝合金制品和不锈钢制品；灯具、灯杆和灯架尽量选用同一厂家产品，以便统一协调，以保障白天和夜间都具有特色。

③充足的水平照度和一定的垂直照度可使行人能看清4 m以外来人面部及其他物体，这是商业街照明与一般道路照明的重大区别。既要满足这一要

图8-3-4 商业街优雅的照明灯具

图8-3-5 商业街指示牌照明

图8-3-6 商业步行街入口标识夜景照明效果

求，做到照度均匀，同时还要控制眩光，因此灯具类型、杆高、杆距等方面就需要进行正确的计算和选择。很多时候垂直照度欠缺，可灵活利用户外广告照明、橱窗照明等来弥补。

④道路照明还要注意控制眩光，不对行人、司机和户内视觉造成伤害。灯柱不宜超过 10 m，杆距不宜超过 30 m。

⑤商业街照明光源要求显色性要好、光效高、寿命长，一般显色指数应不小于 80，色温宜在 3000~5500 K 之间，通常使用金属卤化物灯、节能灯等。

⑥商业街照明与景观环境相协调，商业街的景观灯、庭院灯、路灯、地灯等与建筑物上霓虹灯、泛光照明、灯箱、橱窗等整体构成城市灯光环境效果。（图 8-3-7）

⑦商业街的市政设施，如电话亭、书报亭、行人休闲设施、雕塑、小品、喷泉及绿化等景观元素照明的亮度应明显高于背景亮度。

⑧商业街上人流不定向，整个街区不像普通道路一样呈"线状"而更趋向"面状"，步道灯需向四面八方提供光信息，选用配光属对称型的步道灯较为合理。一般情况下，在 10~15 m 宽的道路上，采用对称布置时，步道灯高 4~8 m 较为经济。步道灯的间距由步道灯的光度数据和照度标准值确定。

⑨道路照明要充分考虑预留其他形式的商业街公共设施的照明用电和建筑物立面照明用电，必要时，设立配电箱。配电箱对商业街各照明设施进行重大节日、一般节日、正常运行分路控制。

（5）突出历史文化内涵。

许多城市的商业街往往凝聚众多文化历史，如传统建筑、历史旧地、名人故居等，巧妙的灯光设计会使它们大放异彩，重获新生，使人们得到物质和精神的满足。

（6）广告及标识照明设计要点。

户外广告和标识是商业街照明的重要组成部分，也是现代社会人们获取信息的最直接方式之一。户外广告除了作为企业宣传产品的手段和途径外，夜间的广告照明也可以补偿城市公共空间的功能性照明。标识照明具有向人们传达建筑物使用信息、步行方位指示、交通指向的作用，其功能性和艺术性的结合，是城市夜晚景观中的符号性照明（图 8-3-8）。对广告照明和标识照明的设计主要从形式、照明方式、安装位置、照明质量等方面考虑，根据广告的效果、造型的多样化和安装场所，可分别采用霓虹灯、多面翻、旋转、显示屏、投影幻灯、灯箱等动态或静态广告，它们的设置位置可以在建筑物的屋顶、墙面上，也可以独立于街面上，如地面广告和候车厅的灯箱广告。

户外广告的投光照明有两种方式：一种是自下而上式；另一种是自上而下式。前者投射灯具布置在广告牌的下方，广告画面整体效果好，但上照光较难控制，一部分光会射向天空，引起光污染。灯具的选择和布置要注意配光和间距，尤其要将光束投向广告板内。后者的投射灯具是安装在广告牌的上方。所有的光线都是向下照射，光照的利用率较高，而且没有光污染的担忧。灯箱广告为了使广告画面达到最佳的效果，应该控制广告画面的亮度，并根据画面的亮度设计计算灯箱内的光源灯具及安装方法。灯箱画面的均匀度是指光源附近亮度与远离光源部分的亮度之比。均匀度为 1 时最佳，均匀度为 2 时是可容许的最大值，对于大多数的广告灯箱，其均匀度为 1.3~1.5 时可达到满意的效果。

灯箱广告使用的光源一般为日光灯，为了消除箱面的"灯管影"和维持广告的亮度，灯管间距 10~15 cm 较为合适。设计不当的广告照明会对环境产生不良影响。高功率泛光灯或闪烁的霓虹灯是否对附近居民产生影响，城市交通道路上的灯光广告及标识是否会引起驾驶员的不适，这些应该在设计初期进行评估。在生态保护区的广告照明，应该事先评估其对于动植物的影响。在广告照明设计中应强调环境保护的概念，慎重选择照明方式，尽可能减小户外广告照明对环境的不良影响。

## 五、商业街的照明方式

一般商业街照明采用分层设计，按三层布光的方法：上层屋顶用投光或串灯照明呈现建筑物的天际轮廓线，中层用各具特色的墙面泛光或灯箱广告形成中

图8-3-7 商业步行街灯箱照明效果

图8-3-8 商业街广告及标识照明

景，底层以高照度的橱窗照明及商店内透光以及店标照明和商店入口的重点灯光构造视野内的近距景观吸引顾客的注意力。

### 1.底层照明

底层用明亮的小型灯饰及橱窗照明的灯光形成光的"基座"。再利用广告、标识、小品等变光变色、动静结合的手法，把路面照明、街上的公用设施的照明及跨街串灯装饰组合为一体，从而创造一个有机的照明整体画面。

橱窗照明是商店的眼睛，是商业街的亮点，是展现商店特色和吸引顾客的重要手段之一，多以陶瓷金卤灯、荧光灯作基本照明，以卤钨灯作重点照明。金属器件橱窗照明，宜采用扩散性好的直管型荧光灯；时装、鞋帽橱窗照明，宜采用线光源和聚光灯相结合的方式，即直管型荧光灯和低压卤素灯相结合；珠宝、玻璃器皿、手表等橱窗照明，宜采用聚光的低压卤素灯照射，从不同角度照射商品样品，使商品具有一定的水平照度和垂直照度，充分表现展品的质地和体感，体现展品个性。

橱窗照明没有固定模式，应具有一定的灵活性。橱窗照明光源应该隐蔽，尽量避免观者看到光源。随着展品的调换和季节的变化，橱窗照明也应随之变化。白天和夜晚，应对橱窗照明进行分组控制。

各商店的橱窗照明在整条街照明规划的基础上，突出自身照明的特点和个性，橱窗照明设施的布置要与行人视线垂直。

商业街多在人行道附近设置广告灯箱，内置荧光灯管、照明精美的广告图案。在大型商场或重要场所，用大屏幕作为广告或公益宣传的工具，可以流动播放广告和宣传文字，广告灯箱应顺道路方向安装，亮度符合JGJ/T 163-2008《城市夜景照明设计规范》要求，不能对行人产生眩光。

标识照明是商业街重要的公共灯光设施，树木、草坪、花坛、喷泉水景在夜晚也会给商业街夜晚增添多姿多彩的韵味和风光。商业街建造小型旱喷泉、喷水池或跌水较为经济实用。注意给喷泉水景创造相对安静的暗环境。树木的照明宜选用埋地照树灯，避免对行人造成眩光。（图8-3-9）

小品、雕塑、灯饰照明是商业街甚至一个城市地域文化内涵的缩影，是商业街夜景照明的亮点。小品和雕塑宜用中小型投光灯照射，具有立体感。投光灯要安置在隐蔽安全处，不会对行人和游客造成眩光。

埋地投光灯灯泡功率要适当，避免亮度过大产生眩光，或因灯罩表面温度过高灼伤行人。灯饰是人工制作的独立彩色发光构筑景观，无论白天与夜晚均具有很强的观赏性。灯饰内投光源可以选用荧光灯、节能灯、彩色灯泡、发光二极管、冷极管、光纤等。

大型商场或娱乐场所前，往往建有小型广场（图8-3-10），除了建有喷泉、花坛外，还有庭院灯或埋地灯。为避免强光干扰游人的视线，庭院灯的表面亮度不可过大。为了降低灯具表面亮度，可在光源外面加装磨砂玻璃罩、PC管（板）或使用反光照明庭院灯具。投光灯或埋地灯不能影响交通或造成眩光。投光灯要隐蔽安放在花坛灌木背人处，或使用灯柱将投光灯托起。埋地灯要科学计算投光方向，合理选择埋的位置。

地面安装的所有照明灯宜按照明系统进行供电，灯杆、地面灯外壳要可靠接地，接地电阻小于10Ω，必要时设置漏电保护。电缆应地下穿管敷设。

## 2.中层照明

中层用各具特色的标牌灯光、灯箱广告、霓虹灯或串灯形成中层夜景。（图8-3-11）

（1）霓虹灯。

霓虹灯色彩艳丽，可以根据需要组成文字和图案，按设定程序进行变化，动感强烈，容易引起行人的注意。霓虹灯位置应有一定高度且闪烁不宜过于频繁，避免引起行人视觉不适。

（2）投光灯。

用小型支架将小型投光灯伸出，照射店名标牌，既经济又实用。注意按相关标准配置灯具间距和外伸长度，选定宽小型投光灯的功率。店名和标牌表面要亮度均匀，不能产生眩光。

（3）灯箱。

在经过设计的灯箱内设置荧光灯，用内透光的方法显现灯箱外表面文字及图像。灯箱醒目但不刺眼，视觉与广告效果好。制作灯箱成本较低，小型店铺、连锁店铺等应用较多。有些城镇把临街店铺门头灯箱尺寸和样式进行统一，在一定程度上可以改善市容市貌，算是一种有益尝试，但也应该允许多样化和个性化的存在，以防"千城一面"现象的出现。

（4）霓虹灯、LED等反光。

在墙面的前方，用支架安装标牌店名图文，其后用霓虹灯、LED等勾画图文轮廓，利用标牌墙面的反光，表现店名图文，别具情趣、格调高雅。（图8-3-12）

门面和标识照明一定要样式新颖、特色鲜明、光彩醒目，其亮度多为背景亮度的2~3倍。相邻店铺的门面标牌形式和色彩，尽量有所区别，以免单调乏味。好的门面和标牌照明能明确巧妙地昭示店内商品特色，有助于招揽顾客。

图8-3-9 商业步行街小品夜景照明效果

图8-3-10 商业街广场照明

### 3.户外显示屏照明

近年来，户外显示屏作为一种户外媒介在商业步行街及其他街区大量涌现，以越来越清晰美艳的效果不厌其烦地滚动播出广告、新闻、文娱节目等，以吸引人们的注意力，将宣传推广的力度最大化。

### 4.顶层照明

顶层店名及大型广告照明设计要点如下：

（1）上层屋顶可用投光灯或轮廓照明呈现建筑物的天际轮廓线。

（2）用霓虹灯做店名或大型广告照明，是最常用的表现形式。大型霓虹灯店名或广告的色彩和图案变化，可以引起较大范围的行人注意，宣传效果强大。

（3）广告牌的投光灯照明。采用小功率宽光束投光灯在大型广告牌上部、下部或上下部同时照射广告牌，使其达到需要的亮度和均匀度，这种方法经济可靠、使用广泛、宣传效果良好。

（4）灯箱结合霓虹灯的广告照明。在大型灯箱广告表面关键文字或图案上配置霓虹灯，勾画出它们的轮廓，使灯箱广告的重点图文鲜亮突出，经济实用，有较好的层次感、立体感。

### 5.广场照明

广场照明的设计要点如下：

（1）商业广场的照明应和商业建筑、入口、橱窗、广告标识、道路、广场中的绿化、小品及娱乐设施的照明统一规划、相互协调。广场照明应有构成视觉中心的亮点，视觉中心的亮度与周围亮度的对比度宜为3~5，不宜超过5~10。大型商场和建筑物外的小型广场，作为人流聚散和停车使用。小型广场的照明设计既相对独立，又是大型商场和建筑物夜景照明的室外延伸，应浑然一体。小型广场多与道路相邻，广场照明应该成为商场建筑物照明和道路照明沟通的桥梁。

（2）小型广场的照明设计要与道路照明相协调。如广场照明的灯杆布置不会影响道路照明灯杆的整体性布置，广场照明的灯光对车行道照明不能造成过大影响。

广场的出入口、人行道、车行道等位置应设置醒目的标识照明。除重大活动外，广场照明不宜采用动态和彩色光照明，若使用动态照明或彩色光不得干扰对交通信号灯的识别。

（3）小型广场是大型商场和建筑物的重要组成部分，其亮度可以高出一般商业街人行道照明的1倍，应选择显色性好的光源，如金卤灯等，在距地面3m的高度空间范围内，尤其需要较好的垂直照度以利于顾客和行人的互相观察。广场公共活动区域、建筑物和特殊景观元素的照明应该统一规划，相互协调。（图8-3-13）

（4）灯杆、灯具应该时尚华丽，一般以商场正门为轴心，两侧对称布置。各种照明设施可以成为一个小的照明体系。照明灯杆大都选择时尚型或豪华型庭院灯，灯柱高度一般在3~6m，可以满足广场垂直照度的需要。最好不要采用高杆灯或半高杆灯，建议使用慢速转动的多面体广告牌，以增加广场的"活

图8-3-11 商业步行街中层夜景照明

图8-3-12 店名图文效果

力"，又不影响受众休闲娱乐。广场应选用上射光通过比不超过 25% 且具有合理配光的灯具，除满足功能要求外，还应具有良好的装饰性且不得对行人和机动车驾驶员产生眩光，不得对环境产生光污染。

（5）小型广场内经常建有小品、雕塑、喷泉、花坛等，可以用埋地灯等进行投光照射。彩色喷泉和水幕电影等在亮背景下，观赏效果不好，在规划设计小广场时要慎重考虑。花坛一般不需要另设草坪灯，茂密树冠可以在树杈上安装绿化投光灯。广场绿地、人行道、公共活动区域及主要出入口的照度标准值应符合规定。

（6）地面上不摆放投光灯等照明器材，必要时选用埋地灯。缆线入地，以便于行走和保证安全。

（7）小型广场的照明也要纳入夜景照明控制系统，设置一般、节日、半夜灯等控制模式。

（8）广场地面的坡道、台阶、高差处应设置照明设施。

（9）建筑物顶部照明设施不能成为接闪器，照明设施外金属构件应与防雷接地线可靠连接。

### 6.商业街建筑物的立面照明

商业街建筑物立面照明设计要点如下：

（1）根据建筑物周围环境的亮暗和建筑物表面材料的明暗及反射率选择合适的被照面照度。

（2）研究建筑物的特点，用恰当的夜景照明方法充分体现建筑物的特征和使用功能。大平面或立面使用投光灯照明，造型优美的建筑物使用轮廓照明，造型复杂的建筑采用小功率多层多点照明，大屏幕玻璃使用内透光照明或加上投光照射非玻璃部分，表现整体建筑物的形体美。要注意用灯光的照度、色彩、动静体现建筑的格调。书店、高档饭店、高级专业店等泛光照明要庄重大方，色彩无须艳丽，不求灯光的闪烁和变化；大型商场、超市泛光照明要显得醒目引人，标牌广告应新颖靓丽，有一定的色彩和节奏变化；（图 8-3-14）娱乐场所泛光照明要求活泼欢快，灯光的亮度和色彩变化节奏快，动感强；机关、教堂泛光照明则应宁静清幽。

（3）明确建筑物的远近观赏面。近观赏面多为建筑物的正立面，注意自下而上三层灯光的色彩、照

图8-3-13 商业步行街广场夜景照明效果

图8-3-14 商业街商场立面夜景照明效果

度相互协调配合，力求格调一致。远观赏面是建筑物的中上部分，照度、色彩、照明方式的选择要有整体意识，做到近距观赏且协调有序。（图 8-3-15）

（4）合理布置立面照明灯具。立面照明灯具的布置应尽量隐蔽，可以布置在周边较矮建筑物的顶部，也可以在合适的地面位置专设 3~5 m 与建筑物

和环境协调的灯柱，还可以安放在花坛隐蔽处等。

（5）高塔塔尖、高大建筑物的顶部等要适度提高亮度，强调色彩变化，既可以起到画龙点睛的作用，又可以对航空飞行起到警示作用。

（6）注意控制商业街照明造成的光污染和彩色污染。

（7）充分利用功能照明。利用室内外功能照明——室内灯光、橱窗照明、景观照明、立面照明、标识广告照明等装饰室外夜景照明，作为商业街立面照明和道路照明的补充。功能照明利用得当，可以大量减少商业街的立面照明和道路照明投入。（图8-3-16）

对于高大宏伟的建筑楼体的夜景渲染设计，应该不相上下，不分轻重，从视觉感官的效果上应该是无论从哪个角度来看，都能展现出建筑物楼体的高大雄伟。在灯光的设计上，适宜采用以静为主，以衬托出建筑物楼体的高大稳重与端正庄重。

从色泽上，应以暖色灯光作为主色调，暖色与楼体在夜色中呈现的冷色形成鲜明的色差，使建筑物楼体的轮廓在夜间更加明显，同时，暖色光的区域宽大，可以使建筑物楼体产生外延扩大的感觉。

同时，高大楼体的照明设计要与周边环境相呼应，如果建筑物身处闹市则应该以灯光色彩、动态灯光与周边建筑物相争辉。而如果周边的环境是宽阔清静的，则应该以静为主，这样灯光效果就是犹如出水芙蓉般亭亭玉立的恬静。

针对矮小型的建筑照明设计，就要从建筑物外墙的局部着手，浓墨重彩，以局部色彩的艳丽和灯光的动态炫目来遮掩其矮小。此外，也要注意周边环境的变化，周边环境及背景的明暗会直接影响到建筑物楼体所需要的照度。如果周边很暗则只需要些许灯光就足以照亮楼体，若周边很亮则灯光就必须加强灯光效果才能够重点表现楼体。

总的来说，建筑物照明设计要与城市和建筑物功能的特点相互吻合。不同功能性质的建筑物楼体，其灯光照明设计也应有不同的氛围、不同的亮度或不同的风格要求，不能相提并论。（表8-3-1）

**7.夜景照明控制**

应选用技术先进、运行合理的控制技术，合理开启灯光。照明设施应分区或分组集中控制，应避免所有灯具同时启动，应采用光控、时间控制、程序智能控制等方式协调运行。新兴的总线式智能照明可以对照明系统灵活控制，方便更换场景，若条件允许可选用智能照明方式。应根据使用情况设置平日、节假日、重大节日灯不同的开灯控制模式。

## 第四节　景观园路照明

目前，随着城市夜生活日益丰富，越来越多的照明可以帮助游人辨别路面上的障碍和危险,确定方位,提高公众安全。园路也发挥着组织空间、引导游览、连接交通和提供散步休息场所的作用（图8-4-1）。夜间园路的照明要充分考虑园路的使用者（以步行的游人为主）的需求，其照明分级与城市道路具有显著区

图8-3-15 商业步行街夜景照明层次

图8-3-16 商业步行街室内外整体照明效果

表8-3-1 商业街建筑照明分析

| 专业 | 收集资料主要内容 | 用途 |
|---|---|---|
| 工艺生产使用要求 | 生产、工作性质、视觉作业精细程度、连续作业状况、工种分布情况、通道位置 | 确定一般照明或分区一般照明，确定照度标准值，是否要局部照明 |
| | 特殊作业或被照面的视觉要求 | 是否要重点照明（如商场） |
| | 作业性质及对颜色分辨要求 | 确定显色指数（Ra）光源色温 |
| | 作业性质及对限制眩光的要求 | 确定显色指数（UGR或GR）标准 |
| | 作业对视觉的其他要求 | 如空间亮度、立体感等 |
| | 作业的重要性和不间断要求、作业对人的可能危险、建筑类型、使用性质、规模大小对灾害疏散人员要求 | 确定是否要应急照明（分别定疏散照明、备用照明、安全照明） |
| | 场所环境污染特征 | 确定维护系数 |
| | 场所环境条件：包括是否有多尘、潮湿、腐蚀性气体、高温、振动、火灾危险、爆炸危险等 | 灯具等的防护等级（IP）及防爆类型 |
| | 其他特殊要求，如体育场馆的彩电转播、博物馆和美术馆的展示品、商场的模特、演播室、舞台等 | 确定特殊照明要求，如垂直照度、立体感、阴影等 |
| 建筑结构状况 | 建筑平面、剖面、分隔、尺寸、主体结构、柱网、跨度、屋架、梁、柱布置、高度、屋面及吊顶情况 | 安排灯具布置方案、布灯形式及间距，灯具安装方式等 |
| | 室内通道状况、楼梯、电梯位置 | 设计通道照明、疏散（含疏散标志位置） |
| | 墙、柱、窗、门、通道布置、门的开向 | 照明开关、配电箱布置 |
| | 建筑内装饰情况、顶、墙、地、窗帘颜色及反射比 | 按各表面反射比求利用系数 |
| | 吊顶、屋面、墙的材质和防火状况 | 灯具及配线的防火要求 |
| | 建筑装饰特殊要求（高档次公共建筑），如对灯具的美观、装设方式、协调配合、光的颜色等 | 协调确定间接照明方式，或灯具造型、光色等 |
| | 高耸建筑的总高度及建筑周围，构筑物状况 | 是否要障碍照明 |
| | 建筑装门面状况及建筑周围状况（需要建筑夜景照明时） | 确定夜景照明方式及安装 |
| 建筑设备状况 | 建筑设备及管道状况，包括空调设施工、通风、暖气、消防设施工、热水蒸气及其他气体设施及其管道布置尺寸、高度等 | 协调顶部灯的位置、高度，防止挡光，协调顶、墙的灯具，开关和配线的位置 |

别：首先，园路以满足游赏、休憩、散步等功能为基本目的，并不需要十分连续的、明亮的照明，仅需对环境中关键的景观元素、建筑或构筑物、休憩场所和有危险的地方（如坡道、台阶、桥梁、转弯处）进行照明即可。

# 一、景观园路照明的要求及原则

## 1.照明设计要求

园路首先应遵循特定的光度量化标准来确定照明水平，满足功能性要求。当园林规模较大、园路类型复杂时，系统地划分照明水平、控制亮度层级对于表现园林景观秩序、引导游人、丰富夜景、节约能源显得尤为重要。IESNA规定：不靠近交通道路，有极少量的非步行方式交通量的散步道不必有连续的照明；只有像梯级、高度突然变化、桥梁和转弯处这些在散步道上有危险的地方应该照明；照亮散步道任意一侧的景观也是一种可行的方法；仅在人行道终点或休息点照明是另一个有效的方法，这个方法给出重要目的地方位的视觉提示；位于公园或大的景观区域中间的人行道不必连续照明；园林景观中需要保证关键的景观元素、选择照明的建筑或掩蔽体、休息点和任何在危险的人行道区域得到照明。

（1）小路的照明设计。

需要考虑铺地材料的使用以及铺地的布置：简单的小路使用高反射率的材料或者无构图地浇筑混凝土；更多复杂的路使用较暗的材料，如用砖拼出各种构图。提高后者的照度水平既是为了强调构图的复杂性，也是由于砖的反射率过低。一些特殊的案例中单独使用混凝土垫块或者大的石块作为铺路石，这种道路要求人们对于通过时的安全投以更多的注意力。照明应当帮助行人确定其是否停留在石板或石块的中间，如果石板没有全部靠在地面上，则增加了安全隐患，要求提供更高的照明水平满足心理上的舒适。当砖或石头路故意铺得不平时，或者由于时间的关系发生了变化（由于霜冻、地面升起、树根推动等原因），保证路面安全就更为困难了。路面的不平坦需要由光来进行表达，在标高改变的区域一定要有光照亮，以确保视觉上的区分。路的宽度也是不同的。宽路不需要将更多的注意力集中在行走上，照明水平可以低些。窄路的边界不易被察觉，高的照明水平有益于对边界提供可见性。（图8-4-2）

（2）根据道路的视觉意向。

道路的视觉意向包括可识别性、连续性和方向性，对于它们的把握和控制既有助于创造区域的视觉整体性，又能突出各视觉元素的个性。具体说来，对于每条小路，要分析其起点、终点及行进方式，特别是这种行进方式的意义所在；要分析小路的视觉特征，包括路本身、路的界面和沿路景致；要分析不同道路之间的关系，在行进于道路之前和之后会看见什么，会以怎样的心情行进。这种综合的分析方式根植于视觉分析，便于指导视觉设计。

## 2.设计原则

园路照明设计应当满足下列原则：

（1）形成秩序。夜晚公园汇集大量人流，通过照明城市公共和休闲景观带开始在晚间运营开放，公共空间的夜晚使用率甚至高于白天，工作之余的人们可以更充分、更安全地享用公共资源和参与休闲活动，这是城市化进程不断深化的重要体现。随之而来的景观园林的夜景设计也引起了更广泛的关注。夜景并不是白天景观的单纯延续，而是在原有景观基础上为游人提供主次分明的游赏路线，有助于引导和规范公众行为，促进人与园"沟通"，展现城市空间精美所在。

图8-4-1 园路照明

（2）满足功能。提供交通照明、指引方向、保证安全、减少犯罪行为。

（3）注入艺术。园路是城市空间中景观构成中重要的线性要素，应通过巧妙的光影设计使夜间园路具有观赏性的一种新景观创造。白天，园林中的景物都是清晰可见的，而夜幕降临后，景物需遵循这样一个原则："照亮才可见。"通过对景物进行定向的照明，能够使空间具有与白天自然光下完全不同的观赏性，营造适宜的氛围，增强园林的艺术感染力，创造和谐、统一、迷人的夜景观。（图8-4-3）

（4）绿色节能。减少光干扰与光污染，合理确定照明建设的开发强度。置身其中会给人带来一种新奇的空间感受。这给景观设计领域带来了更广阔的创作空间与创作源泉，光影的艺术效果可使景观设计师的意图得以展现。

## 二、景观园路照明设计

照明设计的选择取决于园路类型特点，基本上，园路可分为主路、支路、小径、汀步、园务路、台阶、景观园桥七种类型。优质的园路照明设计应根据园路级别、走向、宽度、坡度特点，周边植物特征以及景观表现要求，分层次确定灯高、灯间距、布局方式、灯具种类、尺度和风格。

### 1.主路

是空间中大量游人的行进路线，联系区域内各个部分、主要风景点和活动设施。必要时会通行少量管理用车，宽度一般为4~10 m。该类型路径根据具体特点采用双排对称布局或单排布局的方式，相较之下双排布局有助于强化轴线、渲染气氛。灯杆高度应较高，约4~6 m，避免形成低矮压抑的感觉。庭院灯宜采用常规照明，合理控制眩光。（图8-4-4）

### 2.支路

是游人由一个区域到另一个区域的通道，联系各个部分。该类路径通常采用庭院灯常规照明、间接投光照明。灯高应低于主路的灯高（2.5~3.5 m即可），也可采用0.8~1.2 m的矮柱灯，单排排列或交错排列，灯型应小巧。两侧设有墙体或植有茂密乔灌木的园路，

图8-4-2 小路照明

图8-4-3 艺术性园路照明

图8-4-4 主路照明

可采用间接投光照明，通过向墙壁或植物的竖直面投光，反射照亮路面。此优点在于能够减少或消除直射人眼的光，发光柔和自然且具有戏剧性效果。（图8-4-5）

### 3.小径

主要供散步休息，引导游人更深入地到达空间各个角落，如山上、水边、林中，多为曲折自由布置。宽度为1.2~2m。在这种小尺度的园路上，照明的重点并不是给人以清晰的面部识别，而是保留一定的黑暗。其目的是使游人放松精神、减少视觉疲劳、感受真实夜色。因此该类路径适宜采用间接投光、小功率埋地灯、矮柱草坪灯低位照明或者不设照明，严格控制眩光。（图8-4-6）

### 4.汀步

是跨越小河、溪流而设置的踏步石路，尺度小，可采用光纤、发光石等特制的照明设施进行点缀或使用小功率水下射灯投扫踏步石的边缘，表现自然情趣。（图8-4-7）

### 5.园务路

照明应以满足园务运输、养护管理功能为目的，而对该路周边景物的兼顾是次要的，避免采用过于复杂的照明方式，设置常规立杆照明，单排排列即可。（图8-4-8）

### 6.台阶照明

建筑师和景观设计师通过对踢面和踏面的尺寸、间隔、利质、构造的设计来表达设计意图。多数台阶

是便于攀爬的，而有些台阶是难以辨认的，目的是放慢行进的速度。照明不仅要关注台阶的物质形态，还要关注使用者的攀爬过程，更要努力传达景观设计的意图。

台阶照明的核心问题是通过光线保证区分踢面和踏面。踏步是否容易分辨取决于踏步选用的材料、色彩，更主要的是由光所强调出的视觉对比。踢面与踏面在视觉上的构图韵律应该是稳定的，行人可以凭着最初几步台阶的经验完成行进，将更多的注意力用于欣赏景致。很多起拱桥梁的踏步照明缺乏规律性，游人凭视觉经验不能完成行进，很多欣赏景致的最佳

图8-4-6 小径照明

图8-4-5 支路照明

图8-4-7 汀步照明

角度就在低头看台阶的过程中错过了。设计者应该综合考虑照度水平、台阶材料的反射特性以及环境光的水平，选择合适的光源和灯具，根据所选灯具的配光曲线，对最终效果做出预判。只要踢面和踏面保持合理的视觉列比，能够轻易被行人察觉，照明设计就是合理的。这意味着台阶照明存在很多的可能性，根据光线的投射方式可以分为如下三种类型：

（1）来自台阶侧面。

当台阶侧面布置有墙体时，可以选择将灯具布置在侧墙上，灯具与台阶的垂直距离通常在1.5 m以内（位置过高将干扰上台阶人的视线）。在这种照明方式下，踏面为主受光面，踢面为次受光面，两个表面的交接位置会形成一道线，视觉对比来自表面间的亮度差。灯具的安装高度取决于设计师希望得到的光的构图，光的构图与踏步的长度和宽度、墙高、灯具的光学性能有关。需要确定在不产生阴影的情况下，每只侧壁灯照亮几步台阶。当台阶超过1.2 m宽或者台阶的交通任务繁重时，考虑在两侧使用侧壁灯。宽台阶的踏面并不一定要求均匀的照明分布，台阶用途和交通流量是均匀度的决定因素。灯具的外观需要同墙面、台阶的设计相协调，与景观设计保持统一的风格。灯具过小或者安装高度在视觉上失衡，都会影响视觉效果。（图8-4-9）

（2）来自台阶踢面。

安装于踢面的灯具有两种形式——嵌入式侧壁灯和暗藏式线性光源，这种灯具不能突出踢面，否则会干扰行进。嵌入式侧壁灯仅适用于空腹台阶，不适用于石砌台阶或已有台阶。它在灯下的踏面形成光斑，踢面的亮度来自光斑反射，灯具通常使用格栅或乳白玻璃降低表面亮度，行人对台阶的判断通常是依据光斑和灯具的亮度图式。此种灯具可以逐级使用，也可以每隔几步设置。需要注意的是灯具间的准确对位，并保持亮度图式的规律性。如果有灯具失效，需要及时更换。暗藏式线性光源可以是侧发光光纤或美耐灯以及线性荧光灯带。一种情况是在踢面形成亮线，以此同踏面区分；另一种情况是暗藏于挑出的踏板之下，照亮踏面，并在踢面上形成退晕光斑。由于此类光源具有可变色及可闪动性能，很多业主希望在

图8-4-8 园务路照明

图8-4-9 台阶侧面照明

台阶照明中采用这类效果，而出于安全和不影响景观的考虑，建议在外部空间中的台阶照明保持稳定的状态。（图8-4-10）

（3）来自台阶上部。

由于布线方便、构造简单且无须对已有台阶的构造做出改动，上部照明是经常使用的照明方式。光线可以来自台阶正上方安装于树木或构筑物的灯具，也可以来自台阶侧上方的庭园灯具。所有的下射照明都存在将台阶照明与景观中其他元素的照明结合起来的可能性，在照亮台阶的同时照亮植物，用最少的灯具创造最丰富的照明效果。这种照明方式成功与否的核心问题取决于灯具与台阶的相对位置关系，尽可能不要在踏面上产生阴影。台阶照明有一条不成文的原则：在同一个项目中，对于同类做法的台阶应该尽量采用同样的照明方式。因为行人是根据视觉经验做出判断，如果出现了混淆的信息，很可能导致判断失误，甚至造成危险。对于交通空间的照明，保证游人安全应放在首位。

## 7.景观园桥

景观桥梁的夜景照明主要是对桥体的桥塔、悬索、栏杆、桥身、桥柱、桥底面等各主要部件进行照明，各个部分的照明应依循各自结构特点及其在整个桥梁中的地位来设置。

（1）塔式斜拉索桥。

桥塔是塔式斜拉索桥突出的标志物，塔身的良好照明是树立桥体夜晚形象的关键，所以桥塔的照明亮度应较强。桥的景观照明构思应紧扣主题，具有鲜明的个性化和层次感，要将建筑视觉特征作为重点刻画，层次分明；要考虑其功能的特殊性，选择适宜照度；需巧妙运用灯光艺术处理技法，体现大桥的亮化色彩、光和效果、明与暗的和谐，避免产生不必要的光污染；需注重光色选用，冷暖适度，尽力通过合理配置灯具，满足整体设计效果要求，将照明能耗和工程造价降到最低程度，节资节电。

具体而言，美化的目的是为了在夜晚突出桥梁的姿态和优美的线形，通过灯光将桥梁夜间的主体造型淋漓尽致地渲染出来，形成良好的景观效果。亮

化的表现方式为突出钢索、桥塔和主桥轮廓。桥塔以泛光照明为主，自下而上的投光形成光退晕效果，强化了桥塔的高度感；斜拉索的照明也以泛光为主，将呈扇面状分布在空中的钢索照亮成发光的线条，与桥塔形成呼应。此外，对于悬索式吊桥，也可采用在横向悬索上敷设点状光源，形成横向光链的亮化方法，桥身主要是侧面观看，而侧面的观赏点又通常是离桥比较远的位置，所以可以将桥面的路灯作为点状装饰照明，有时也可在桥身墙壁上设置一些点状的光斑图案，这样从远处看就很容易连点成线，勾勒出桥身轮廓。桥墩的照明要与桥体照明保持必要的完整性，还要兼顾桥底通航的照明，但绝对不能对桥上桥下通行的火车、汽车、轮船等形成干扰。（图 8-4-11、图 8-4-12）

（2）石拱桥、景观桥。

石拱桥、景观桥的桥墩和桥身通常自然地连接为一体，且桥身体量大多不大，所以如果采用泛光照明，一般是将桥身侧面和桥墩侧面一并照亮。泛光灯具可以设置在河两岸靠近桥墩处，与桥身侧面呈一定角度向桥身投光。灯具的光束角要通过现场科学试验选择，要保证照射在桥身上的光色分布均匀，避免光线过多溢出被照目标。石拱桥、景观桥也可采用 LED 光源勾勒整座桥梁的轮廓，兼顾为桥上的栏杆提供辅助照明。桥底面适度设置照明有助于显示桥梁的立体感，并注意使其亮度与桥侧面亮度形成适度差别，或在色调上形成一定的变化，以求造型清晰，效果生动。作为景观中的主题之一，石拱桥、景观桥还必须考虑桥体照明与所在城市环境照明的协调统一。（图 8-4-13）

## 第五节　景观水景照明

无论动态水景还是静态水景，都是景观照明的重点对象。涓涓流淌的小溪，飞流直泻的瀑布，水花四溅的喷泉，以及平静水面的粼粼波光，都各有其迷人的魅力。夜晚，水景是灯光照射下的园林景观中最具魔幻效果的部分，如果将创造性的花园灯光设计比作是灯光绘画，那么水景则是画家拥有的最丰富多彩的画布。

图8-4-10 台阶踢面照明

图8-4-11 塔式斜拉索桥照明

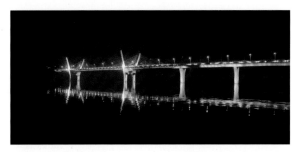

图8-4-12 喷泉照明

图8-4-13 景观桥照明

# 一、水景照明的类型及特点

## 1.水景照明类型

常见的水景照明主要包括以下四类：

（1）水面景观照明。

（2）水下景观照明。

（3）跌水或瀑布夜景照明。

（4）喷泉照明。

## 2.水体照明特点

水下照明的效果取决于水的清澈度，如果水池中

长满了藻类，水下的灯光会使水呈现深绿色或黄色。所以，照明设计是否成功还取决于水池过滤系统的质量和日常管理水平。水体稍微偏色是一种常见现象，即使是过滤很好的水池也不例外。给灯具罩上一个浅蓝色的滤光镜，会使水池显得清澈透明，使池边的植物看上去更为健康。如果罩上深蓝色的滤光镜，水池就会像一个天蓝色的礁湖。如果灯光直接照射到石雕喷泉上，雕像看上去就像得了贫血病一样，一般不宜采用这种滤光处理，除非人们不在意。天然水池或不规则水池一般也不宜采用水下照明，因为这类水池一般都不够清澈。这种情况下，最好是在池边的地面上安装点射灯（图 8-5-1），对水池周围的植物进行照明，使植物在水面上形成倒影，使水池和灯光产生更好的效果。

# 二、水景照明设计

## 1.静态水景照明

夜晚，雕像、焦点景物或孤植树倒映在幽暗平静的水面，也是一种宁静动人的美丽景观。（图 8-5-2）这种照明技巧非常简单，可以应用于游泳池、湖区或小池塘。照亮水池对面轮廓清晰的物体或建筑，可以使它们在前方的水面上形成倒影。这种照明方法非常富有创意，是水面下的上射照明无法做到的。

有时在静止的或没有中央瀑布的水池底部安装上射灯进行整体照明，以突出水池的结构，特别是对于精心设计的几何形水池，效果尤为明显。在没有水泡对光源进行干扰的情况下，将灯具安装在水池底部并在其上安装毛玻璃灯罩，可以起到发散光束的效果，也可将灯具嵌装在池壁内或种植槽中。

（1）泳池照明。

对游泳池进行侧光照明，同时照亮附近的植物，创造一定的艺术效果。这种照明技巧只适用于比较光滑、颜色较深、经过装饰或贴有瓷砖的游泳池壁，因为池壁本身肯定也会被照亮。如果池壁为丁基橡胶贴面，橡胶的接合处和皱褶在灯光照射下会非常明显，影响水池的美观。如果灯具的安装位置不合适，侧光照明会使水池中的水泵和过滤器等物件暴露出来。冬季里，水池旁边树上的叶子全部落光，池壁上的皱褶会更为明显。为了避免出现这种情况，水下的照明灯要专设单独的开关，以便在不需要照明的时候关掉。也可将静止的水池当作一面反射镜，只照亮水池边缘的植物、岩石或雕像，使它们在水面上形成倒影，产生独特的景观效果。（图 8-5-3）

（2）鱼池照明。

如果水池中有观赏鱼，将灯具安装在水下近水面处要比安装在水底效果更好，因为鱼群在灯光的吸引下会聚集到灯具周围，而且灯光的刺激能使鱼变得更为活跃。观赏鱼池的照明设计要求更高，特别是放养名贵观赏鱼的鱼池，建议最好安装表面光滑、完全隐蔽的灯具。

（3）倒影。

黑暗的静止水面具有不可思议的光反射效果。"倒影"是指水池附近被灯光照亮的物体表面的光线经漆黑的静止水面反射后形成的影像。如果池水不太清澈，无法在水下安装上射灯或水下照明容易暴露橡胶池壁的皱褶时，水面的倒影可以起到很好的装饰效果。（图 8-5-4）

轮廓清晰的物体在水面的倒影效果尤其明显，如观赏陶罐、雕像或建筑小品；如果水面足够大，树木也可在水面形成效果很好的倒影，但树冠的外部轮廓必须用强光突显出来。上射光的光线越弱，树体在水面下的倒影就越模糊。小型雕像被灯光照亮后可以在较小的水池中形成倒影，池边的植物可以用点射灯进行侧光照明，在水面上形成倒影。

在有的空间中，水体的倒影效果常用于冬季照明。夏季，荷花池中铺满荷叶荷花，池边照明就可以展示荷花池的美丽景色。冬季，荷花的地上部分全部枯死，可以通过独立的控制开关将池边的照明灯全部关闭，这时漆黑的水面就会将照亮的景物清晰地倒映出来。对于游泳池来说，水面的倒影效果可以与水下照明交替使用，使水体的景致富有变化。这种照明设计需要为花园中的光源安装独立的开关，以便在需要的时候关掉部分灯具，使园中的景物在水面上形成倒影。当水体附近的物体被照亮时，在对面的湖边或池边可以看到黑暗的水面上物体的倒影。整个物体能否完全倒映在水中，取决于物体本身的大小、水体的面

图8-5-1 古镇水景照明

图8-5-2 静态水景照明

图8-5-3 静止的水池当作一面反射镜，只照亮水池边缘的植物，使它们在水面上形成倒影，产生独特的景观效果

图8-5-4 江边倒影

积和观赏的视角。人的视角决定于人与池边的距离和视线与水面的垂直距离。（图8-5-5）

（4）园桥和汀步的照明。

水的独特魅力会让人不自觉地想接近它。因此，水边及附近道路的照明是保障行人安全的基本要求。水上行走的照明，则更需要精心考虑。小溪、池塘或小河中的汀步（踏脚石），可以在旁边安装窄照型灯具进行照明，灯光不必很亮，用20W的窄照型灯泡就足够了，但要给上射灯安装灯罩或格栅遮挡眩光。简单的木板桥只需在水下安装一盏上射灯照亮桥的两侧和边缘即可，但有皱褶橡胶衬砌的水池则不宜采用这种照明方式。

花园中的大多数园桥除了具有通道功能外，本身也是一道风景，桥的装饰性照明同时也具有安全照明的作用。（图8-5-6）正如园路旁灌木丛的装饰性照明同时具有安全照明功能一样，园桥的装饰照明通常也可以照亮桥面、垂直建筑和水边。将灯具直接安装在桥上的明显位置处是非常难看的，但铜制的小型点射灯受风雨侵蚀后在外观上与木桥的质感相互协调，还是可以接受的。在园桥的两端分别安装一盏灯也能展示桥的结构。只要精心设计灯具的安装角度，行人过桥时通常不会注意到灯具的存在。在灯具上安装防眩光装置或内置防眩光漫射格网，可以避免行人过桥时遭受到眩光。如果需要对桥面进行照明，可以采用适合安装在栏杆之下或立柱内的灯具，但这种灯具对安装位置的要求较高，既不能伸出桥面，也不能安装在白天看得见的地方。有时在桥下安装点射灯可以照亮桥下的水面及其周围区域，如果在这些地方布置有漂亮的岩石或植物，景色一定非常迷人。但同时也要注意灯光照射到水面后产生的反射光不能在其他观察位置造成眩光。虽然灯光可以强调水花的闪烁效果，但闪烁与眩光不同，流动水面上的闪烁光有时是不可预测的。另外，也可将灯具安装在水边的树上，为水边和水面上的通道提供月光效果照明。

**2.动态水景照明**

有时在平静的水面下安装上射灯来装饰水景，但这种照明处理并不常用，水景照明主要是利用水对光的折射和反射。折射是指光线穿过水面后会发生一定的弯曲。在平静的水面下采用上射照明不会有什么问题，因为可以通过调节灯具的安装位置使光束正好照射到需要的地方。如果水面不停地晃动，如被附近的瀑布或喷泉激起波浪，照明效果就会大不一样，因为晃动水面的折射率总在不断变化，从水面下照射上来的光线的折射角度也跟着变化，产生波光闪烁的效果。特别是喷泉的照明，喷泉及其附近的植物可以为人们展现一场生动迷人的光之舞。（图8-5-7）

图8-5-5 城河倒影

图8-5-6 园桥照明

图8-5-7 动态水景照明

（1）瀑布。

自然界的瀑布有着永恒的魅力，所以修建的人工瀑布，即使手法很不自然，也同样具有很强的吸引力。不管是从石崖上喷流而下，还是从金属水槽或打磨平滑的石板边缘泄流而下，瀑布流入水池中溅起的水花，在夜晚都需要照明来突出效果。水下点射灯最好安装在水池中瀑布流入的位置，这样既可以借助激起的水泡将灯具掩盖，又能使灯光正好照射到瀑布上，产生棱镜折射的七彩效果。

瀑布照明设计首先应该考虑水流是湍急的还是平缓的，如果是比较陡峭、湍急的水流，则应该选择自下而上的照明方式，如果是比较平缓的水流，则宜将照明灯具安装在水体的前方。灯具要依据瀑布的高度及水量进行选择，对于水量较小的瀑布，灯具放置在流水的前方将水幕照亮；对于水量较大的瀑布，将灯具布置在落水处，这样水的动态效果会由于光线的作用变得更加强烈；对于落差小的瀑布，宜使用宽光束的灯具向上照射；对于落差大的瀑布，宜使用功率大和光束窄的灯具，陡峭、湍急的瀑布景观照明设计为了达到均匀的照明效果，可以将灯具成组布置。

在瀑布或喷泉的晃动水面下安装防水点射灯是一种常用的有效灯光技巧。水下的上射光穿过晃动的水面闪烁不定，非常迷人。灯光增强了水面的动感效果，使瀑布周围本来静止的水面动感十足。即使没有隐蔽的水泵搅动水面，微风荡起的波纹也可以产生有趣的动感效果。如果灯具安装在瀑布前方的水面下，灯光会穿越流水照亮其后的区域，无法突出水花的闪烁效果；如果水流的形状是薄片状，灯光从瀑布前方的水面下照射到其上会以一定的角度被反射回水面，产生意想不到的眩光。

如果瀑布的后面是美丽的岩石假山，可将灯具安装在瀑布后面，产生一种水帘洞的效果。水下灯具必须用灯座固定在支架上，支架要能承受流水的冲击，以保证灯光焦距的稳定。支架还必须可以移动，方便调整最佳位置及灯泡的更换和维修。即使是最清洁的水体，时间长了也会长出一些水藻和盐藻之类的覆盖物，所以要随时对水池进行清理。

通常瀑布的旁边都有岩石区域，作为瀑布的背景。岩石区域的性质决定它总是出现在水边，而且近水的一面常因流水的冲击变得非常峻峭。岩石与水流的不同距离决定了水下的上射光只能照射到近水的部分，而较高位置的岩石及其上的植物则完全笼罩在阴影之中。为避免这种现象，可在水池周围和岩石旁安装一些点射灯，对阴影部分进行补充照明，或照亮岩石上的植物和其他装饰物，使它们成为第二主景。

适宜的辅助照明，其强度和方向不应使其他景物取代瀑布成为焦点景物，也不应使岩石表面闪烁的微光消失。要得到满意的照明效果，造价可能会很高。如果为了节省费用，只在水池前面安装一盏很亮的宽照型灯具，从一侧对瀑布和岩石进行照明，会给人一种单调乏味的感觉，只有几个水花还能稍稍增加一点变化。（图 8-5-8）

（2）溪流。

溪流在灯光照射下可以成为一道美丽的风景。蜿蜒的小溪能够增加月下散步的气氛，映衬出溪边的驳岸和其他轮廓清晰的景物。在建园之前进行照明设计难度很大，因为最终景观的整体效果在很大程度上取决于假山、瀑布和植物种植的总体布局以及施工单位的技术水平。在溪流下预设一个电缆网络系统，待假山、水池和瀑布等建成后再布灯，就比按图设计要容易得多。（图 8-5-9）

溪流本身的特点决定它的水不会很深，不可能采取水下照明方式，所以通常要运用远距离照明技术。从树上进行月光效果照明是一个很好的办法，既可以

图8-5-8 瀑布照明

产生比较自然的效果，也不像地灯存在隐藏灯具的问题，还不会产生定向眩光。月光效果照明属于漫射照明，照射范围广，不会产生光斑，是在预算有限的情况下能够做出的理想选择。最重要的是，这种灯光在静止水面上会产生银色的光辉。

注意伪装水景周围的灯具，如果溪流的两旁没有树木，则不便采用月光效果照明技巧。在溪流边安装可见的灯具很容易破坏整体环境的自然效果，所以必须想办法将灯具及其固定支架隐蔽起来。在溪流边的矮墙或驳岸上安装阶梯式灯是隐藏灯具的一种办法。如果安装地灯，则可采用插入式小型绿色点射灯（如果安装在路边，要有防眩光灯罩），隐藏在溪边的植物丛中，照亮周围的岩石、水池、植物丛，以及因池水不够深、无法采用水下照明的小瀑布。这种照明技巧具有突出主景的作用，可单独应用，也可与月光效果照明相结合；对由连续焦点景物组成的主景进行照明，最好选用一串 20 W 的宽照型卤素点射灯；对于近处的特写照明，可用磨砂透镜进行灯光扩散处理。如果驳岸为橡胶贴面，无法安装插入式灯具，可在岸边的岩石上安装楔入式防水灯，灯具的材料采用铸铜或青铜，可以与周围的岩石融为一体。如果没有树木用来安装漫射灯，则需要对点射照明区域进行补光。可在附近的植物丛中设置树桩，安装 20 W 的卤素"迷你泛光灯"。实在不行还可以安装蘑菇灯提供环形光照明。如果能够将灯具隐蔽起来，照射范围为 180°的杆式路灯效果会更好，可为一个区域提供柔和的灯光，而灯具的后方仍然保持黑暗。

（3）小型水景。

即使是庭院、阳台或屋顶花园这样的小型花园，潺潺的流水也能为之增色。在这类小花园中，夜晚的灯光能给人以亲切感，水面闪烁的波光具有一种磁铁般的吸引力，这是在大型空间中难以得到的效果。小景区的照明亮度应与其大小相谐调。（图 8-5-10）

（4）大型水景。

对于江、河、湖、海等自然水景来说，平缓的水景景观照明设计可将整个水体照亮，其方法主要是利用反射岸边景物来突出水体的存在和景观效果。（图8-5-11）

（5）喷泉。

喷泉的照明设计应考虑喷泉的喷口形式、水形、喷高、数量、组合图案等因素的影响，一般情况下，喷泉照明首选自下而上的照明方式。灯具布置时，应保证每股水流至少有一盏灯具配合，尤其是对于有水形造型的喷泉，应该保证将喷泉水形正确表现出来，对于有多个喷口的组合式喷泉，则不必在每个喷口都设置灯具，这时应根据整体的造型加以设计。即便是水下的水泵喷涌出的水花，也是很好的照明对象。把灯安装在喷水口处，既装饰了水花，又能将灯具很好地隐藏在水光之中。另外，喷泉本身通常也是一个精心设计的雕像或其他观赏小品，而非简单的喷水管。在这种情况下，喷泉的照明设计还要遵循雕像照明的原则，特别是不能在距离观赏小品很近的地方进行上射照明，以免产生明显的阴影。（图 8-5-12、图 8-5-13）

（6）叠水。

对于叠水的照明，还要考虑其他一些因素。从上层小水池到下层大水池流水的照明，只是整个设计的部分，还需在下层水池边缘安装照明灯，为上层小水池中的雕像或其他小品提供最大限度的照明。大型的叠水则需安装两套灯具，一套为上层水池的流水提供上射光照明，另一套则安装在下层水池的边缘或上层水池内，为其内流出的水流增加灯光效果。大多数私家花园的喷泉照明一般采用 35~50 W 的灯泡。

图8-5-9 溪流照明

图8-5-10 小型水景照明　　　　图8-5-11 大型水景照明　　　　图8-5-12 节日喷泉照明

（7）壁泉。

饰物壁泉的照明，要避免产生明显的阴影，所以不能把灯具安装在喷水口。最好的办法是采用窄照型灯具，并且让灯光正好穿过喷水口照射到饰物上，使其与周围环境形成鲜明的对比。也可在距离下方水盆或水池前较远的位置安装宽照型灯具进行补光，以避免产生难看的阴影。宽照型灯泡主要用于装饰性墙面上面喷泉的照明，或用于突出下方水池中水面上的粼粼波光，而窄照型灯泡则主要用于强调流水和饰物本身的效果。（图8-5-14）

对于大型或有多个喷水口的壁泉，灯光的处理方法则更为复杂。在对每个喷水口进行重点照明的基础上，用低功率的宽照型灯泡进行整体照明，可以取得较好的效果。如果能将灯具安装在接近水面的位置，20 W 的灯泡就能满足大多数壁泉的照明要求。将灯具安装在水池的前方，不仅可以在狮子形壁泉上产生有趣的光影效果，还能避免在面具上方形成巨大的阴影。灯具接近水面安装，可以将水泵和电缆巧妙地隐藏黑暗的水下，由于灯光不受深水的干扰，可以让人清楚地看见喷泉流水溅起的水花。喷泉的管道系统和灯具的电缆都埋设在水面以上的墙壁，隐藏在墙内。水泵和水下灯具变压器（室外型）的电源接线盒则隐藏在墙的后面。

### 3.竖向与平面水景照明

（1）竖向水景。

垂直景物都采用上射照明。这个简单的规则通常是垂直水景照明的最好办法，因为强调垂直面可以突出流水的动态效果。如鹅卵石喷泉这类小型水景，通常是预先修建好的，基部都有一个小型的蓄水池。水流滴落到蓄水池中用网格支撑着的鹅卵石、燧石或小石子儿上。这个装饰性的网格是隐藏防水上射灯的理想位置，灯具可以是黑色的，与石板相谐调，也可以由黄铜材料制成，在水的侵蚀下变成与周围卵石相似的颜色。多数情况下 20W 的灯泡就足够亮了，如果灯具的安装位置比较靠近露台或窗户，要在灯具内安装防眩光漫射格网。

花园里还有一种水坛景观（图 8-5-15），水从坛边流出后，又被循环泵抽回坛中。对于这种景观，有时在水坛内安装上射灯，让灯光穿过流水照射到水坛上方的树冠上，灯光闪烁，效果很好。不过，在水坛外对流水进行上射照明，效果会更好。但不宜将灯具安装在太靠近水坛的地方，否则灯光无法散射出去，只能在水坛上形成餐碟大小的光圈。要让灯具离水坛稍远一点，同时采用光束最宽的宽照型灯泡，在灯泡上罩一个磨砂透镜，将灯光扩散。"发散"透镜可以将圆形的光拉长成椭圆形或矩形，扩大照射范围。通常用于照明对象较高或较宽，灯具又要安装在与其距离较近位置的时候。

（2）平面水景。

对于小型的、较为低矮的水景，从上方或侧面进行照明效果最好。如果水景的上方或近处有建筑，可在建筑上安装一盏 20~30 W 的窄照型或中照型吸顶点射灯，使灯光俯射到小型水景上，进行重点照明，使之与周围环境形成鲜明对比，非常突出，而水景附近不想照亮的表面（如绿篱），则仍处于黑暗之中。有时需要在远处（如屋檐下）安装一盏 50 W 的窄照型或极窄照型点射灯，对水景中的雕像进行照明。（图 8-5-16）

图8-5-13 喷泉照明

图8-5-14 壁泉照明

图8-5-15 竖向照明

（3）组合式的水景。

通常在较大的空间中才会有设计复杂的水景，为了增加水景应用的艺术性、趣味性及多样化，常将各种喷泉水流形态如活水叠瀑、涌泉等选择进行综合搭配组合，给灯光设计提供更多施展空间的机会。在一个复杂的设计中，许多适用于某个单独景点的技巧可以组合使用。复杂的灯光设计要考虑各个独立部分的照明效果，使它们最终组成一个完美协调的整体。（图8-5-17）

## 三、水下灯具的安装要求

### 1.水边安全照明

环境中的水和电一样，具有潜在的危险。但这种危险只有在照明设计时没有对灯光布置进行整体考虑或管理不当的情况下才会发生。水泵、过滤器和照明灯具的电源必须得到正确的安全保护。水池是其中的一个危险因子，不只是对孩子才有危险性。照明对保证夜晚欣赏水景的安全性具有重要的作用。可以采用水下照明，显示水体的深浅，还可对园路、园桥、汀步和驳岸进行照明，让人看清水池的边缘和道路，满足最基本的安全照明要求。（表8-5-1）

如果水景的上方没有可以安装灯具的地方，最好选用蘑菇灯。不过，如果可能的话，还应安装一盏180°的路灯对雕像进行泛光照明，而且要将光源隐藏起来。安装点射灯灯柱，必须将光源隐藏起来。水景中的小品，如石磨、水坛或泡沫喷泉，都可以从墙上或藤架上进行下射照明，或在附近的植物丛中安装隐蔽的偏光灯或局部照明灯进行照明。比如，安装一盏小型铜灯具，用灯罩使灯光变成一道180°的弧形光，可以只照亮低处的景物，不会有余光投射到观赏点。如果需要的是地面漫射照明，而非投射光照明，特别是在灯具与照明对象距离很近时，可以考虑采用插入式蘑菇灯、台阶灯或在低矮柱子上安装小型低压泛光灯。

表8-5-1 水下光源指南（参考LITHONIA LIGHTING）

| 流明输出（近似值） | 220V灯具 | | 低压灯具 | | 应用范围 |
|---|---|---|---|---|---|
| | 光源 | 寿命（h） | 光源 | 寿命（h） | |
| 最低800lm | T4，100W（QH） | 1000 | PAR36，50W | 2000 | 小型喷泉、小型水池、大喷泉的单个喷头 |
| | A21，116W | 8000 | | | |
| | PAR38，250W | 6000 | | | |
| | T4，150W（QH） | 3000 | | | |
| | | | MR16，75W（QH） | 4000 | |
| | PAR46，200W | 2000 | | | 中型水池和喷泉 |
| | PAR56，300W | 2000 | PAR56，300W | 1000 | |
| | T4，250W（QH） | 2000 | PAR56，300W | 1000 | |
| | RSC，300W（QH） | 2000 | | | |
| | T3，300W（QH） | | | | |
| | PAR56，500W | 4000 | | | |
| | RSC，（QH） | 2000 | | | |
| | PAR64，300W（QH） | 4000 | | | 大型水池和喷泉 |
| | T4，500W（QH） | 2000 | PAR56，300W | 1000 | |
| | PAR56，500W（QH） | 4000 | | | |
| | PAR64，1000W | 4000 | | | |
| 最高2000lm | PAR64，1000W（QH） | 4000 | | | |

## 2.水下灯具的安装

除非用于静止水池的上射照明，水下照明没有多少装饰效果。灯光穿越黑暗的水体后会大大减弱，厌氧水草很快会在灯具周围长满，水泵、管道和过滤器在灯光下很容易暴露出来，用窄照型灯具又容易因折射而失去效果。将灯具和水泵分开安装，灯光效果通常要好一些。造景喷泉或壁泉的照明，最好将灯具安装在能被水波遮住的地方，并且使灯具的透镜位于水面下15cm。对于较浅的水体，则要将灯具安装在水深足以没过其高度的地方，使其隐蔽在水中。有些型号的灯具要靠水降温来维持正常温度和使用寿命，必须安装在水面下5cm以下的地方，通常可以将灯具安装在种植筐中，用木块固定在植槽内，或是在塑料管灯座底部用水泥浇铸一个底座，固定在水池底部。（表8-5-2）

在浅水池中，一般用铜钉将灯架固定到石块或木块上，下面再放1~2个石块或木块。也可将安装灯具的木块或石块放入水池边的种植槽内，使灯具的最上方位于水面下5~15cm。在木块或石块上系一条铜链，将其固定到池壁上，便于更换灯泡，不会因拉

图8-5-16 平面水景照明

图8-5-17 组合水景照明

表8-5-2 水下照明灯具的功率选择表（参考LITHONIA LIGHTING）

| 光分布 | 水体高（m） | 1.5 | 3 | 4.5 | 6 | 7.5 | 9 | 10.5 | 12 | 13.5 | 15 |
|---|---|---|---|---|---|---|---|---|---|---|---|
| | 水体高宽比 | 光源功率（W） | | | | | | | | | |
| 宽光束 | 1∶1 | 250 | 500 | 1000 | 3000 | | | | | | |
| 中光束 | 2∶1 | 150 | 300 | 500 | 900 | 1000 | 1500 | 2000 | | | |
| 窄光束 | | 150 | 150 | 250 | 300 | 500 | 600 | 1000 | 1200 | 2000 | 2000 |

动电缆使其受损。对于较大较深的水池，安装在一根硬塑料管顶端，在管底浇铸一个水泥墩，起固定作用。这种方法还便于控制灯具与水面的距离，因为塑料管好切割，调整高度比较容易。将灯具固定在塑料管顶盖上，其直径与塑料管的直径相同，这样在需要更换灯泡时，操作起来比较方便，不用将整个水泥墩都抬出水面。

## 第六节　园林景观植物照明

### 一、园林景观植物照明的要求及原则

#### 1.园林景观植物对照明的要求

（1）植物生长对光的要求。

对于植物的生长来说，光是很重要的决定因素之一。光辐射的强度和时间、辐射周期、辐射的方向以及光谱能量的分布都将影响植物的生长。照明设计师在设计之前应该先了解植物在自然光照中的环境是什么样的，然后再是了解其他要素对植物生长的意义。（图 8-6-1）

①辐射强度即点辐射源或元量辐射在单位时间内在给定方向上单位立体角内辐射出的能量。绿色植物进行光合作用过程中，吸收的太阳辐射中使叶绿素分子呈激发状态的那部分光谱能量。我们在评价植物的光照时需要借助照度计，照度计能够对适宜园林植物的照明水平提供大致的指导，测算出提供的基于日光水平的照度范围，将被作为维持值进行计算。（表

8-6-1）

②辐射周期植物具有固有的时钟和日历，它们对于时间的响应基于光的数量和质量。植物对周期性的、特别是昼夜间的光暗变化及光暗时间长短的生理响应特点。植物一天中的功能持续 24 h，包括 12~16 h 的光亮以及 8~12 h 的黑暗。光触发植物功能的开始和结束。植物在 24 h 周期中经历的黑暗时间触发几项功能主要影响植物生长及开花。对于植物来说，黑暗对于日常功能是必需的。当植物不能得到黑暗中的休息周期，它们将发展出生理上的压力，易于被很多疾病感染，可能变得十分虚弱，直至死亡。红光（峰值660 nm）的亮暗周期在对植物生长的影响中扮演了重要的角色。室内外园林出于夜间使用的需要，有时必须对植物进行照明，对于植物辐射周期的干扰不可避免。首先，要保证在开放时段外，尽量关闭所有植物照明灯具。其次，选择对辐射周期要求不严格的植物进行照明，并选择辐射光谱对植物的生理周期影响小的光源。

③光谱能量分布植物生长的另一个关键因素是光的质量（光源的光谱组成）。植物对电磁波谱的响应与人不同，植物需要可见光范围内的所有能量，以满足不同的生理需要。植物对光谱的响应在一定范围之内，波长超过 1000 nm 的辐射没有足够的能量激发植物发生生物学的过程，但在一些情况下红外辐射能量能够灼伤植物。在波长 320 nm 以下，电磁波具有足够多的能量对植物的生物感光器造成破坏。科学家尚未清楚地理解植物对于光的所有生物响应，也并不确定能否对其进行划分。可以肯定的是，植物的光

感受器能够触发植物对不同光谱的不同生物功能。

三个明显的波段是：380~500 nm 的蓝、600~700 nm 的红和 700~800 nm 的远红外。对于植物的不同功能来说，每个波段所需的辐射量也不同。大量的蓝光感受器对近紫外敏感（370 nm）。蓝光的响应影响着植物的几个功能，比如向光性能和生长形式（表 8-6-2）。缺乏蓝光可能使植物变得稀疏细长，长出反常形状和尺寸的树叶，植物或植物的一部分会朝着或背着光线生长，称为植物的趋光性。发生这种现象的原因是存在或缺少 400~480 nm 的蓝光。要求高照明水平的植物将向低照明水平的光源倾斜。另外，喜欢阴影的植物，将背向高照明水平光源弯曲。这些现象有时可以通过增加光的数量来避免，在园林中使用含有蓝光光谱的人工光源时，最好是选择合成叶绿素，创造植物的绿色。如果这种光缺少几天，植物就会开始失去绿色，变得枯黄。有足够多的能量对植物的生物感光器造成破坏。阴影对于植物接收到的光有很强的影响。强度的降低是明显的，但是这种倾向于蓝辐射的改变对于植物的活性只有很小的影响。来自一个单调物体（建筑物、雕塑、其他景观要素）的阴影，事实上并未明显地影响光谱，只是降低了照明的水平。相反的，来自上层植被的遮挡强烈地影响了下层植被的受光量和光谱：在常绿阔叶树下生长的植物受到的辐射峰值是绿，在那些松叶林下生存的植物受到的辐射峰值是蓝。要求照明设计师理解光线如何达到那些低矮植被表面，然后确定这些植物是否接收到了适宜自身生存的光谱。（图 8-6-2）

天空光的光谱从晴天到多云天，从早到晚，从一个地理区域到另一个地理区域，每天每年不断变化。对于植物生长，建议的光谱能量分布只是一个参考值，而并非绝对值。

## 2.照明基本原则

（1）观赏性。

植物照明主要目的在于显示其在夜晚的观赏特性。在照明设计中，首先选择具有观赏性的景观植物，其次照明效果应突出植物在夜晚以及在四季变化中不同于白昼的独特观赏效果。当植物作为主要的视觉焦点时，以突出植物本身具有的造型为主。次要焦点

的树（背景树、成组树），根据其扮演角色而定是选择突出实际外观还是进行美学抽象。角色被确立后，接下来就是要决定表达植物重要性的光的数量，要考虑人们如何观看植物，例如带有较暗树叶的树比带有较亮树叶的树要求更多的光。当植物需要从几个区域不同高度被观赏时，要确保植物从所有角度看起来是完美的，避免呈现不均衡、怪诞或恐怖的场景。（图 8-6-3）

（2）舒适性。

在设计植物照明时，突出被照植物效果的同时应该考虑观赏人的视觉舒适性。由于大多数的植物照明灯具安装采用自下而上的照射方式，少数采用自上而下的方式，因此灯具的发光强度和眩光会对观赏者的舒适度产生很大的影响。另外，光源色温和显色性也会对观赏的舒适性产生影响。参考植物在整体景观中的重要性，设计亮度通常与重要性级别成正比。唤

图8-6-1 植物夜景效果

表8-6-1 基于日光水平的照度范围

| 遮蔽全部阳光 | 低水平 | 750~1500 lx |
| --- | --- | --- |
| 遮蔽部分阳光 | 中等水平 | 1500~2500 lx |
| 全部阳光 | 高水平 | 2500~3500 lx |

表8-6-2 木本植物对人工光的敏感度

| 高敏感度 | 中敏感度 | 低敏感度 |
| --- | --- | --- |
| 挪威枫木 | 黑糖槭 | 欧洲山毛榉 |
| 加拿大桦（黄桦）、纸皮桦、灰桦、欧洲白桦 | 鸡爪枫 | 白云杉、黑云杉、科罗拉多蓝叶云杉 |
| 美洲山毛榉 | 红槭 | 银杏 |
| 小无花果树 | 糖槭 | 美国冬青 |
| 三叶杨 | 美国紫荆 | 美国枫香 |
| 铁杉 | 铁木 | 广玉兰 |
| 美洲榆树、西伯利亚榆树 | 白桦 | 英国针枞 |
| | 红橡木 | 美国白蜡树 |
| | | 美国油松 |

起人眼产生视觉的是反射光，必须考虑植物的反射性能，同时避免灯具对人产生眩光。照明设计中应尤其注重在夜晚创造出明暗相间、错落有致、光色差异的照明效果，以极大地提高夜晚的观感情趣效果。

（3）易维护性。

照明设计除了选择合适的灯具形式、优化电气线路、合理布置灯位以外，我们还要考虑使用易于维护的灯具，考虑选择节能光源，优化照明控制运营成本。这就要求在设计之初考虑效果的同时把灯具维护问题加入进去。有规律的维护可以保持灯具的性能，延长灯具的使用寿命。通常远离大量活动的下射灯具比上射灯具要求的维护更少一些。一个视觉场景通常结合多种照明手法和技术，为视觉提供更多的趣味性。

（4）安全性。

植物照明投光灯、埋地灯、射灯等一般会设置在室外人员易接触到的位置，易受到漏电和触电危害，高杆灯存在易遭受雷击的危害。室外照明灯具和照明线路的电气安全，是植物照明设计中尤为关切的设计原则。总之，以人的感受为出发点，落实照明设施放置的位置，避免光污染，甚至可以将部分照明设备进行隐藏和伪装，以免造成对景观的干扰。（图8-6-4）

## 二、园林景观植物照明设计

植物是不断变化的、生长的，比如叶子在冬夏季节的颜色变化、开花和发芽时期的姿态变化、树皮上衍生其他小植物的外形变化等。园林的景观设计中一般将植物分为高、中、低三个层次进行布局。树木、花坛和绿地就属于高、中、低三个不同的层次，所以做灯光设计时，不同的场景就需要采取不同的方式方法，不能见树就照，见花也照。园林景观植物照明在概念上与其他元素的照明理解有所不同，既要把握植物生长的要素光线的运用，又要创造好的视觉效果。树木也有乔木、灌木之分，其高低也不尽相同。所以，对这些树木花草进行照明时，首先要照顾三个层次的不同需求，其次要根据主题进行灯光的点缀。力求做到层次分明，主次鲜明。园林景观如何实现可持续发展，人与植物、环境能否互融共生，照明设计师担当了重要角色和任务，因此植物照明的设计应该包含着对植物的爱护与理解，要在不影响植物生长的前提下创造最佳的视觉效果。

### 1.植物照明的规划

（1）根据园林夜景的总体构思对种植区域进行划分。白天重要的区域可能不同于晚上重要的区域，对于景观中的视觉焦点（主要的／次要的）、过渡元素和背景元素要重新划定。对植物进行照明设计，就是不仅要让人们看到植物，更要让观众看到景观。

（2）根据总体构思确定每个区域的亮度等级和光色特征。对于每个种植区域，要决定植物是以温和的还是戏剧性的方式出现（图8-6-5）。焦点区域与周围环境的亮度比应该在 5：1~10：1 之间。

（3）初步确定每个区域所需灯具的数量和能耗（将叶子的颜色和反射比考虑在内），结合能源供给和预算进行校核。

（4）根据预期效果对具体位置的具体植物进行深入的照明设计。

## 2.植物形态照明分类

植物始终是景观构图的一部分，在很多情况下是作为一个衬托物，在亮化中，只需要去突出树木的高度或者整个的形态即可，而不需要表现整棵树的细节。另外，在植物园的照明设计中，植物作为主角，它就是构图的主要部分，这时候就需要把树木尽情地表达出来，相反的，其他的景物就只需要淡淡去映衬就可以了。

窄高的、直立的和稠密树干的植物，直立形状的树要求光线直达树顶，特别是高大的棕榈树，使用窄光束光源照明。下面针对不同树形提出适宜的照明技术。当通过侧向光照射时，它的纹理和形状会给人留下深刻印象。当它被修剪以保留某种形象时，照明装置要接近树的边缘，展现树的粗糙纹理。（图8-6-6）

（1）球形树——无特殊要求。如果植株成为主景，为体现其深度感，环绕植株安放射灯；当一株大树作为景致的转换点或背景元素时，可以有效利用小规模数量的射灯，以营造生动但不夸张的效果。如果植物叶子半透明，把灯具设置在树冠的下方以使得树叶能够光亮；如果植物枝叶繁茂，把灯具设置在树冠的外围以突出枝叶。

（2）金字塔状与直立柱状树——对于金字塔形状的树，最好将照明装置远离树的边缘进行照明，适宜的距离取决于树形和树高。照明需要表达树的整体形状，灯具离开树干根部的距离要保证照亮植物成熟时的全部树冠。狭长、浓密枝叶的笔形树型植物，使用向上照射集中灯具能够较好地表现该植物的树型及整体形状。背景照明技术能够很好地展现那些枝繁叶茂的厚叶树木，将灯具设置在树木的冠幅外可以强调植物的整体树型而相对弱化植物本身的枝叶质地。（图8-6-7）

（3）伞形与喷泉形树——可以在树冠内部照明，棕榈树要考虑照亮树冠。对于树冠过于宽阔的树，考虑设置附加灯具。

（4）垂枝形树——对于稠密的树来说，装置的位置在树干结构的边上，光线与垂枝方向相切，强调

图8-6-2 高、矮植物照明效果

图8-6-3 植物多角度照明

图8-6-4 植物照明设施放置效果

质感，表现树枝的细节。当长出的枝条接近地面的时候，灯具应该放在树冠外侧，从地面射向树冠的顶部，瞄准角度相对于纵轴至多 45°~60°，并遮挡住潜在眩光。

## 3.植物的照明色彩

植物是万紫千红的，不能局限于运用某种特定的色彩，但是植物照明要慎重选择色彩，尤其在采用特殊的色彩时则需要引起足够的重视，比如绿光。绿光很容易让白天绿油油的树在夜晚用灯光一打，却变成了绿幽幽的假树。如果使用白光，绿色的树被白光一照射，效果不是绿油油的而是有点惨白。一般来说，设计者可以考虑在绿光的旁边打上一小盏白色的光，把绿光冲淡点，尽量地还原树木的本色。对光源来

图8-6-5 植物戏剧化照明

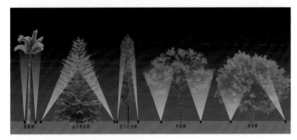

图8-6-6 植物形态照明示意图

图8-6-7 植物背景照明

说，含有较强红外和紫外波段的光源是不太适合的，灯具方面主要考虑避免安装方式带来的光线对周边人员的影响，以及白天的景观效果。在色彩的运用上，既然植物是万紫千红的，那么除了绿光和白光，很多颜色的光都可以运用，但是要讲究协调统一。园林里树木的栽种是有布局、讲构图的，在夜晚运用色彩的灯光进行点缀时，就要注意颜色的变化在整体照明中的效果（图8-6-8）。在评价一个植物景观的好坏时，考虑最多的是植物的色彩搭配是否合理，这主要与人在观察事物的时候，色彩给人眼的刺激是最为直接的有关。

### 4.灯具放置与植株的关系

在考虑照明灯具的放置位置时，设计师必须要了解植物目前和将来的生长及树型变化，这样才能使植物在快速生长和将来成熟后的树型都能产生良好的照明效果。

（1）将灯具安装在树木成熟后的位置，将来灯具位置不再发生变化。

（2）将灯具固定在植株的主干上，确保植物生长不影响灯具的位置。

（3）定期合理修剪植物，确保照明灯具的正常使用。（图8-6-9）

（4）将灯具和线路预留一定的移动位置，根据植物生长适度调节。

### 5.植物照明的方式

可以概括为轮廓照明、上射光、下射光和侧向光。光的方向影响着植物的外观。上射光通常将改变植物的外观，不同于白天的景象，通过穿透树叶的光线使树体发光，在树冠的顶部产生阴影，强调出质感和形式，创造出戏剧化的视觉效果。无论植物被上射光照亮还是被下射光照亮，都会改变外表。（图8-6-10）创造树冠发光只有上射光能够实现；月光照明只有下射光能够实现；强调细节和色彩最好通过下射光来实现。下射光在植物叶子的下面产生阴影，模仿太阳或月亮照亮植物的效果，也可以模拟多云天的场景。

轮廓照明——即为了显示植物的体积和整体形态，人们常用灯连成线条，刻画出植物的轮廓、不同部分的交接处（图 8-6-11）。轮廓照明常用于较大型的植物，强调整个植物形状，忽略某些局部细节。在园林植物景观照明中主要利用串灯，它的装饰作用是挂在除了树冠浓密的针叶树之外的乔木上突出树体轮廓。它比较适用于落叶树的照明，尤其是冬天效果会更好。（图 8-6-12）

上射光——表现植物的重要性照明的技术，是植物景观照明中最常用的一种方式，是指灯具将光线向上投射而照亮物体，可以用来表现树木的雕塑质感。灯具可固定在地面上或安装在地面下。一些埋在地面中使用的灯具，如埋地灯，由于调整不便，通常用来对大树进行照明；而那些安装在地面上的插入式定向照明灯具，则可用来对小树照明，因为它们比较容易根据植物的生长和季节变化进行移动和调节。

对处于焦点位置的树来说，要使照明装置环绕布置，通过上射光创造出层次。带有 1.5~4.5 m 宽成熟树冠的小树，要求最少 3 支灯具，带有 4.5~15 m 宽树冠的树木要求 5~10 支灯具或更多，这些取决于其成熟时的尺寸和形状。当一棵树的功能是过渡元素或背景元素时，灯具的数量要少一些，创造一种掩饰的、保守的，但同时是令人印象深刻的效果。当使用少量灯具时，树的视觉形象很容易被破坏。浓密的灌木通常也作为次要的焦点或两株大型植物之间的过渡植物，设置照明装置时，至少离开这些植物 60~90 cm，创造柔和均匀的光线。

下射光——与上射照明相反，主要突出植物的表面或某一特征，同时与采用上射照明的其他特征形成对比。植物具有稀疏透明的树叶，灯具可以安装在树冠以下，运用下射光创造出一种树叶发光的效果。下射照明还适合于盛开的花朵，因为绝大多数的花朵是向上开放的。安装在花架、墙面和乔木上的下射灯均可满足这一要求。对花的照明需要将灯具移到树冠外侧。如果植物被重叠浓密的树叶覆盖，照明装置应安装在树冠以外，对树叶进行泛光照明，强调树形，但弱化纹理；如果将照明装置设置于树冠底部，将创造出一种只有底部被照亮的效果，因为光线无法穿透树冠。

图8-6-8 植物照明色彩运用

图8-6-9 植物照明与灯具设置

图8-6-10 植物上射光照明

图8-6-1 球形植物轮廓照明

图8-6-12 植物轮廓照明

侧向光——当强调一棵树的照明时，通常需要侧向光照亮树干。很多树具有有趣的树干特性，主干和主枝的纹理和构图可能是引人注目和非同寻常的。若树干不被照亮，这棵树看起来与地面脱离。树干的照明可以是微弱的，也可以是强烈的，取决于树干外观和树干照明同其他照明之间的关系。树干照明的技术包括经外侧向光和正面光表现树干的纹理和色彩。

成年植物的尺度也许较大，显著的影响照明技术，设计师在进行设计前需要了解植物的生长速度以及成熟时的最大尺寸和形状。还包括所在景观区域将会对植物进行怎么样的修剪，这些都直接影响灯具的选择和安装。如果完全以成年树为参照，可能在照明安装的前几年不能正确照明，如果以最初的尺寸为参照安装，随着植物的生长，灯具有可能被覆盖，那么照明的设计就完全看不到效果。还有一种解决方式，选择具有广泛瞄准性能的灯具，可以更换不同光束的灯具，或者具有垂直升降功能的灯具。

### 6.照明设计的植物评估

（1）对种植清单中列出的植物进行评估。

种植平面上列出的所有植物都应给予考虑，无论是否给予其照明。仔细研究所有植物将使照明设计者完成对于夜景形象的想象。常见的观赏植物分为观赏蕨类、观赏松柏类、观形树木类、观花树木类、观赏草花类、观果植物类、观叶植物类、观赏棕榈类和竹类。研究所有植物的这个过程将有助于区分哪些植物需要被照亮，帮助理解景观中植物之间的关系，梳理出植物与照明装置之间潜在的矛盾。例如，生长在被照植物和光源之间的植物可能并不是最初就使光的分布遭到破坏，经过一段时间之后，它将成为光与被照植物之间的障碍物。自从这株植物遮蔽光线以后，光照到遮蔽物上的照度水平将会很高，产生了"高光"，进而影响那些更重要元素的表现。

景观照明设计师需要了解植物的学名（植物分类使用的是拉丁文，称为植物的学名），这是国际通用的标准。需要能够提供关于植物的尺寸和外观的最好信息的照片。还可以同那些经常选择植物的景观设计师讨论，能够学到很多有益的知识。景观设计师提供的种植平面将给出植物的直径或胸襟和冠径，这将给

照明设计师提供参考，确定到达场地的植物的尺寸。当种植平面列出的所有植物的时候，要同景观设计师讨论植物的最终形状、生长速度、长成时的尺寸，也要确定植物的尺寸和形状是否通过修剪来控制，以及未来可能发生的任何改变。对植物特性的评估可以帮助照明设计师确定照明可以达到的特定效果，进而指导如何照明。

（2）考虑植物材料的特性。

需要给予考虑的植物材料的特性包括（需要注意植物的特性因地域的不同会发生变化）：

形状和质感——植物的形状和质感是植物重要的观赏特性之一，形状包括植物地上部分的三维数据，而质感是植物材料可见或可触的表面性质，包括主要角度的树叶尺寸和形式、树干的图案、整体的比例、树叶重叠部分的空隙等（图8-6-13）。如粗质感植物通常具有大而多毛的叶片、疏松而粗壮的枝干。粗质型植物种及品种有：二乔玉兰、广玉兰、高山榕、杜英、棕榈等。中粗型植物是指那些具有中等大小的叶片、枝干以及具有适度密度的植物。例如，女贞、银杏、刺槐、紫薇等。同为中粗型植物，质感上仍有较大的差别，例如，银杏在质感上比刺桐粗犷，报春花比瓜叶菊更为粗野，质感不像色彩最引人注目，也不像姿态，体量为人们所熟知，却可以表达出丰富的情感（图8-6-14）。此项评估的实质是基于视觉角度，对植物素描关系的把握。而从另一角度来说，一般地，人们在评价观赏植物的美观程度时，多是以植物的形状、色彩是否符合人们审美，姿态是否美观，体量在所在的园林区域中是否合适作为标准的。（图8-6-15）

树叶类型——包括形状、颜色、纹理、浓密度、透明度、反射比。不同的植物，叶形的变化很大，即使在同一种植物的不同植株上，或者同一植株的不同枝条上，叶形也不会绝对一样。如印度榕的叶片形状圆润，比较浓而厚，而广场上行道树种羊蹄甲的叶片长着心形或者蹄形，透且薄。这些特性将限制光源和照明方法的选择。需要查明树叶颜色在一年中是否发生变化，变化的时间和周期，如银杏树、红枫，甚至还包括从稚嫩期过渡到成熟期以及进入休眠期和花

图8-6-13 植物形态照明　　　　　　　图8-6-14 植物树干照明　　　　　　　图8-6-15 植物形态色彩化照明

期的时候。有时一种植物也会同时拥有多种颜色的树叶。

枝干特性——树枝的类型包括敞开的、闭合的、密集的、竖直的或下垂的。树皮的状况包括有条纹的、多刺的、蜕皮的、裂缝的、多色的或剥落的。对于落叶性植物，树皮的特色在休眠期能够被强调出来。植物的树干可能浓密或松散，树干的图案可能天生美丽或丑陋，这些考虑指导照明设计。人工光线的任务是创造某种兴趣，增添植物的美感。树干照明可以是淡然的，也可以是强烈的，这依赖于树干本身的样貌以及树干与其他所照部位的衔接。树干照明还包括通过突出细节和颜色的侧灯灯光以及前灯灯光来营造勾边效果。

生长速度——植物在生命周期内它的尺寸和形状会发生变化，如有些植物从年轻到成熟树形会发生显著的变化，变换为完全不同的形状，有些植物可能之前小树时并没有显著形状，但是逐渐会长出美丽的外形。这些要素都是设计师在进行照明设计时所需要注意的，照明设计的灵活性是解决这些问题的关键，当然这样的灵活性也是建立在设计师对植物充分认知的基础上的。

休眠特性——有些植物和动物一样也会进入休眠，休眠的时候也许会掉落叶子，有些是需要完全消失来度过冬天。休眠期的植物有些也是比较迷人的，这样的植物多为存在1年生、2年生甚至多年生，进行照明设计时灯具需要看情况决定是隐藏还是暴露，这个最终要根据照明的控制策略。

开花特性——有些植物要经历发芽、生长、开花、结果的过程，那么这些植物什么时候开花，花期有多长，花朵的大小、花色如何，花的形状是怎么样的，这些信息将指导光源和照明方法的选择。需要注意的是，某些植物可能在花期对光照十分敏感，照明设计可以帮助植物提前进入花期，反之亦然。

## 第七节 景观小品照明

### 一、景观小品的种类

景观小品属于硬质景观，是园林景观中最活跃、最富于生气的造景元素。景观小品的体量一般不大，却具有很强的艺术感染力，所以，景观设计往往将小品作为点睛之笔置于环境空间中的关键节点。景观小品种类较多，形态各异，多以三维立体造型呈现在人们面前。园林小品的分类主要包括三大类：雕塑类、设施构筑物类、石景类。

雕塑类：人物雕塑、动物雕塑、抽象雕塑；

设施构筑物类：标识牌、座椅、广告牌、花钵、花架、景观墙等；

石景类：堆石、叠石等。

硬质景观是人文信息的载体，是否可见和如何被见决定了信息的传递方式，应该与景观元素的设计意图保持统一。对景观小品进行照明时，要考虑每个个体的含义以及它们同整体和其他视觉元素之间的关系。对于那些在夜晚不恰当的、不应引起人们注意的元素，应该保持黑暗状态。景观小品的照明要求光必须从一个以上的方向照射，以强调明亮的光和阴影，刻画出景观小品的形态，产生强烈的戏剧效果。这可以通过选择投射角度、灯型、色片、光栅图案等来实现。投射光可突出景观小品体形，表达深度，在明暗反差比较大的转折部位，也可用功率小的投射光打亮，使层次显得自然、丰富，适当的阴影效果则表现了层次和质感。（图8-7-1）

## 二、景观小品照明设计

### 1.雕塑照明

雕塑在现代景观中占有相当重要的地位。雕塑小品可以赋予景观空间以生气和主题，通过小巧的格局、精美的造型来点缀空间，使空间诱人而富于意境，提高环境景观的精神品质。雕塑是景观小品中最富于特点的代表，具有很强的形态特征。雕塑与承载和欣赏它的空间一一对应。雕塑在环境布局中既是主体，又是客体，既融合于周围环境，又将周围环境刻画得极富活力。雕塑靠形象表达含义，因昼夜间光的图式发生变化，表达出的含义一定会有所不同，照明设计师需要充分理解雕塑家、景观设计师的设计思路及设计意图，甚至需要以雕塑家的思考方式进行再创作，也就是说，可以认为照明设计是雕塑的二度创作（图8-7-2）。如何将雕塑的特征通过照明传递给夜间的观察者，如何诠释雕塑的内涵、情感，如何表现其形式、细节和质感，是照明设计的重点方面。雕塑的照明要根据其所处环境特点进行设计，将其环境氛围烘托得更加强烈，使雕塑在光的照射下，表现得更加淋漓尽致，给人们带来愉悦的视觉享受。（图8-7-3）

在对雕塑用光前应考虑以下三个问题：

（1）雕塑的特征，包括形状、细节、纹理、材质和色彩等；

（2）灯具的安装以及同其他元素的关系；

（3）雕塑所处的周围环境特征。

雕塑照明布灯时则要注意以下三个方面：

（1）在雕塑侧下位置布灯，可以从侧面自下向上进行上射光照明，也可以在雕塑侧上布灯，从侧面自上向下进行投光照明，这样比较易于呈现神态真实、光影适宜、立体感强的照明效果；

（2）在布灯时要注意避开观者视线方向，防止眩光的干扰；

（3）对彩雕小品的照明，应选用显色性能好的金属卤化物灯或卤钨灯，显色指数应在80以上。（图8-7-4）

在整体环境中位于视觉中心的雕塑，应该是最亮的部分，景观中其他的要素需要在亮度上逐级降低。如果雕塑在构图上属于次要的要素，就要使其光照水平与其他要素相协调。照明在夜间赋予雕塑新的形象，光与影能够使雕塑更加艺术化。光照的方向对雕塑的光照图式产生直接的影响。下照光与上照光相比，其照明效果更接近于自然光下的效果。下照光可以模拟日光、揭示细节和形成阴影，使雕塑的内涵较少被误读。但是来自人像雕塑面部前方的上照光或下照光，对雕塑的光照产生完全不同的效果，可以使面部友好的表情变成令人恐怖的丑陋面孔。在照射人像雕塑时，要对人脸的三维模型有较为专业的认识。从人脸上方投射的光会扩大影子，影响观察者对雕塑面部特征信息的获得，使雕塑面部的可读性降低。最好是调整灯位，从侧面或远处投光，以将面部的影子减少。上射照明灯具如果离雕塑太近，将产生拉长的阴影，对雕塑的表现有消极影响，应该将灯具离开雕塑一定距离，以减少阴影。无论是上射灯具还是下射灯具都要保持玻璃表面清洁，不对光线造成影响。灯具的位置、投射角度、瞄准度、光束的宽窄都将起到关键的作用。有条件的话可以做雕塑照明的模拟表现，或在现场进行多次实验，这主要是考虑到照明受环境的光照影响太大。三维雕塑由于投光方向的不同会产生高光和影子，从而揭示出其形状和质感。使用不同的光源、滤色片、光束角和投射角度，对雕塑的高光

图8-7-1 广场景观小品照明效果

图8-7-2 动漫雕塑照明效果　　　　　　　　　　图8-7-3 雕塑照明　　　　　　　　图8-7-4 彩雕小品照明

和影子会产生直接影响。例如，青铜在不同的光源照射下，表面会发蓝、绿或灰。

## 2.石景照明

石景造型在园林景观中具有十分重要的地位，景观设计常用它来创造返璞归真、浑然天成的意境。自古以来，无论是在皇家园林还是私家园林中随处可见各类置石的运用，至今，各类置石造型依旧在环境中起着十分重要的景观作用。置石造型立体感强，线条粗犷，容易产生对比强烈的明暗差。置石照明一般采用上射光照明，光从正面或侧面自下而上照射，产生特殊的阴影效果，赏心悦目。石景照明光源应选用显色性好的金属卤化物灯或PAR光束灯，显色指数应在80以上。（图8-7-5）

## 3.花钵照明

花钵是观赏性的景观小品，造型多种多样，以石材、木材、瓷砖等为主材，花钵照明一般依据景观设计要求而定，采用自下而上的上射光照明较多。通常在花钵的外向立面设置地埋式的小功率投光灯，其打出的光斑强调了花钵的纹理和质感，利用其反射作用，还可以补充路面和绿化的照度。光线不宜强烈，应柔和均匀地照射在花钵及植物上。光源应选用显色性能好的金属卤化物灯或PAR光束灯。

## 4.花架照明

花架作为常见的景观建筑，既是城市景观中游赏的景点，也是人们驻足歇息的场所。花架设计要了解所配置植物的原产地和生长习性，以创造适宜于植物生长的条件和造型的要求。

花架特点：花架是园林绿地中以植物材料为顶的廊，它既具有廊的功能，又比廊更接近自然，融合于环境之中，其布局灵活多样，尽可能用所配置植物的特点来构思花架，形式有条形、圆形、转角形、多边形、弧形、复柱形等。（图8-7-6、图8-7-7）

花架的形式

（1）廊式花架。最常见的形式，片板支承于左右梁柱上，游人可入内休息。

（2）片式花架。片板嵌固于单向梁柱上，两边或一面悬挑，形体轻盈活泼。

（3）独立式花架。以各种材料作空格，构成墙垣、花瓶、伞亭等形状，用藤本植物缠绕成型，供观赏用。

花架照明在保证功能性照明的前提下，应结合建筑形式和周围环境，用灯光强调出花架的建筑特征，渲染轻松休闲的环境氛围。宜采用上射光方式照亮植物，对花架本身的结构特点可通过投光灯适当渲染，花架照明设计时要注意避免眩光。

## 5.座椅照明

座椅是园林中最常见、最基本的"家具"，在景观中必不可少，其形式与材料多种多样，是供游人休息的必要设施。座椅在园林中不仅具有实用功能，还有组景、点景的作用，兼具观赏、休息、谈话的功能。

（1）满足人的心理习惯和活动规律的要求；

（2）园林中有特色的地段，面向风景，视线良好，较好的人的活动区域；

（3）方便性和私密性的要求。

座椅制作材料可采用木材、石材、混凝土、陶瓷、金属、塑料等。座椅与灯光的结合，既助益于安全，又可使之成为夜景中的一种点缀和补充，甚至是结合整体环境在局部营造出一种温馨浪漫的感人画面。座椅照明要避免光源对人产生眩光。

## 6.碑体照明

碑体一般是主题公园或城市广场中的标志性建筑，居于环境空间的中心位置，具有强烈的象征色彩和艺术张力。现代碑体具有体量高大、造型洗练、风格多样、意蕴丰富的特点，碑身建筑材料日趋多元，品种由原来以石材贴面为主扩展到多种品类的建筑材料。碑体照明多采用上射光照射方式，一般使用投光灯组，具有线条清晰、表面积窄高的特点。（图8-7-8）通常需要符合绿色照明的要求，通过科学设计，采用效率高、寿命长、安全和性能稳定的照明产品，以期达到纪念性景观照明艺术性与技术性的完美结合。

## 7.景墙照明

景墙的表现手法可以追溯到中国古典园林艺术，把墙作为艺术表现的载体，是一种较为独特的园林景观建筑手段，其形式多种多样。传统式园墙和围篱形式繁多，根据其材料和剖面的不同有土、砖、瓦、轻钢、绿篱等。从外观又有高矮、曲直、虚实、光洁与粗糙、有檐与无檐之分。园墙区分的重要标准就是压顶。

现代景墙在传统围墙的基础上注重与现代材料和技术的结合，主要的有以下形式：石砌围墙、土筑围墙、砖围墙、钢管围墙、混凝土立柱铁栅栏围墙、木栅围墙等。现代景墙常以变化丰富的线条表达轻快、活泼的质感，以体现材料质感和纹理，或加以浮雕艺术衬托景观效果。

景墙照明多采用上射光照射方式，灯具安装或埋设于墙体前方，通过采用不同色温的光源，确定不同大小的光束角，调整灯具之间和灯具与景墙之间的距离，配合景墙主题，为景墙烘托出相应的艺术氛围。也有景墙由于主题表达的需要，将灯具与造型密切结合，使照明与景墙完全融为一体，给人以无缝结合、

图8-7-5 石景照明

图8-7-6 艺术造型花架照明

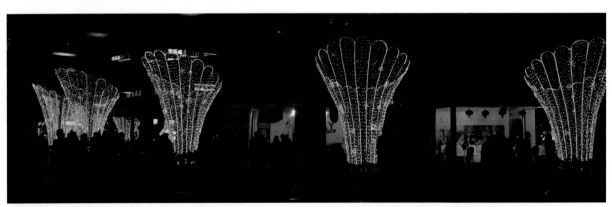

图8-7-7 广场花架照明

美轮美奂的审美享受，南京夫子庙景墙就是这种景墙照明的典型案例之一。

### 9.标识照明

景观标识为步行者、车辆交通等提供导向等相关场地使用信息，以指引空间。（图8-7-9、图8-7-10）标识的造型和饰材在设计上往往不拘一格，有较大的自由度。标识的样式可以反映景观的品质，常见有发光字母、发光背景、外部照明等几种方式。对于较高档次的景观作品，动态照明虽然有较易于吸引人们注意力的特点，但仍应谨慎选用。标识照明水平取决于其被看到的方式和环境光的水平，光源功率的选择应着重关注标识饰材的反射特性。标识照明的外观应该采用较为隐蔽的方式，照明设备的类型和质量需要与安装方式匹配得当，尽可能地为标识照明设备提供维修通道，应尽可能地选择长寿命的光源。

## 三、景观小品照明中使用的照明器及特征

### 1.园林中使用的照明器及特征

（1）投光器：用在白炽灯、高强度放电处，能增加节日的快乐气氛，能从一个方向照射纪念碑等。

（2）杆头式照明器：布置在院落一隅或庭院角落，适于全面照射铺地路面、花架等，有静谧浪漫的气氛。

（3）低照明器：有固定式、直立移动式、柱式照明器。

### 2.园林照明起具构造

（1）灯柱：多为支柱形，构成材料有钢筋混凝土、钢管、竹木及仿竹木，柱截面多为圆形和多边形两种。

（2）灯具：有球形、半球形、圆及半圆筒形、角形、纺锤形、圆和角锥形、组合形等。所用材料则有贴镀金金属铝、钢化玻璃、塑脚、陶瓷、有机玻璃等。

（3）灯泡灯管。

①普通灯：昼光、白炽灯。

②荧光灯：昼光、冷白色、温白色。

③水银灯：高压、荧光水银灯。

④钠灯：高压与高效率低压钠灯。

### 3.照明标准

（1）照度：目前国内尚无统一标准，一般可采用 0.3~1.5 lx，作为照度保证。

（2）光悬挂高度：一般取 4.5 m 高度。而花坛要求设置低照明度的园路，光源设置高度小于等于 1.0 m 为宜。

图8-7-8 城市广场碑体照明

图8-7-9 指引标识一

图8-7-10 指引标识二

## 参考文献

1. 北京照明学会照明设计专业委员会 . 照明设计手册（第 2 版）[M]. 北京：中国电力出版社，2006.
2. 李文华 . 室内照明设计（第 2 版）[M]. 北京：中国水利水电出版社，2012.
3. 黄艳，吴爱莉，欧俊锋，曾颖 . 照明设计 [M]. 北京：中国青年出版社，2011.
4. 中国就业培训技术指导中心 . 照明设计师（国家职业资格二级）[M]. 北京：中国劳动社会保障出版社，2012.
5. 马丽 . 室内照明设计 [M]. 北京：中国传媒大学出版社，2011.
6. [ 英 ] 马尔科姆·英尼斯 . 室内照明设计 [M]. 张宪，译 . 武汉：华中科技大学出版社，2014.
7. [ 日 ] 福多佳子 . 照明设计 [M]. 朱波，等，译 . 北京：中国青年出版社，2015.
8. 方光辉，薛国祥 . 实用建筑照明设计手册 [M]. 长沙：湖南科学技术出版社，2015.
9. 范同顺，蒋蔚 . 建筑物内外照明 [M]. 北京：中国电力出版社，2006.
10. 刘虹 . 绿色照明概论 [M]. 北京：中国电力出版社，2009.
11. 常志刚等 . LED 与室内照明设计 [M]. 北京：中国建筑工业出版社，2014.
12. 苏更林等 . 走进绿色照明 [M]. 北京：中国电力出版社，2010.
13. 徐侃 . 展示照明设计 [M]. 北京：中国轻工业出版社，2014.
14. 张华 . 城市照明设计与施工 [M]. 北京：中国建筑工业出版社，2012.
15. 周志敏，纪爱华 . LED 景观照明工程设计与施工技术 [M]. 北京：电子工业出版社，2012.

## 后记

　　本书从最初的构思，到撰稿、反复推敲、修改，再到最终成稿，历经两年有余。回顾这段历程，带给我的有激情、有畅想、有曲折，而更多的是有收获——尤其是在写作过程中遇到的诸多困难，都一一在周边同事、朋友的帮助下得到解决。现在，本书即将出版，感激之情涌上心头。

　　首先，书中引用的了许多专家学者专著中的观点，如果没有这些学者的研究成果的启发和帮助，我将无法完成本书的写作。其次，要感谢学校、学院各级领导以及诸多同事的帮助与支持，没有他们的默默支持，很多工作都将无法完成，很多资源将得不到合理使用，是他们的支持促成了本书的顺利出版。同时，他们在我撰写的过程中给予了我很多有用的素材。感谢学院一批又一批的学子们，是他们无限的激情、积极的反馈、深刻的批评建议给了我莫大的勇气来完成此项工作。感谢西南师范大学出版社美术分社的编辑，是他们为本书的出版为把好了最后一道关。感谢 PINTEREST 外文网站，是它让我见识到了很多新奇的照明灯具及相关知识。最后，感谢我的妻子、女儿，感谢她们一直以来无私的爱，激励着我不断前进。

　　金无足赤，人无完人。由于我的学术水平有限，书中难免有不足之处，恳请各位专家、老师、同行批评和指正，谢谢，观者万福。